U0830371

现代纺织工程⑥

麻纺织品手册

李桂珍　等编著

中国纺织出版社

内 容 提 要

本书重点介绍苎麻、亚麻、大麻及黄麻织物，共793种。内容详尽，种类齐全，各具特色，色彩纷呈。它以彩色图片的形式展示了各类麻织物，形象逼真，组织清晰。具体内容包括织物的名称、风格、用途、织物组织图、使用原料、组织规格、色纱排列等，重点产品还附有纺织及染整工艺特点介绍。

图书在版编目(CIP)数据

麻纺织品手册/李桂珍等编著 .—北京：中国纺织出版社，2003. 1

(现代纺织工程⑥)

ISBN 7-5064-2317-0/TS·1577

Ⅰ.麻... Ⅱ.李... Ⅲ.麻纺织-纺织品-手册 Ⅳ.TS126-62

中国版本图书馆 CIP 数据核字(2002)第030346号

策划编辑:唐小兰　责任编辑:王文仙　责任校对:俞坚沁
责任设计:李　然　责任印制:刘　强

中国纺织出版社出版发行
地址:北京东直门南大街6号　邮政编码:100027
电话:010—64160816　传真:010—64168226
http://www.c-textilep.com
E-mail:faxing@c-textilep.com
中国纺织出版社印刷厂印刷　各地新华书店经销
2003年1月第一版第一次印刷
开本:787×1092　1/16　印张:25.25
字数:491千字　印数:1—3000　定价:100.00元

凡购本书,如有缺页、倒页、脱页,由本社发行部调换

序　一

这套纺织品手册主要有两个方面的内容，一是汇集了国内、外纺织品面料实物图片，二是分别介绍面料的产品名称、织物组织、使用原料、组织规格、工艺特点、性能特征及用途等。

进入21世纪，中国纺织工业产业升级和参与国际市场竞争面临着一个重大的课题——纺织品面料的设计与开发。就国内市场而言，随着我国人民生活消费需求的提高和纺织科技的迅速发展，社会对纺织面料的时尚化、高档化要求日益突出，面料花样和服装款式的变化越来越快，流行周期越来越短，个性风格越来越突出。多品种、少批量、多元融合、高附加值已成为当今面料设计开发的总趋势。就国际市场而言，我国在面料质地、高支轻薄、染整处理以及设计理念、纹样主题、表现方法等方面，与先进国家相比仍有相当大的差距。坚持以面料为突破口，提高国产专业化水平和市场竞争力，实现产业升级是当前纺织工业发展的一个战略问题。

为了适应这一需要，我们在各科研、开发单位和诸多专家的大力支持下，编辑出版了这套丛书，共9个分册。

这套丛书将给纺织品面料的设计开发人员、生产决策人员以及商业销售人员提供有力的帮助。让我们共同创造我国纺织行业更加灿烂辉煌的明天。

中国纺织出版社社长

陈之善

2002年5月9日

序　二

我国是麻类纤维和纺织生产及纺织品出口大国，按生产工艺和设备分类，麻纺织分为苎麻纺织、亚麻纺织、黄麻纺织以及大麻、罗布麻、剑麻、菠萝麻纺织等。

麻纺织品应具有吸湿、透气、抑菌、防霉、抗紫外线、无静电等舒适、健康和环保性能而受到消费者的青睐。进入21世纪，崇尚天然、绿色、健康、时尚的消费潮流，为麻纺织品的发展开辟了广阔的市场前景。

近年来，随着麻纺织生产新技术的应用、新产品开发水平的提高和市场需求的推动，我国麻纺织产品的质量水平不断提高，各种纯麻纺织品、服装以及由多种纤维交织、混纺的各种织物结构的有时尚流行色彩的麻纺织面料及家用纺织品的设计与开发正方兴未艾。

为推动麻纺织行业快速发展，实现产业升级，提高行业竞争力，麻纺织行业将加快调整产品结构，大力开发麻类最终纺织品、服装，大力拓展国内麻类纺织品消费市场。

加入WTO后，我国麻纺织业面临更广阔的市场发展空间，也面临新的挑战。在新的形势、新的市场、新的竞争与新的合作面前，麻纺织行业要坚持以市场为导向，以产品开发为中心，拓展市场，加快发展。

为适应这一需要，我们在各企业和专家的大力支持下，参与编辑出版了这本麻纺织品手册，以为广大产品设计开发人员、商业销售以及企业决策管理人员提供帮助，为中国麻纺织行业的发展做出努力。

中国麻纺行业协会会长

张世平

前　言

近几年来，我国纺织面料的研制生产已取得了长足的进步，面料的类型和品种日益繁多，生产工艺日渐复杂，为了较系统、直观地介绍这方面的知识，满足广大纺织工作者的需求，中国纺织出版社组织编写了纺织品手册套书。

我们编写的《麻纺织品手册》分苎麻、亚麻、大麻、黄麻 4 部分，每一部分按产品的品种分类，并加入了近年来形成一定规模的新产品。书中共选择收集了 793 件料样，其中苎麻产品 586 件，分 20 类；亚麻产品 122 件，分 7 类；大麻产品 53 件，分 8 类；黄麻产品 32 件。首先综合描述了每类产品的工艺特点、重点工序和用途等。而后对每件样品的经纬密度、颜色搭配、色纱排列、织物组织、风格和用途等进行了详细剖析，并附有彩色实物图片。

这是一本通俗的专业图书，旨在向业内外人士介绍麻纺织面料的基础知识。大量的实物图片和设计参数，可对从事麻纺织面料的研究、设计和工艺技术人员及各类纺织院校的教师学生起到开阔视野、启迪灵感的作用，能从书中领悟到更多精巧的设计手法。本书也能使对面料感兴趣的服装、商业、服务业及广大消费者更多地了解麻织物的类型、适用范围以及关键参数等，从而获得具体的知识和直观的印象。

本书苎麻部分的原始资料来自全国苎麻纺织科技信息中心近年来积累的国内、外面料素材，由李桂珍编写；亚麻部分由颜伟、颜迅编写；大麻部分由田华编写；黄麻部分由陈平南、黄友清编写。

由于时间仓促，水平有限，书中可能会存在不少缺点和不足，请读者及时指正。

作　者

目 录

苎麻部分

亚麻部分

大麻部分

黄麻部分

苎麻部分

苎麻是中国的特产，中国栽培苎麻已有5000多年的悠久历史，后来通过多种途径流传至东南亚、欧洲、南北美洲等地。目前，中国的苎麻产量占世界总产量的90%以上，中国苎麻不但在数量上，而且在质量上保持着绝对优势。全国有苎麻品种1000多个，尤其是一些大学、科研所选育了不少每公顷产量超3000kg、单纤维0.5tex以下(2000公支以上)的苎麻新品种。当前，正在研究的基因诱变和太空育种新技术将培育出单纤维0.3tex(3000公支)和低胶质含量的特优苎麻，进一步确立中国苎麻大国的地位。

苎麻纺织品以其吸、散湿性快，透气凉爽，防霉抑菌的优良服用性能和挺括粗犷的独特风格受到人们的青睐。在4700年前我们的祖先就以粗麻布作为重要的衣着面料，2100年前精细的苎麻织物成为王公贵族的"金缕玉衣"，近代的中国夏布风靡世界，远久不衰。现在中国生产的苎麻纺织品90%以上供出口，在国际纺织品市场享有很高的声誉。中国苎麻纺织品的名声来源于盛产苎麻的资源优势，也得益于苎麻纺织技术的不断创新。化学脱胶法促使我国苎麻脱胶摆脱了原始的自然脱胶法，而生物脱胶技术彻底改变了苎麻脱胶的落后面貌；精梳毛纺式苎麻梳理新工艺较之绢纺式老工艺大大提高了生产效率，而牵切纺的研究将给苎麻纺纱工艺带来一场新的变革；单纱上浆、无梭织机的使用推动苎麻织造技术上了一个新的台阶；苎麻染整技术变化日新月异，由于生物、化学、机电一体化等高新技术的加入，攻克了苎麻织物刺痒和染色难等长期阻碍苎麻纺织工业发展的两大难题。苎麻纺织染整新技术带动了苎麻纺织新产品的开发。苎麻变性技术的推广和新型染整技术(液氨整理、生物酶整理等)的运用全面提升了纯苎麻织物的档次；苎麻与棉、涤、腈、毛、丝、粘等各种纤维的混纺、交织产品的开发，加上色纺、色织、提花工艺和印染技术(烂花、涂料印花、金银粉印花等)的提高，极大地丰富了苎麻织物的花色品种，同时拓展了苎麻纺织品的应用领域；苎麻与各种新型纤维(如氨纶、细旦涤纶、远红外纤维、抗紫外线化学纤维、Tencel纤维等)结合的新产品给苎麻纺织工业注入了现代科技的活力，焕发了无限的生命力。

在新技术研究和新产品开发快速发展的21世纪，愿中国苎麻园内开放更加灿烂的纺织之花。

纯苎麻织物最能体现苎麻产品的特征，尤其是高支、细薄纯苎麻织物轻盈、飘逸，是不可多得的高级夏季服饰面料；纯苎麻印花织物是传统纺织产品与现代印染技术的结晶；纯苎麻色织(提花)织物生产难度极大，更是纯苎麻织物中的珍品。

苎麻与棉混纺、交织的织物是苎麻纺织品中的一个大类品种，粗厚织物古朴自然，细薄织物轻柔潇洒，还有部分高档色纺、色织产品，均能显示出两种绿色纤维的天然风貌。

苎麻与涤、腈、棉等多种纤维混纺的织物，既保留了苎麻的风格，又能利用涤纶等化学纤维弹性好、免熨、不起皱的优点，还可避免纯苎麻织物条干差、粗节多的缺陷，其品种繁多，色彩艳丽，其中涤棉与涤麻交织色织物是理想的高档衬衫面料。

苎麻与羊毛的混纺织物既有苎麻粗括的身骨，又有羊毛丰满柔软、富有弹性的手感，充分显示了麻毛产品高贵典雅的气质。

苎麻与真丝的混纺、交织织物可谓挺而不硬、滑而不糯、轻而不飘，把中国古老的麻中之王与纤维皇后结合在一起，更是麻类织物中的极品。

Tencel 纤维是当代高科技生产的绿色环保纤维，它与苎麻的混纺织物别有一番特色和风格。

由日本、意大利等国和中国香港生产的苎麻类织物丰富多彩，包括苎麻与多种纤维的混纺，有的品种苎麻的含量不高，但苎麻的风格突出；也有不少色织、印花产品。这些国家和地区凭借先进的印染后整理设备和技术，使麻类产品的档次提高，身价倍增。

1 纯麻布

纯麻布〔1〕

织物组织 平纹。

使用原料 苎麻 100%。

组织规格

纱线细度 27.8tex(36 公支)；经密 23.2 根/cm，纬密 22.5 根/cm；幅宽 114cm。

织物图片 见彩图 1。

纯麻布〔2〕

织物组织 平纹。

使用原料 苎麻 100%。

组织规格

纱线细度 16.7tex(60 公支);经密 31.1 根/cm,纬密 26.0 根/cm;幅宽 91.4cm。

织物图片 见彩图 2。

纯麻布〔3〕

织物组织 平纹。

使用原料 苎麻 100%。

组织规格

纱线细度 66.7tex(15 公支);经密 13.5 根/cm,纬密 13.5 根/cm;幅宽 107cm。

织物图片 见彩图 3。

纯麻布〔4〕

织物组织 平纹。

使用原料 苎麻 100%。

组织规格

纱线细度 41.7tex(24 公支);经密 18.5 根/cm,纬密 15.6 根/cm;幅宽 112cm。

织物图片 见彩图 4。

纯麻布〔5〕

织物组织 平纹。

使用原料 苎麻 100%。

组织规格

纱线细度 27.8tex(36 公支);经密 26.0 根/cm,纬密 20.2 根/cm;幅宽 114cm。

织物图片 见彩图 5。

纯麻布〔6〕

织物组织 斜纹(图 1)。

使用原料　经纱:亚麻 100%;纬纱:苎麻 100%。

组织规格

经纱 41.7tex(24 公支),纬纱 133.3tex(7.5 公支);经密 14.0 根/cm,纬密 12.8 根/cm;幅宽150cm。

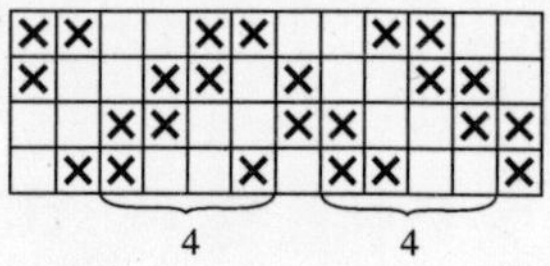

图 1

纱线 A:灰白花式纱　纱线 B:白色

纱线排列:

经纱　A

纬纱　B

织物图片　见彩图 6。

纯麻布〔7〕

织物组织　斜纹。

使用原料　苎麻 100%。

组织规格

经纱 16.7tex × 2(60/2 公支),纬纱 20.8tex(48 公支);经密 25.2 根/cm,纬密 24.6 根/cm;幅宽 152cm。

织物图片　见彩图 7。

纯麻布〔8〕

织物组织　平纹。

使用原料　苎麻 100%。

组织规格

纱线细度 27.8tex(36 公支);经密 26.0 根/cm,纬密 28.0 根/cm;幅宽 114cm。

织物图片　见彩图 8。

纯麻布〔9〕

织物组织　平纹。

使用原料 苎麻 100%。

组织规格

纱线细度 27.8tex(36 公支);经密 18.4 根/cm,纬密 15.0 根/cm;幅宽 114cm。

织物图片 见彩图 9。

纯麻布〔10〕

织物组织 平纹。

使用原料 苎麻 100%。

组织规格

经纱 55.5tex(18 公支)+105.3tex×2(9.5/2 公支),纬纱 55.5tex(18 公支);经密 10.0 根/cm,纬密 8.0 根/cm;幅宽 152cm。

织物图片 见彩图 10。

2 凡立丁

毛麻涤凡立丁〔1〕

织物组织 平纹。

使用原料 羊毛 30%、变性苎麻 30%、涤纶 40%。

组织规格

纱线细度 19.2tex×2(52/2 公支);经密 23.2 根/cm,纬密 20.8 根/cm;幅宽 144cm。

织物图片 见彩图 11。

毛麻涤凡立丁〔2〕

织物组织 平纹。

使用原料 毛 20%、苎麻 40%、涤纶 40%。

组织规格

纱线细度 13.9tex×2(72/2 公支);经密 20.2 根/cm,纬密 17.4 根/cm;幅宽 144cm。

织物图片 见彩图 12。

涤麻凡立丁〔1〕

织物组织 平纹。

使用原料 涤纶 70%、苎麻 30%。

组织规格

纱线细度 13.9tex×2(53/2 公支);经密 25.64 根/cm,纬密 20.44 根/cm;幅宽 143cm。

织物图片 见彩图 13。

涤麻凡立丁〔2〕

织物组织 平纹。

使用原料 苎麻 30%、涤纶 70%。

组织规格

纱线细度 13.9tex×2(53/2 公支);经密 26.5 根/cm,纬密 21.8 根/cm;幅宽 143cm。

织物图片 见彩图 14。

3 卡 其

涤麻与涤棉混纺半线卡其

织物组织 斜纹。

使用原料 经纱:涤纶 65%、棉 35%;纬纱:涤纶 65%、苎麻 35%。

组织规格

经纱 13tex×2(76.9/2 公支),纬纱 28tex(35.7 公支);经密 52.0 根/cm,纬密 26.0

根/cm;幅宽 123cm。

织物图片 见彩图 15。

4 蜡染布

纯麻彩色蜡染布〔1〕

风格及用途 具有民族风格,色泽亮丽,色牢度好。

织物组织 平纹。

使用原料 苎麻 100%。

组织规格

纱线细度 27.8tex(36 公支);经密 23.4 根/cm,纬密 22.0 根/cm;幅宽 86cm。

织物图片 见彩图 16。

纯麻彩色蜡染布〔2〕

织物组织 平纹。

使用原料 苎麻 100%。

组织规格

纱线细度 27.8tex(36 公支);经密 23.4 根/cm,纬密 22.0 根/cm;幅宽 86cm。

织物图片 见彩图 17。

纯麻蜡染布〔1〕

织物组织 平纹。

使用原料 苎麻 100%。

组织规格

纱线细度 27.8tex(36 公支);经密 20.6 根/cm,纬密 23.2 根/cm;幅宽 86cm。

织物图片 见彩图18。

纯麻蜡染布〔2〕

风格及用途 采用传统民间蜡染工艺,冰纹丰富,风格独特。

织物组织 异经。

使用原料 苎麻100%。

组织规格

纱线细度15.6tex(64公支);经密31.0根/cm,纬密29.8根/cm;幅宽92.5cm。

织物图片 见彩图19。

纯麻仿蜡染印花布

风格及用途 采用仿蜡染印花工艺,经特殊的前处理和后整理,色泽浓艳,花型粗犷,织物美观、挺括,易洗快干。

织物组织 平纹。

使用原料 苎麻100%。

组织规格

纱线细度27.8tex(36公支);经密23.4根/cm,纬密22.0根/cm;幅宽105cm。

织物图片 见彩图20。

纯麻仿蜡染布

织物组织 异经。

使用原料 苎麻100%。

组织规格

纱线细度15.6tex(64公支);经密31.0根/cm,纬密29.8根/cm;幅宽92.5cm。

织物图片 见彩图21。

5 混纺布

亚麻、苎麻混纺布

织物组织 平纹。

使用原料 亚麻 50%、苎麻 50%。

组织规格

纱线细度 43.5tex(23 公支);经密 24.2 根/cm,纬密 18.2 根/cm;幅宽 102cm。

织物图片 见彩图 22。

Tencel 纤维、麻混纺布〔1〕

织物组织 平纹。

使用原料 Tencel 纤维 70%、苎麻 30%。

组织规格

纱线细度 16.7tex(60 公支);经密 37.0 根/cm,纬密 26.0 根/cm;幅宽 114cm。

织物图片 见彩图 23。

Tencel 纤维、麻混纺布〔2〕

织物组织 平纹。

使用原料 Tencel 纤维 70%、苎麻 30%。

组织规格

纱线细度 16.7tex(60 公支);经密 37.0 根/cm,纬密 26.0 根/cm;幅宽 114cm。

织物图片 见彩图 24。

Tencel 纤维、麻、棉混纺布〔1〕

织物组织 平纹。

使用原料 Tencel 纤维 35%、苎麻 15%、棉 50%。

组织规格

纱线细度 16.7tex(60 公支);经密 38.6 根/cm,纬密 24.2 根/cm;幅宽 114cm。

织物图片 见彩图 25。

Tencel 纤维、麻、棉混纺布〔2〕

织物组织 平纹。

使用原料 Tencel 纤维 35%、苎麻 15%、棉 50%。

组织规格

纱线细度 16.7tex(60 公支);经密 37.6 根/cm,纬密 26.0 根/cm;幅宽 114cm。

织物图片 见彩图 26。

麻棉混纺布〔1〕

织物组织 小提花。

使用原料 苎麻 55%、棉 45%。

组织规格

纱线细度 53.3tex(18.8 公支);经密 20.1 根/cm,纬密 18.5 根/cm;幅宽 154cm。

织物图片 见彩图 27。

麻棉混纺布〔2〕

风格及用途 手感挺括,透气性好,颜色鲜艳,特别适于制作春秋装。

织物组织 平纹。

使用原料 苎麻 55%、棉 45%。

组织规格

纱线细度 55.5tex(18 公支);经密 12.954 根/cm,纬密 11.938 根/cm;幅宽 112cm。

织物图片 见彩图 28。

麻棉混纺布〔3〕

织物组织 平纹。

使用原料 苎麻 55%、棉 45%。

组织规格

纱线细度 55.5tex(18 公支);经密 22.0 根/cm,纬密 17.6 根/cm;幅宽 123cm。

织物图片 见彩图 29。

麻棉混纺布〔4〕

织物组织 平纹。

使用原料 苎麻 55%、棉 45%。

组织规格

纱线细度 55.5tex(18 公支);经密 22.0 根/cm,纬密 17.6 根/cm;幅宽 113cm。

织物图片 见彩图 30。

麻棉混纺布〔5〕

织物组织 斜纹。

使用原料 苎麻 55%、棉 45%。

组织规格

纱线细度 33.3tex(30 公支);经密 30.8 根/cm,纬密 17.6 根/cm;幅宽 104cm。

织物图片 见彩图 31。

涤棉、麻腈混纺布

织物组织 提花(图 2)。

使用原料　经纱：10tex 涤纶 65%、棉 35%；纬纱：20tex 苎麻 50%、腈纶 50%。

组织规格

纱线细度 20tex × 2（50/2 公支）+ 10tex × 2（100/2 公支）；经密 22.0 根/cm，纬密 20.0 根/cm；幅宽 147cm。

纱线 A：黑色　纱线 B：深蓝色　纱线 C：浅蓝色　纱线 D：深咖啡色　纱线 E：浅咖啡色

纱线排列：

经纱　1A $\underset{\times 2}{\underline{3B2A3C2A}}$ $\underset{\times 2}{\underline{3C2A3B2A}}$ $\underset{\times 2}{\underline{3D2A3E2A}}$3E2A3D2A3E2A3D1A/80 根

纬纱　1A $\underset{\times 2}{\underline{3C2A3B2A}}$ $\underset{\times 2}{\underline{3D2A3E2A}}$ $\underset{\times 2}{\underline{3E2A3D2A}}$3B2A3C2A3B2A3C1A/80 根

织物图片　见彩图 32。

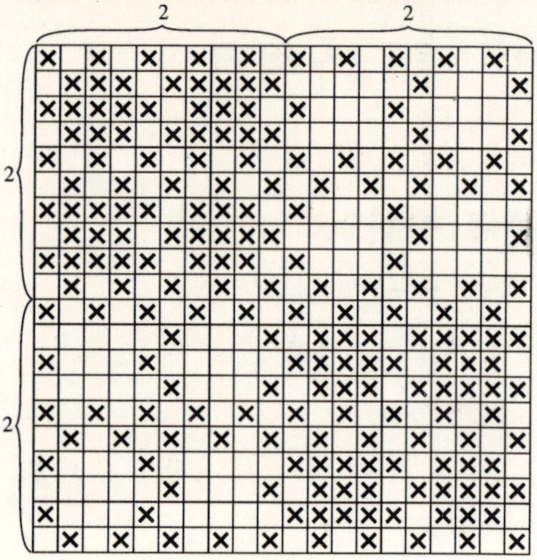

图 2

麻棉布〔1〕

织物组织　提花。

使用原料　苎麻 55%、棉 45%。

组织规格

纱线细度 53.3tex（18.8 公支）；经密 21.7 根/cm，纬密 18.9 根/cm；幅宽 91.4cm。

织物图片　见彩图 33。

麻棉布〔2〕

织物组织　小提花（图 3）。

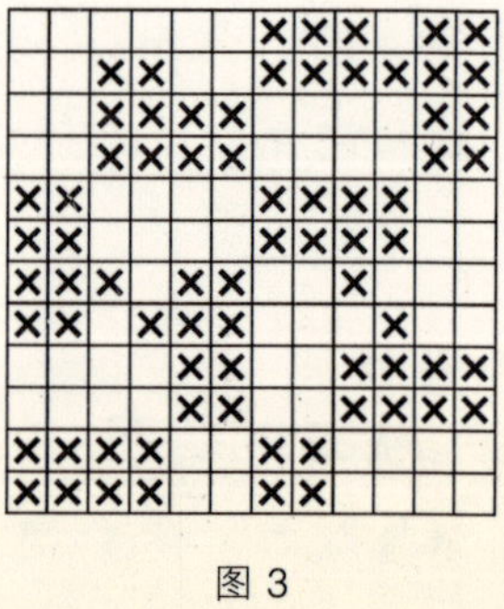

图 3

使用原料　经纱：苎麻 55%、棉 45%；纬纱：苎麻 55%、棉 45% + 105.6tex 空气变形丝。

组织规格

经纱 53.3tex(18.8 公支),纬纱 53.3tex(18.8 公支)+105.6tex(960 旦);经密 20.8 根/cm,纬密 18.1 根/cm;幅宽 144cm。

纱线 A:黑色　纱线 B:黑白花式纱　纱线 C:异型黑白花式纱

纱线排列:

经纱　2A2B4A2B2A/12 根

纬纱　2A2C/4 根

织物图片　见彩图 34。

麻棉布〔3〕

织物组织　提花(图 4)。

使用原料　经纱:棉 100%;纬纱:44.9tex 棉 100%,32.4tex 苎麻 40%、棉 60%。

组织规格

经纱 58.3tex×2(10/2 英支),纬纱 44.9tex+32.4tex(18 英支);经密 13.4 根/cm,纬密 13.8 根/cm;幅宽 110cm。

织物图片　见彩图 35。

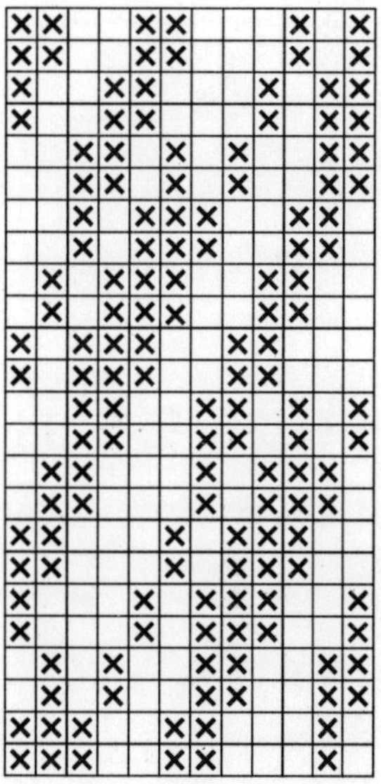

图 4

麻棉布〔4〕

织物组织　平纹。

使用原料　苎麻 30%、棉 70%。

组织规格

纱线细度 19.4tex(51.5 公支);经密 31.5 根/cm,纬密 22.8 根/cm;幅宽 91.4cm。

织物图片　见彩图 36。

麻毛布

织物组织　提花(图 5)。

使用原料　苎麻 70%、毛 30%。

组织规格

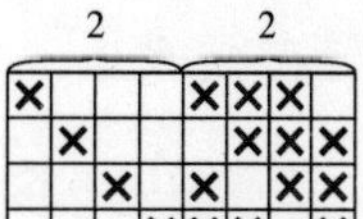

图 5

纱线细度 16.7tex×2(60/2 公支);经密 22.0 根/cm,纬密 19.0 根/cm;幅宽 114cm。

织物图片 见彩图 37。

6 印花布

麻棉金粉彩色印花布

织物组织 平纹。

使用原料 苎麻 70%、棉 30%。

组织规格

纱线细度 19.4tex(51.5 公支);密度 26.8 根/cm;幅宽 144cm。

织物图片 见彩图 38。

麻棉混纺印花布〔1〕

织物组织 平纹。

使用原料 苎麻 55%、棉 45%。

组织规格

纱线细度 55.5tex(18 公支);经密 23.2 根/cm,纬密 18.0 根/cm;幅宽 113cm。

织物图片 见彩图 39。

麻棉混纺印花布〔2〕

织物组织 平纹。

使用原料 苎麻 55%、棉 45%。

组织规格

经纱 22tex(45.47 公支),纬纱 37.8tex(26.47 公支);经密 23.9 根/cm,纬密 16.4 根/cm;幅宽 153cm。

织物图片 见彩图 40。

麻棉混纺印花布〔3〕

织物组织 平纹。

使用原料 苎麻 55%、棉 45%。

组织规格

纱线细度 55.5tex(18 公支);经密 23.0 根/cm,纬密 19.8 根/cm;幅宽 113cm。

织物图片 见彩图 41。

麻棉混纺印花布〔4〕

织物组织 平纹。

使用原料 苎麻 55%、棉 45%。

组织规格

纱线细度 55.5tex(18 公支);经密 23.0 根/cm,纬密 19.8 根/cm;幅宽 114cm。

织物图片 见彩图 42。

涤麻小提花印花布

织物组织 平纹。

使用原料 涤纶 65%、苎麻 35%。

组织规格

纱线细度 18.5tex(54 公支);经密 32.0 根/cm,纬密 27.0 根/cm;幅宽 107cm。

织物图片 见彩图 43。

涤麻棉小提花印花布

织物组织 异纬。

使用原料 经纱:涤纶 65%、棉 35%;纬纱:涤纶 65%、苎麻 35%。

组织规格

经纱 13tex(77 公支),纬纱 10.7tex(93 公支);经密 26.77 根/cm,纬密 27.6 根/cm;幅宽 91cm。

织物图片 见彩图 44。

涤麻棉色织提花印花布

织物组织 提花。

使用原料 经纱:涤纶 65%、棉 35%;纬纱:涤纶 65%、苎麻 35%。

组织规格

经纱 13tex×2(77/2 公支),纬纱 10.7tex×2(93/2 公支);经密 31.5 根/cm,纬密 23.62 根/cm;幅宽 90cm。

织物图片 见彩图 45。

棉麻粗细支色织印花布

织物组织 小提花。

使用原料 经纱:55.5tex 苎麻 45%、棉 55%;纬纱:19.2tex 苎麻 30%、棉 70%。

组织规格

纱线细度 55.5tex(18 公支)+19.2tex(52 公支);经密 33.0 根/cm,纬密 22.0 根/cm;幅宽 91.4cm。

织物图片 见彩图 46。

丝麻交织印花布〔1〕

织物组织 平纹。

使用原料 经纱:绢丝 100%;纬纱:苎麻 100%。

组织规格

经纱 4.9tex×2(205.8/2 公支),纬纱 27.8tex(36 公支);经密 25.2 根/cm,纬密

24.4 根/cm;幅宽 91.4cm。

织物图片 见彩图 47。

丝麻交织印花布〔2〕

织物组织 平纹。

使用原料 经纱:丝 100%;纬纱:苎麻 100%。

组织规格

经纱 8.2tex×2(120/2 公支),纬纱 27.8tex(36 公支);经密 25.6 根/cm,纬密 26.0 根/cm;幅宽 113cm。

织物图片 见彩图 48。

麻棉交织印花布〔1〕

织物组织 平纹。

使用原料 苎麻 55%、棉 45%。

组织规格

经纱 27.8tex(36 公支),纬纱 31.3tex(32 公支);经密 22.3 根/cm,纬密 17.0 根/cm;幅宽 100cm。

织物图片 见彩图 49。

麻棉交织印花布〔2〕

织物组织 平纹。

使用原料 经纱:棉 100%;纬纱:苎麻 100%。

组织规格

经纱 23.8tex(42 公支),纬纱 31.3tex(32 公支);经密 28.0 根/cm,纬密 23.2 根/cm;幅宽 114cm。

织物图片 见彩图 50。

麻棉交织印花布〔3〕

织物组织　平纹。

使用原料　经纱:棉 100%;纬纱:苎麻 100%。

组织规格

经纱 18.5tex(31.5 英支),纬纱 27.8tex(36 公支);经密 37.0 根/cm,纬密 25.2 根/cm;幅宽 107cm。

织物图片　见彩图 51。

丝麻涤绉印花布

织物组织　提花。

使用原料　经纱:桑蚕丝 100%;纬纱:涤纶 90%、苎麻 10%。

组织规格

经纱 10.6tex(96.7 旦),纬纱 10tex(100 公支);经密 43.0 根/cm,纬密 32.0 根/cm;幅宽 91cm。

织物图片　见彩图 52。

涤麻瑞米特印花布

织物组织　异经。

使用原料　涤纶 65%、苎麻 35%。

组织规格

经纱 55.5tex(18 公支),纬纱 47.6tex(21 公支);经密 29.5 根/cm,纬密 19.3 根/cm;幅宽 90cm。

织物图片　见彩图 53。

麻涤棉凉爽印花布

织物组织　提花。

使用原料　经纱:涤纶 65%、棉 35%;纬纱:涤纶 55%、苎麻 45%。

组织规格

经纱 13tex(77.2 公支)×18.5tex(54 公支),纬纱 27.8tex(36 公支)/27.8tex(36 公支)/27.8tex(36 公支);经密 236.2 根/cm,纬密 147.3 根/cm;幅宽 91.5cm。

织物图片 见彩图 54。

麻棉粘印花布

织物组织 斜纹。

使用原料 经纱:苎麻 55%、棉 45%;纬纱:粘胶纤维 20%、棉 40%、苎麻 40%。

组织规格

经纱 27.8tex(36 公支),纬纱 20tex(50 公支)/6.7tex(150 公支)+500tex(2 公支,花式纱);密度 15.0 根/cm;幅宽 152cm。

织物图片 见彩图 55。

纯麻印花布〔1〕

织物组织 平纹。

使用原料 苎麻 100%。

组织规格

纱线细度 27.8tex(36 公支);经密 22.8 根/cm,纬密 22.0 根/cm;幅宽 94cm。

织物图片 见彩图 56。

纯麻印花布〔2〕

织物组织 平纹。

使用原料 苎麻 100%。

组织规格

纱线细度 16.7tex(60 公支);经密 31.1 根/cm,纬密 26.0 根/cm;幅宽 91.4cm。

织物图片 见彩图 57。

纯麻印花布〔3〕

织物组织 平纹。

使用原料 苎麻100%。

组织规格

纱线细度16.7tex(60公支);经密31.1根/cm,纬密26.0根/cm;幅宽91.4cm。

织物图片 见彩图58。

纯麻印花布〔4〕

织物组织 平纹。

使用原料 苎麻100%。

组织规格

纱线细度27.8tex(36公支);经密23.4根/cm,纬密21.3根/cm;幅宽84cm。

织物图片 见彩图59。

纯麻印花布〔5〕

风格及用途 手感滑爽,透气性好,穿着舒适,是夏季女装最佳面料之一。

织物组织 平纹。

使用原料 苎麻100%。

组织规格

纱线细度27.8tex(36公支);经密20.47根/cm,纬密23.23根/cm;幅宽90cm。

织物图片 见彩图60。

纯麻印花布〔6〕

织物组织 平纹。

使用原料 苎麻100%。

组织规格

纱线细度27.8tex(36公支);经密20.4根/cm,纬密23.2根/cm;幅宽113cm。

织物图片 见彩图61。

纯麻印花布〔7〕

织物组织 平纹。

使用原料 苎麻100%。

组织规格

纱线细度27.8tex(36公支);经密22.8根/cm,纬密22.0根/cm;幅宽94cm。

织物图片 见彩图62。

纯麻印花布〔8〕

风格及用途 穿着舒适、凉爽,不贴身。

织物组织 平纹。

使用原料 苎麻100%。

组织规格

纱线细度27.8tex(36公支);经密22.7根/cm,纬密21.0根/cm;幅宽96cm。

织物图片 见彩图63。

纯麻印花布〔9〕

风格及用途 色泽鲜艳,手感柔软,穿着舒适、凉爽,吸湿快干,是夏季理想的服装面料。

织物组织 平纹。

使用原料 苎麻100%。

组织规格

纱线细度27.8tex(36公支);经密20.08根/cm,纬密22.83根/cm;幅宽96cm。

织物图片 见彩图64。

纯麻印花布〔10〕

织物组织 异经。

使用原料 苎麻 100%。

组织规格

纱线细度 16.7tex(60 公支);经密 27.0 根/cm,纬密 32.0 根/cm;幅宽 92.5cm。

织物图片 见彩图 65。

纯麻印花布〔11〕

织物组织 平纹。

使用原料 苎麻 100%。

组织规格

纱线细度 27.8tex(36 公支);经密 22.0 根/cm,纬密 22.8 根/cm;幅宽 94cm。

织物图片 见彩图 66。

纯麻印花布〔12〕

织物组织 平纹。

使用原料 苎麻 100%。

组织规格

纱线细度 27.8tex(36 公支);经密 23.4 根/cm,纬密 21.3 根/cm;幅宽 84cm。

织物图片 见彩图 67。

纯麻印花布〔13〕

织物组织 平纹。

使用原料 苎麻 100%。

组织规格

纱线细度 27.8tex(36 公支);经密 28.0 根/cm,纬密 22.0 根/cm;幅宽 91cm。

织物图片 见彩图68。

纯麻印花布〔14〕

织物组织 平纹。

使用原料 苎麻100%。

组织规格

纱线细度27.8tex(36公支);经密20.5根/cm,纬密22.8根/cm;幅宽113cm。

织物图片 见彩图69。

纯麻印花布〔15〕

织物组织 平纹。

使用原料 苎麻100%。

组织规格

纱线细度20.8tex(48公支);经密20.8根/cm,纬密20.0根/cm;幅宽140cm。

织物图片 见彩图70。

纯麻印花布〔16〕

织物组织 平纹。

使用原料 苎麻100%。

组织规格

纱线细度27.8tex(36公支);经密23.2根/cm,纬密21.4根/cm;幅宽93cm。

织物图片 见彩图71。

涤麻印花布〔1〕

织物组织 平纹。

使用原料 涤纶 65%、苎麻 35%。

组织规格

经纱 13tex(77.2 公支),纬纱 13.9tex(72 公支);经密 44.5 根/cm,纬密 29.0 根/cm;幅宽 94cm。

织物图片 见彩图 72。

涤麻印花布〔2〕

织物组织 平纹。

使用原料 苎麻 55%、涤纶 45%。

组织规格

纱线细度 14.6tex(68.6 公支);经密 26.0 根/cm,纬密 22.5 根/cm;幅宽 98cm。

织物图片 见彩图 73。

涤麻印花布〔3〕

织物组织 平纹。

使用原料 涤纶 65%、苎麻 35%。

组织规格

经纱 8.7tex(114.9 公支),纬纱 10.8tex(92.6 公支);经密 35.5 根/cm,纬密 28.6 根/cm;幅宽 98cm。

织物图片 见彩图 74。

涤麻印花布〔4〕

织物组织 平纹。

使用原料 涤纶 65%、苎麻 35%。

组织规格

纱线细度 27.8tex(36 公支);经密 32.0 根/cm,纬密 26.0 根/cm;幅宽 113cm。

织物图片 见彩图 75。

涤麻印花布〔5〕

织物组织 平纹小提花。

使用原料 涤纶 70%、变性麻 30%。

组织规格

纱线细度 12.5tex(80 公支);经密 33.5 根/cm,纬密 30.5 根/cm;幅宽 90cm。

织物图片 见彩图 76。

涤麻印花布〔6〕

织物组织 平纹。

使用原料 涤纶 65%、苎麻 35%。

组织规格

纱线细度 18.5tex(54 公支);经密 32.0 根/cm,纬密 26.0 根/cm;幅宽 113cm。

织物图片 见彩图 77。

涤麻印花布〔7〕

织物组织 平纹。

使用原料 涤纶 65%、苎麻 35%。

组织规格

纱线细度 16.7tex(60 公支);经密 27.2 根/cm,纬密 28.35 根/cm;幅宽 91.5cm。

织物图片 见彩图 78。

涤麻印花布〔8〕

织物组织 平纹。

使用原料 涤纶 65%、苎麻 35%。

组织规格

纱线细度 18.5tex(54 公支);经密 32.0 根/cm,纬密 27.0 根/cm;幅宽 107cm。

织物图片 见彩图 79。

涤麻印花布〔9〕

织物组织 平纹。

使用原料 涤纶 65%、苎麻 35%。

组织规格

纱线细度 18.5tex(54 公支);经密 32.0 根/cm,纬密 27.0 根/cm;幅宽 107cm。

织物图片 见彩图 80。

涤麻印花布〔10〕

织物组织 平纹。

使用原料 涤纶 65%、苎麻 35%。

组织规格

纱线细度 18.5tex(54 公支);经密 32.0 根/cm,纬密 27.0 根/cm;幅宽 107cm。

织物图片 见彩图 81。

涤麻印花布〔11〕

织物组织 平纹。

使用原料 涤纶 65%、苎麻 35%。

组织规格

纱线细度 18.5tex(54 公支);经密 32.0 根/cm,纬密 27.0 根/cm;幅宽 107cm。

织物图片 见彩图 82。

涤麻印花布〔12〕

织物组织 平纹。

使用原料 涤纶 65%、苎麻 35%。

组织规格

纱线细度 18.5tex(54 公支);经密 32.0 根/cm,纬密 27.0 根/cm;幅宽 107cm。

织物图片 见彩图 83。

涤麻印花布〔13〕

织物组织 平纹。

使用原料 涤纶 65%、苎麻 35%。

组织规格

纱线细度 18.5tex(54 公支);经密 32.0 根/cm,纬密 27.0 根/cm;幅宽 107cm。

织物图片 见彩图 84。

涤麻印花布〔14〕

织物组织 平纹。

使用原料 涤纶 65%、苎麻 35%。

组织规格

纱线细度 18.5tex(54 公支);经密 32.0 根/cm,纬密 27.0 根/cm;幅宽 107cm。

织物图片 见彩图 85。

涤麻印花布〔15〕

织物组织 平纹。

使用原料 涤纶 65%、苎麻 35%。

组织规格

纱线细度 18.5tex(54 公支);经密 32.0 根/cm,纬密 27.0 根/cm;幅宽 107cm。

织物图片 见彩图 86。

涤麻印花布〔16〕

织物组织 平纹。

使用原料 涤纶 65%、苎麻 35%。

组织规格

纱线细度 18.5tex(54 公支);经密 32.0 根/cm,纬密 27.0 根/cm;幅宽 107cm。

织物图片 见彩图 87。

涤麻印花布〔17〕

织物组织 平纹。

使用原料 涤纶 65%、苎麻 35%。

组织规格

纱线细度 18.5tex(54 公支);经密 32.0 根/cm,纬密 27.0 根/cm;幅宽 107cm。

织物图片 见彩图 88。

涤麻印花布〔18〕

织物组织 平纹。

使用原料 涤纶 65%、苎麻 35%。

组织规格

纱线细度 18.5tex(54 公支);经密 32.0 根/cm,纬密 27.0 根/cm;幅宽 107cm。

织物图片 见彩图 89。

涤麻印花布〔19〕

织物组织 平纹。

使用原料 涤纶 65%、苎麻 35%。

组织规格

纱线细度 18.5tex(54 公支);经密 32.0 根/cm,纬密 27.0 根/cm;幅宽 107cm。

织物图片　见彩图 90。

涤麻印花布〔20〕

织物组织　平纹。

使用原料　涤纶 65%、苎麻 35%。

组织规格

纱线细度 18.5tex(54 公支);经密 31.5 根/cm,纬密 26.7 根/cm;幅宽 107cm。

织物图片　见彩图 91。

涤麻印花布〔21〕

织物组织　平纹。

使用原料　苎麻 55%、涤纶 45%。

组织规格

纱线细度 14.6tex(68.6 公支);经密 26.38 根/cm,纬密 22.4 根/cm。

织物图片　见彩图 92。

涤麻印花布〔22〕

织物组织　平纹。

使用原料　涤纶 65%、苎麻 35%。

组织规格

纱线细度 14.6tex(68.6 公支);经密 26.38 根/cm,纬密 22.4 根/cm。

织物图片　见彩图 93。

涤麻印花布〔23〕

织物组织　平纹。

使用原料 涤纶65%、苎麻35%。

组织规格

纱线细度14.6tex(68.6公支);经密26.38根/cm,纬密22.4根/cm;幅宽107cm。

织物图片 见彩图94。

涤麻印花布〔24〕

织物组织 平纹。

使用原料 涤纶65%、苎麻35%。

组织规格

纱线细度14.6tex(68.6公支);经密26.38根/cm,纬密22.4根/cm。

织物图片 见彩图95。

涤麻印花布〔25〕

织物组织 平纹。

使用原料 涤纶70%、苎麻30%。

组织规格

纱线细度18.5tex(54公支);经密28.4根/cm,纬密24.9根/cm。

织物图片 见彩图96。

涤麻印花布〔26〕

织物组织 平纹。

使用原料 涤纶65%、苎麻35%。

组织规格

纱线细度16.7tex(60公支);经密27.2根/cm,纬密28.35根/cm;幅宽99.5cm。

织物图片 见彩图97。

涤麻印花布〔27〕

织物组织 平纹。

使用原料 涤纶65%、苎麻35%。

组织规格

纱线细度41.7tex(24公支);经密25.6根/cm,纬密22.0根/cm;幅宽132cm。

织物图片 见彩图98。

涤麻印花布〔28〕

织物组织 平纹。

使用原料 涤纶65%、苎麻35%。

组织规格

纱线细度16.7tex(60公支);经密27.2根/cm,纬密25.2根/cm;幅宽91cm。

织物图片 见彩图99。

涤麻印花布〔29〕

织物组织 平纹。

使用原料 涤纶65%、苎麻35%。

组织规格

纱线细度16.7tex(60公支);经密27.2根/cm,纬密28.35根/cm;幅宽91.5cm。

织物图片 见彩图100。

涤麻印花布〔30〕

织物组织 平纹。

使用原料 涤纶65%、苎麻35%。

组织规格

纱线细度18.5tex(54公支);经密32.4根/cm,纬密26.8根/cm。

织物图片 见彩图101。

涤麻印花布〔31〕

织物组织 平纹。

使用原料 涤纶65%、苎麻35%。

组织规格

纱线细度18.5tex(54公支);经密32.6根/cm,纬密27.2根/cm;幅宽90cm。

织物图片 见彩图102。

涤麻印花布〔32〕

织物组织 平纹。

使用原料 涤纶65%、苎麻35%。

组织规格

纱线细度18.5tex(54公支);经密32.6根/cm,纬密27.2根/cm;幅宽91.5cm。

织物图片 见彩图103。

涤麻印花布〔33〕

织物组织 平纹。

使用原料 涤纶65%、苎麻35%。

组织规格

纱线细度18.5tex(54公支);经密32.6根/cm,纬密27.2根/cm;幅宽91.5cm。

织物图片 见彩图104。

涤麻印花布〔34〕

织物组织 平纹。

使用原料 涤纶65%、苎麻35%。

组织规格

纱线细度18.5tex(54公支);经密32.6根/cm,纬密27.2根/cm;幅宽91.4cm。

织物图片 见彩图105。

涤麻印花布〔35〕

织物组织 平纹。

使用原料 涤纶65%、苎麻35%。

组织规格

纱线细度41.7tex(24公支);经密19.8根/cm,纬密16.8根/cm;幅宽144cm。

织物图片 见彩图106。

涤麻印花布〔36〕

织物组织 平纹。

使用原料 涤纶65%、苎麻35%。

组织规格

纱线细度18.5tex(54公支);经密32.0根/cm,纬密26.0根/cm;幅宽113cm。

织物图片 见彩图107。

涤麻印花布〔37〕

织物组织 平纹。

使用原料 涤纶65%、苎麻35%。

组织规格

纱线细度18.5tex(54公支);经密31.5根/cm,纬密26.7根/cm;幅宽113cm。

织物图片 见彩图108。

涤麻印花布〔38〕

织物组织 平纹。

使用原料 涤纶 60%、苎麻 40%。

组织规格

纱线细度 27.8tex(36 公支);经密 30.3 根/cm,纬密 26 根/cm;幅宽 91cm。

织物图片 见彩图 109。

涤麻印花布〔39〕

织物组织 平纹。

使用原料 涤纶 65%、苎麻 35%。

组织规格

纱线细度 18.5tex(54 公支);经密 32.0 根/cm,纬密 26.0 根/cm;幅宽 113cm。

织物图片 见彩图 110。

涤麻印花布〔40〕

织物组织 平纹。

使用原料 涤纶 65%、苎麻 35%。

组织规格

经纱 27.7tex(36.11 公支),纬纱 31.7tex(31.52 公支);经密 21.0 根/cm,纬密 19.0 根/cm;幅宽 150cm。

织物图片 见彩图 111。

涤麻印花布〔41〕

织物组织 平纹。

使用原料 涤纶 65%、苎麻 35%。

组织规格

纱线细度 27.8tex(36 公支)+27.8tex(36 公支);经密 39.0 根/cm,纬密 28.0 根/cm;幅宽 114cm。

织物图片　见彩图 112。

涤麻印花布〔42〕

织物组织　平纹。

使用原料　亚麻 55%、涤纶 45%。

组织规格

纱线细度 25tex(40 公支);经密 18.0 根/cm,纬密 16.0 根/cm;幅宽 141cm。

织物图片　见彩图 113。

涤麻印花布〔43〕

织物组织　平纹。

使用原料　涤纶 65%、苎麻 35%。

组织规格

纱线细度 18.5tex(54 公支);经密 31.5 根/cm,纬密 26.7 根/cm;幅宽 90.4cm。

织物图片　见彩图 114。

麻涤棉印花布

织物组织　提花(图 6)。

使用原料　经纱:涤纶 65%、棉 35%;纬纱:苎麻 30%、棉 70%。

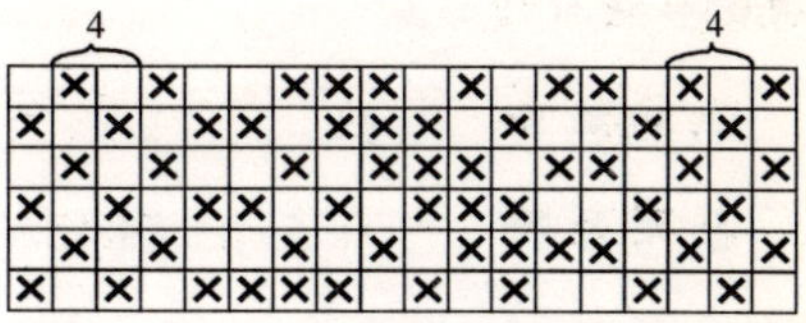

图 6

组织规格

经纱 13tex(77 公支),纬纱 19.2tex(52 公支);经密 39.37 根/cm,纬密 24.41 根/cm;幅宽 91.4cm。

纱线 A:白色　纱线 B:蓝色

纱线排列:

经纱 $\frac{1B10A1B9A/32根}{\times 2}$

纬纱 A

织物图片 见彩图115。

麻棉印花布〔1〕

织物组织 平纹。

使用原料 苎麻55%、棉45%。

组织规格

纱线细度55.5tex(18公支);经密20.1根/cm,纬密18.1根/cm;幅宽109cm。

织物图片 见彩图116。

麻棉印花布〔2〕

织物组织 平纹。

使用原料 苎麻55%、棉45%。

组织规格

纱线细度55.5tex(18公支);经密20.1根/cm,纬密18.5根/cm;幅宽119.4cm。

织物图片 见彩图117。

麻棉印花布〔3〕

织物组织 平纹。

使用原料 苎麻55%、棉45%。

组织规格

纱线细度55.5tex(18公支);经密20.08根/cm,纬密18.5根/cm;幅宽91.4cm。

织物图片 见彩图118。

麻棉印花布〔4〕

织物组织 平纹。

使用原料 苎麻 50%、棉 50%。

组织规格

纱线细度 33.3tex(30 公支);经密 29.0 根/cm,纬密 25.0 根/cm;幅宽 113cm。

织物图片 见彩图 119。

麻棉印花布〔5〕

织物组织 平纹。

使用原料 苎麻 55%、棉 45%。

组织规格

纱线细度 27.8tex(36 公支);经密 23.2 根/cm,纬密 22.0 根/cm;幅宽 113cm。

织物图片 见彩图 120。

麻棉印花布〔6〕

织物组织 平织。

使用原料 苎麻 55%、棉 45%。

组织规格

纱线细度 27.8tex(36 公支);经密 24.2 根/cm,纬密 22.8 根/cm;幅宽 136cm。

织物图片 见彩图 121。

麻棉印花布〔7〕

织物组织 平纹。

使用原料 苎麻 55%、棉 45%。

组织规格

纱线细度 33.3tex(30 公支);经密 22.0 根/cm,纬密 17.8 根/cm;幅宽 107cm。

织物图片 见彩图122。

麻棉印花布〔8〕

织物组织 提花。

使用原料 苎麻55%、棉45%。

组织规格

经纱27.8tex(36公支)+27.8tex×2(36/2公支),纬纱27.8tex(36公支);经密21.8根/cm,纬密15.0根/cm;幅宽107cm。

织物图片 见彩图123。

麻棉印花布〔9〕

织物组织 平纹。

使用原料 亚麻55%、棉45%。

组织规格

经纱28.6tex(35公支)×17.9tex(56公支),纬纱30.3tex(33公支)×12.6tex(79公支);经密21.6根/cm,纬密19.6根/cm;幅宽145cm。

织物图片 见彩图124。

麻棉印花布〔10〕

织物组织 提花。

使用原料 苎麻55%、棉45%。

组织规格

经纱41.7tex(24公支)×15.2tex(66公支),纬纱38.5tex(26公支)×71.4tex(14公支);经密17.8根/cm,纬密16.4根/cm;幅宽142cm。

织物图片 见彩图125。

麻棉印花布〔11〕

织物组织 平纹。

使用原料 苎麻 55%、棉 45%。

组织规格

经纱 22.5tex(45 公支)×21.3tex(47 公支),纬纱 38.5tex(26 公支)×21.3tex(47 公支);经密 23.9 根/cm,纬密 16.4 根/cm;幅宽 153cm。

织物图片 见彩图 126。

麻棉印花布〔12〕

织物组织 平纹。

使用原料 苎麻 55%、棉 45%。

组织规格

纱线细度 27.8tex×2(36/2 公支);经密 13.0 根/cm,纬密 12.2 根/cm;幅宽 103cm。

织物图片 见彩图 127。

麻棉印花布〔13〕

织物组织 平纹。

使用原料 棉 89%、苎麻 11%。

组织规格

纱线细度 55.5tex(18 公支);经密 20.4 根/cm,纬密 14.6 根/cm;幅宽 138cm。

织物图片 见彩图 128。

麻棉印花布〔14〕

织物组织 平纹。

使用原料 苎麻 55%、棉 45%。

组织规格

纱线细度 100tex(10 公支);经密 12.0 根/cm,纬密 13.0 根/cm;幅宽 107cm。

织物图片 见彩图 129。

麻棉印花布〔15〕

织物组织 平纹。

使用原料 苎麻 55%、棉 45%。

组织规格

经纱 55.5tex(18 公支),纬纱 100tex(10 公支);经密 29.0 根/cm,纬密 10.8 根/cm;幅宽 144cm。

织物图片 见彩图 130。

麻棉印花布〔16〕

织物组织 平纹。

使用原料 苎麻 55%、棉 45%。

组织规格

经纱 50tex(20 公支)×15.9tex(63 公支),纬纱 43.5tex(23 公支)×250tex(4 公支);经密 16.4 根/cm,纬密 21.4 根/cm;幅宽 142cm。

织物图片 见彩图 131。

涤麻细薄印花布〔1〕

风格及用途 涂料印花。

织物组织 平纹。

使用原料 涤纶 65%、苎麻 35%。

组织规格

经纱 8.3tex×2(120/2 公支),纬纱 16.7tex(60 公支);经密 35.3 根/cm,纬密 29.2 根/cm;幅宽 113cm。

织物图片 见彩图 132。

涤麻细薄印花布〔2〕

织物组织 平纹。

使用原料 涤纶 65%、苎麻 35%。

组织规格

经纱 8.3tex×2(120/2 公支),纬纱 16.7tex(60 公支);经密 35.3 根/cm,纬密 29.2 根/cm;幅宽 90.5cm。

织物图片 见彩图 133。

涤麻细薄印花布〔3〕

织物组织 平纹。

使用原料 涤纶 65%、苎麻 35%。

组织规格

经纱 8.3tex×2(120/2 公支),纬纱 16.7tex×2(60/2 公支);经密 35.3 根/cm,纬密 29.2 根/cm;幅宽 91cm。

织物图片 见彩图 134。

涤麻细薄印花布〔4〕

织物组织 平纹。

使用原料 涤纶 65%、苎麻 35%。

组织规格

经纱 8.3tex×2(120/2 公支),纬纱 16.7tex(60 公支);经密 35.3 根/cm,纬密 29.2 根/cm;幅宽 90cm。

织物图片 见彩图 135。

7 色 布

纯麻粗纺色布

织物组织 平纹。

使用原料 苎麻 100%。

组织规格

纱线细度 133.3tex(7.5 公支);经密 11.9 根/cm,纬密 13.4 根/cm;幅宽 108cm。

织物图片 见彩图 136。

亚麻色布

织物组织 斜纹。

使用原料 亚麻 100%。

组织规格

纱线细度 58.3tex(17.2 公支);经密 76.2 根/cm,纬密 86.4 根/cm;幅宽 154cm。

织物图片 见彩图 137。

纯麻色布〔1〕

织物组织 平纹。

使用原料 苎麻 100%。

组织规格

纱线细度 27.8tex(36 公支);经密 20.5 根/cm,纬密 22.8 根/cm;幅宽 103cm。

织物图片 见彩图 138。

纯麻色布〔2〕

织物组织 平纹。

使用原料 苎麻 100%。

组织规格

纱线细度 27.8tex(36 公支);经密 22.8 根/cm,纬密 22.0 根/cm;幅宽 94cm。

织物图片 见彩图 139。

纯麻色布〔3〕

织物组织 平纹。

使用原料 苎麻 100%。

组织规格

经纱 28.9tex(34.6 公支),纬纱 26.1tex(38.3 公支);经密 24.8 根/cm,纬密 22.4 根/cm;幅宽 91.7cm。

织物图片 见彩图 140。

纯麻色布〔4〕

织物组织 平纹。

使用原料 苎麻 100%。

组织规格

经纱 29.3tex(34.14 公支),纬纱 30.4tex(32.93 公支);经密 25.2 根/cm,纬密 22.2 根/cm;幅宽 91.7cm。

织物图片 见彩图 141。

纯麻色布〔5〕

织物组织 平纹。

使用原料 苎麻 100%。

组织规格

纱线细度 27.8tex(36 公支);经密 23.8 根/cm,纬密 21.4 根/cm;幅宽 114cm。

织物图片 见彩图 142。

纯麻色布〔6〕

织物组织 平纹。

使用原料 苎麻 100%。

组织规格

纱线细度 27.8tex(36 公支);经密 24.7 根/cm,纬密 22.2 根/cm;幅宽 88cm。

织物图片 见彩图 143。

8 提花布

麻棉交织提花条布

织物组织 小提花。

使用原料 经纱:苎麻 55%、棉 45%,纬纱:棉 100%。

组织规格

经纱 55.6tex(18 公支),纬纱 27.8tex(21 英支);密度 21.3 根/cm。

织物图片 见彩图 144。

纯麻小提花布

织物组织 小提花。

使用原料 苎麻 100%。

组织规格

纱线细度 27.8tex(36 公支);幅宽 107cm。

织物图片 见彩图145。

涤麻小提花布

织物组织 提花(图7)。

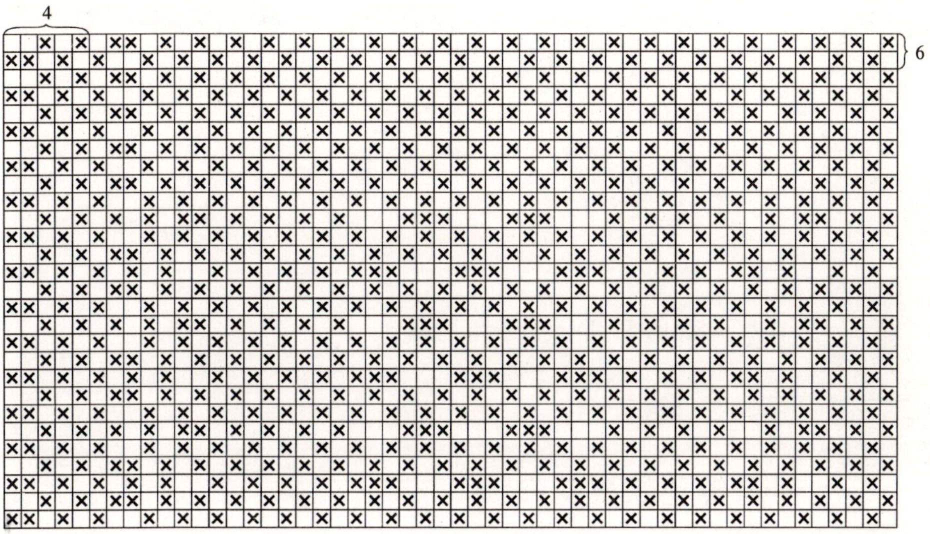

图7

使用原料 涤纶65%、苎麻35%。

组织规格

纱线细度18.5tex(54公支);经密32.0根/cm,纬密27.0根/cm;幅宽114cm。

织物图片 见彩图146。

纯麻色织双层提花布

织物组织 提花。

使用原料 苎麻100%。

组织规格

纱线细度27.8tex(36公支);经密22.0根/cm,纬密20.4根/cm;幅宽110cm。

织物图片 见彩图147。

麻涤、麻棉交织提花布

织物组织 提花(图 8)。

使用原料 经纱:涤纶 65%、棉 35%;纬纱:亚麻 55%、涤纶 45%。

组织规格

经纱 13.9tex(72 公支),纬纱 16.7tex(60 公支);经密 21.5 根/cm,纬密 29.0 根/cm;幅宽 114cm。

纱线 A:白色 纱线 B:驼色

纱线排列:

经纱 A

纬纱 B

织物图片 见彩图 148。

图 8

麻棉色织提花布〔1〕

织物组织 提花(图 9)。

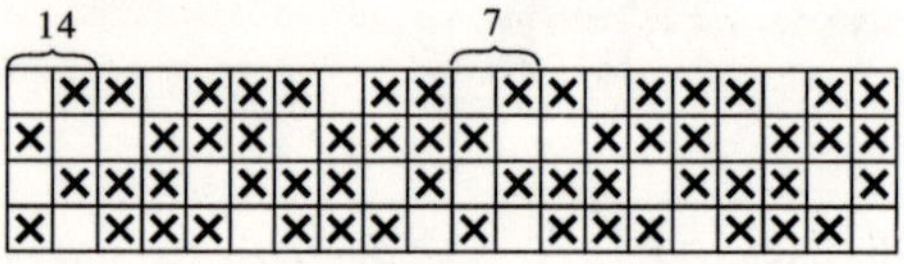

图 9

使用原料 棉 90%、苎麻 10%。

组织规格

纱线细度 27.8tex(36 公支);经密 23.6 根/cm,纬密 20.0 根/cm;幅宽 144cm。

纱线 A:浅驼色 纱线 B:绿色 纱线 C:浅蓝色 纱线 D:草绿色 纱线 E:白色 纱线 F:蓝色

纱线排列:

经纱 28A8B$\underset{\times 3}{\underline{1E1F}}$2F$\underset{\times 3}{\underline{1F1E}}$8B28A8C$\underset{\times 3}{\underline{1E1F}}$2F$\underset{\times 3}{\underline{1F1E}}$8C28A8D$\underset{\times 3}{\underline{1E1F}}$2F$\underset{\times 3}{\underline{1F1E}}$8D/174 根

纬纱 E

织物图片 见彩图 149。

麻棉色织提花布〔2〕

织物组织　提花(图 10)。

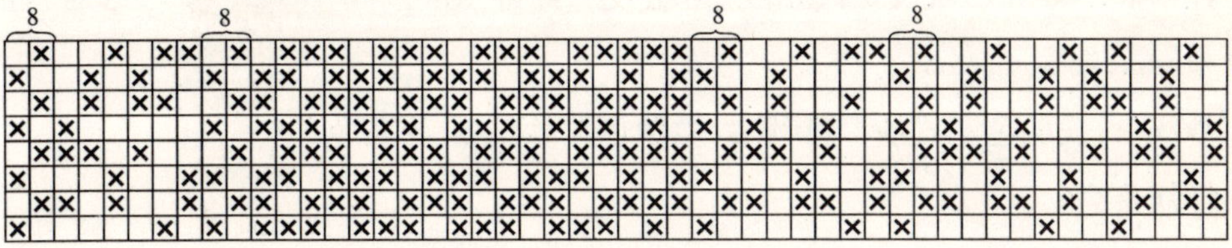

图 10

使用原料　苎麻 10%、棉 90%。

组织规格

纱线细度 55.5tex(18 公支);经密 26.0 根/cm,纬密 17.6 根/cm;幅宽 113cm。

纱线 A:白色　纱线 B:黑色

纱线排列:

经纱　$94A\underline{1B1A}_{\times 6}/106$ 根

纬纱　A

织物图片　见彩图 150。

丝麻提花布

织物组织　提花(图 11)。

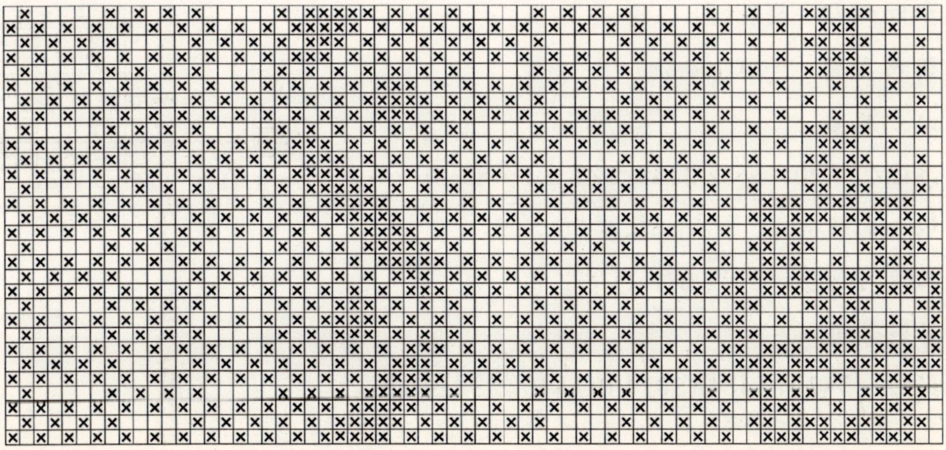

图 11

使用原料 经纱:66.7tex 亚麻纱、20tex 粘胶纱;纬纱:真丝。

组织规格

经纱 66.7tex(15 公支)+20tex(50 公支),纬纱 10tex(90 旦);经密 13.5 根/cm,纬密 26.0 根/cm;幅宽 114cm。

纱线 A:浅驼色花式纱　纱线 B:橘黄色　纱线 C:深灰色

纱线排列:

经纱　50A$\underset{\times 8}{\underline{1A1B}}$/66 根

纬纱　C

织物图片 见彩图 151。

纯麻提花布〔1〕

织物组织 小提花。

使用原料 苎麻 100%。

组织规格

纱线细度 27.8tex(36 公支);密度 26.0 根/cm;幅宽 113cm。

织物图片 见彩图 152。

纯麻提花布〔2〕

织物组织 提花(图 12)。

使用原料 苎麻 100%。

组织规格

纱线细度 20.8tex×2(48/2 公支)+82.3tex(12 公支);经密 11.0 根/cm,纬密 9.1 根/cm;幅宽 76.5cm。

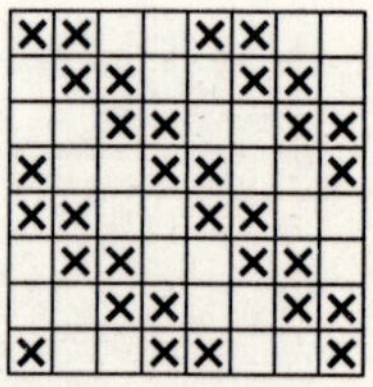

图 12

纱线 A:驼色　纱线 B:白色

纱线排列:

经纱　$\underset{\times 12}{\underline{2A2B}}$1A$\underset{\times 2}{\underline{4B4A}}$3B2A3B$\underset{\times 2}{\underline{4A4B}}$4A3B/96 根

纬纱　$\underset{\times 12}{\underline{2B2A}}$3B4A$\underset{\times 2}{\underline{4B4A}}$3B2A3B$\underset{\times 2}{\underline{4A4B}}$1A/96 根

织物图片 见彩图153。

涤麻提花布

织物组织 提花(图13)。

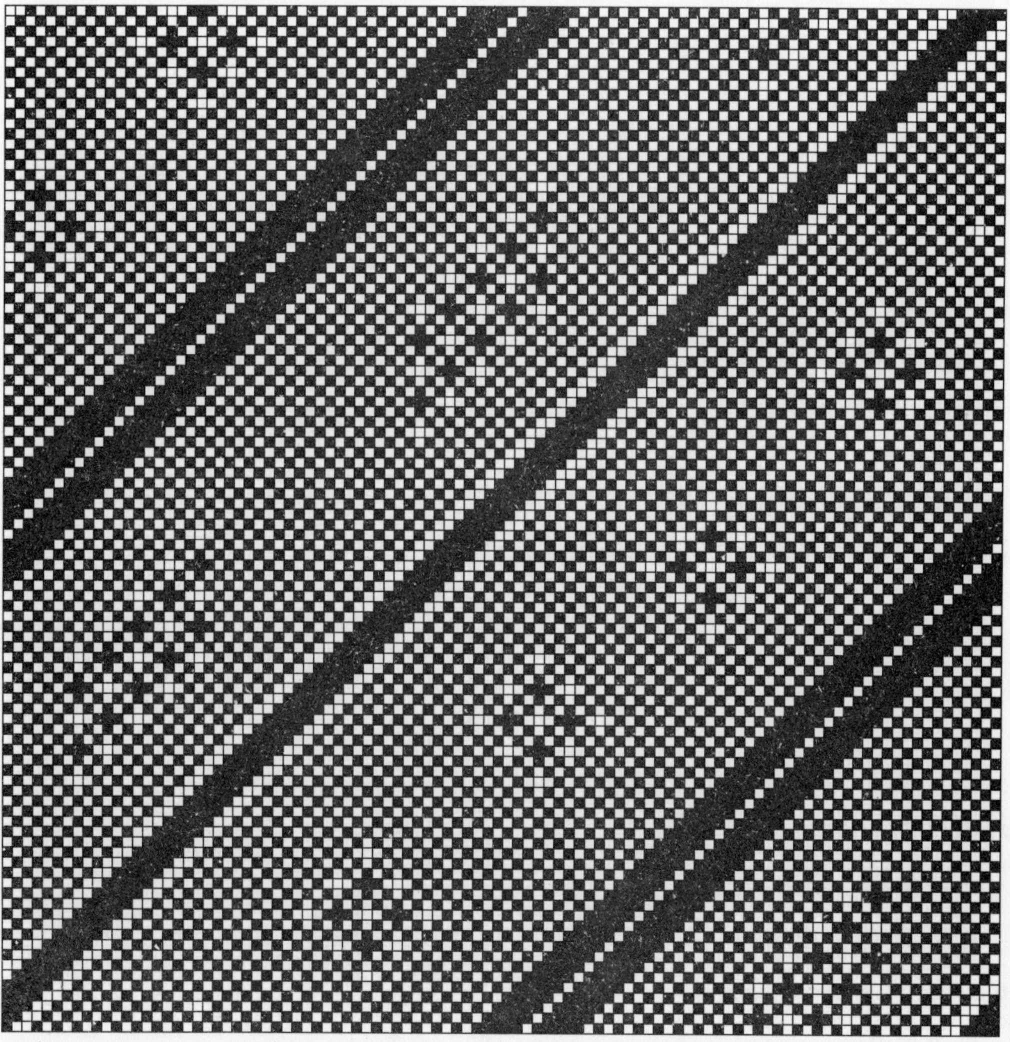

图13

使用原料 涤纶70%、苎麻30%。

组织规格

经纱13tex(77.2公支),纬纱18.5tex(54公支);经密39.8根/cm,纬密23.6根/cm;幅宽

120cm。

织物图片 见彩图 154。

涤麻棉提花布〔1〕

织物组织 提花(图 14)。

使用原料 经纱:涤纶 65%、棉 35%;纬纱:涤纶 65%、苎麻 35%。

组织规格

经纱 8.3tex×2(120/2 公支),纬纱 16.7tex(60 公支);经密 35.3 根/cm,纬密 29.2 根/cm;幅宽 90cm。

纱线 A:白色 纱线 B:蓝色 纱线 C:咖啡色 纱线 D:银白色

纱线排列:

经纱 1D24A1B5A1B15A1C2A1C16A1B5A1B24A/98 根

纬纱 A

织物图片 见彩图 155。

图 14

涤麻棉提花布〔2〕

织物组织 提花(图 15)。

使用原料 经纱:涤纶 65%、棉 35%;纬纱:苎麻 55%、涤纶 45%。

组织规格

经纱 25tex(40 公支),纬纱 23.8tex(42 公支);经密 39.4 根/cm,纬密 26.8 根/cm;幅宽 91.4cm。

纱线 A:白色 纱线 B:黑色 纱线 C:红色

纱线排列：

经纱　2A1B3A1C1A/8 根

纬纱　A

织物图片　见彩图 156。

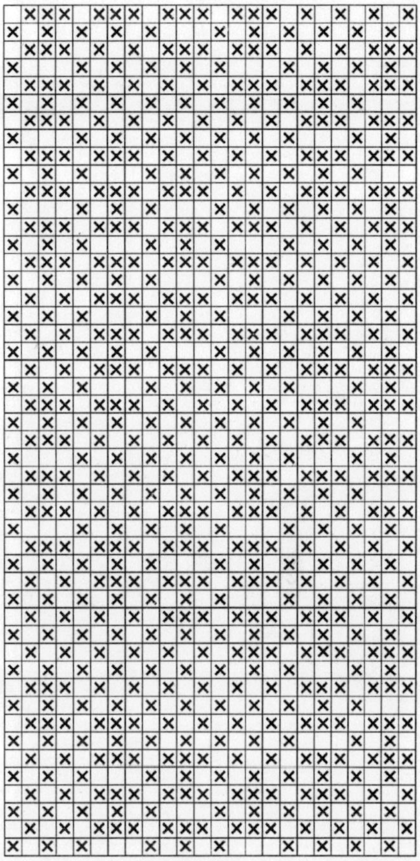

图 15

涤麻棉提花布〔3〕

织物组织　提花(图 16)。

使用原料　经纱：涤纶 65%、棉 35%；纬纱：苎麻 100%。

组织规格

经纱 13tex(77.2 公支) + 13tex(77.2 公支) + 9.7tex × 2(102.9/2 公支) × 27.8tex(36 公支)，纬纱 9.7tex × 2(102.9/2 公支) + 13tex(77.2 公支)；经密 35.4 根/cm，纬密 27.6 根/cm；幅宽 107cm。

纱线 A：白色　纱线 B：黄白花式纱

纱线排列：

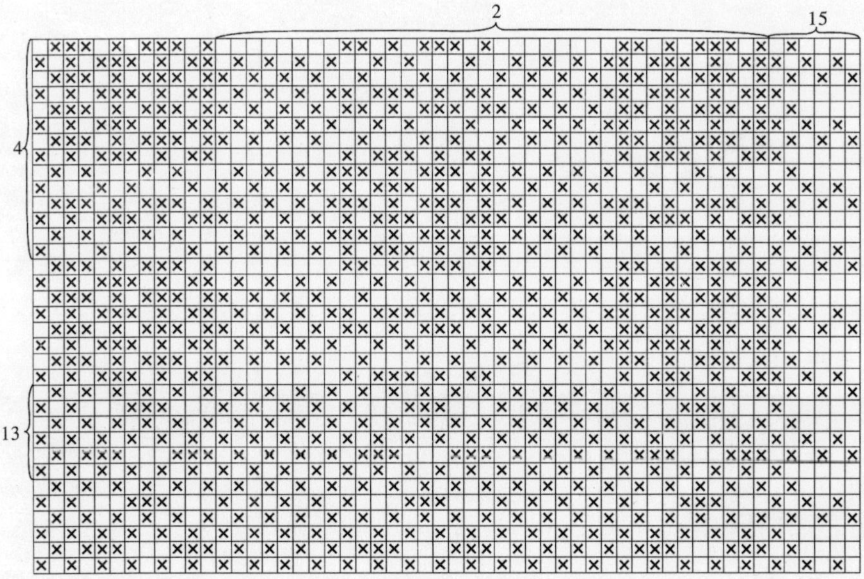

图 16

经纱 $\underset{\times 5}{\underline{\underset{\times 4}{\underline{2A1B}}6A}}258A/348$ 根

纬纱 $226A\underset{\times 10}{\underline{6A1B}}/296$ 根

织物图片 见彩图157。

粘麻提花布

织物组织 大提花。

使用原料 10tex粘胶长丝,181.8tex粘胶纤维20%、苎麻80%。

组织规格

纱线细度10tex(100公支)+181.8tex(5.5公支,花式纱);经密44.0根/cm,纬密21.0根/cm;幅宽114cm。

织物图片 见彩图158。

9 色织布

麻棉混纺色织布〔1〕

织物组织 平纹。

使用原料 苎麻55%、棉45%。

组织规格

纱线细度55.5tex(18公支);经密20.08根/cm,纬密18.5根/cm;幅宽112cm。

织物图片 见彩图159。

麻棉混纺色织布〔2〕

织物组织 平纹。

使用原料 苎麻55%、棉45%。

组织规格

纱线细度55.5tex(18公支);经密18.5根/cm,纬密15.0根/cm;幅宽144cm。

织物图片 见彩图160。

麻棉混纺色织布〔3〕

织物组织 平纹。

使用原料 苎麻55%、棉45%。

组织规格

纱线细度55.5tex(18公支);经密23.2根/cm,纬密21.6根/cm;幅宽113cm。

织物图片 见彩图161。

麻棉提花色织布

风格及用途 麻棉混纺花式色织物,具有棉和麻织物优良性能,利用变化方平组织,通过花式线的配合,使织物表面呈现宽窄不同的直条纹路,具有挺括、风凉透气、麻感突出、立体感强、配色协调明快等特点。

织物组织 方平组织。

使用原料 苎麻55%、棉45%。

组织规格

经纱27.8tex(36公支),纬纱27.8tex(36公支)+18.2tex(55公支,结子纱)/18.2tex(55公支,结子纱);经密22.1根/cm,纬密21.3根/cm;幅宽98cm。

织物图片 见彩图162。

麻棉交织色织布〔1〕

织物组织 平纹。

使用原料 经纱:棉100%;纬纱:苎麻100%。

组织规格

纱线细度 27.8tex(21 英支);经密 20.47 根/cm,纬密 22.83 根/cm;幅宽 114cm。

织物图片 见彩图 163。

麻棉交织色织布〔2〕

织物组织 平纹。

使用原料 经纱:棉 100%,纬纱:苎麻 100%。

组织规格

经纱 27.8tex(21 英支),纬纱 27.8tex(36 公支);经密 23.62 根/cm,纬密 19.69 根/cm;幅宽 147.3cm。

织物图片 见彩图 164。

麻棉交织色织布〔3〕

织物组织 平纹。

使用原料 经纱:棉 100%,纬纱:苎麻 100%。

组织规格

纱线细度 47.6tex(21 公支);经密 20.08 根/cm,纬密 23.6 根/cm;幅宽 91.5cm。

织物图片 见彩图 165。

麻棉交织色织布〔4〕

织物组织 平纹。

使用原料 经纱:棉 100%,纬纱:苎麻 100%。

组织规格

经纱 18.2tex(32 英支),纬纱 20.8tex(48 公支);经密 31.5 根/cm,纬密 22.8 根/cm;幅宽 147.3cm。

织物图片 见彩图 166。

麻涤色织布〔1〕

织物组织 平纹。

使用原料 苎麻 65%、涤纶 35%。

组织规格

纱线细度 18.5tex(54 公支);经密 25.5 根/cm,纬密 21.5 根/cm;幅宽 147cm。

织物图片 见彩图 167。

麻涤色织布〔2〕

织物组织 平纹。

使用原料 亚麻 55%、涤纶 45%。

组织规格

纱线细度 25tex(40 公支);经密 19.0 根/cm,纬密 14.0 根/cm;幅宽 141cm。

织物图片 见彩图 168。

麻涤色织布〔3〕

织物组织 斜纹。

使用原料 苎麻 15%、涤纶 85%。

组织规格

纱线细度 18.5tex×2(54/2 公支);经密 22.0 根/cm,纬密 17.6 根/cm;幅宽 144cm。

织物图片 见彩图 169。

麻涤色织布〔4〕

织物组织 平纹。

使用原料 亚麻 20%、涤纶 80%。

组织规格

纱线细度 16.7tex×2(60/2 公支);经密 23.0 根/cm,纬密 22.0 根/cm;幅宽 114cm。

织物图片 见彩图 170。

纯麻色织布〔1〕

织物组织 平纹。

使用原料 苎麻 100%。

组织规格

纱线细度 27.8tex × 2(36/2 公支);经密 21.3 根/cm,纬密 15.0 根/cm;幅宽 156cm。

织物图片 见彩图 171。

纯麻色织布〔2〕

织物组织 提花。

使用原料 苎麻 100%。

组织规格

经纱 27.8tex × 2(36/2 公支),纬纱 27.8tex(36 公支);经密 21.3 根/cm,纬密 17.3 根/cm;幅宽 144cm。

织物图片 见彩图 172。

粘麻色织布

织物组织 双经双纬(图 17)。

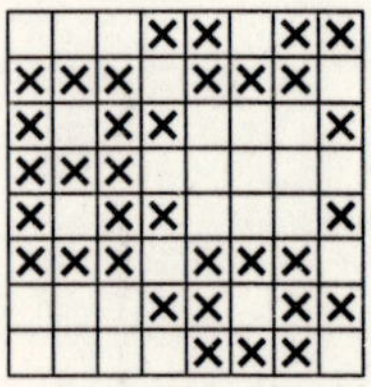

图 17

使用原料 20tex 粘胶纤维、105.3tex 亚麻。

组织规格

纱线细度 20tex(50 公支) + 105.3tex(9.5 公支);经密 9.2 根/cm,纬密 18.2 根/cm;幅宽 150cm。

纱线 A:粗驼色　纱线 B:细白色　纱线 C:蓝色　纱线 D:驼色

纱线排列:

经纱　1A1B/2 根

纬纱　1D3C/4 根

织物图片 见彩图 173。

棉麻色织布〔1〕

织物组织 平纹。

使用原料 棉 70%、苎麻 30%。

组织规格

经纱 27.8tex(36 公支),纬纱 20.8tex(48 公支);经密 27.2 根/cm,纬密 22.8 根/cm;幅宽 124cm。

织物图片 见彩图 174。

棉麻色织布〔2〕

织物组织 提花(图 18)。

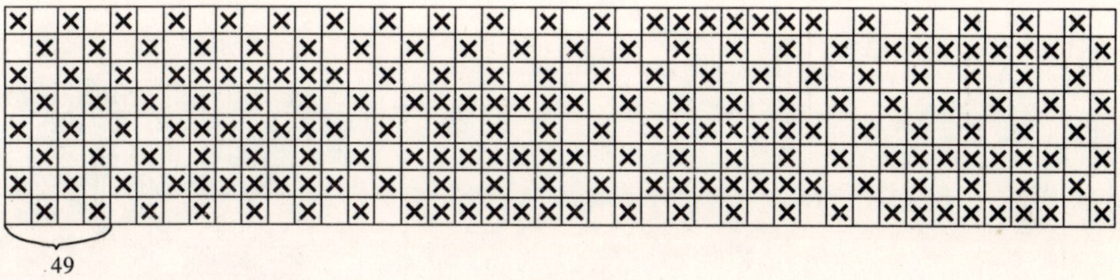

图 18

使用原料 经纱:棉 80%、苎麻 20%;纬纱:棉 100%。

组织规格

经纱 18.5tex(54 公支)+13.9tex(72 公支)+27.8tex(36 公支),纬纱 13.9tex(72 公支);经密 46.0 根/cm,纬密 31.4 根/cm;幅宽 156cm。

纱线 A:蓝色 纱线 B:白色 纱线 C:米黄色

纱线排列:

经纱 196A$\underbrace{2B7C}_{\times 4}$2B/234 根

纬纱 B

织物图片 见彩图 175。

棉麻色织布〔3〕

织物组织　小提花(图 19)。

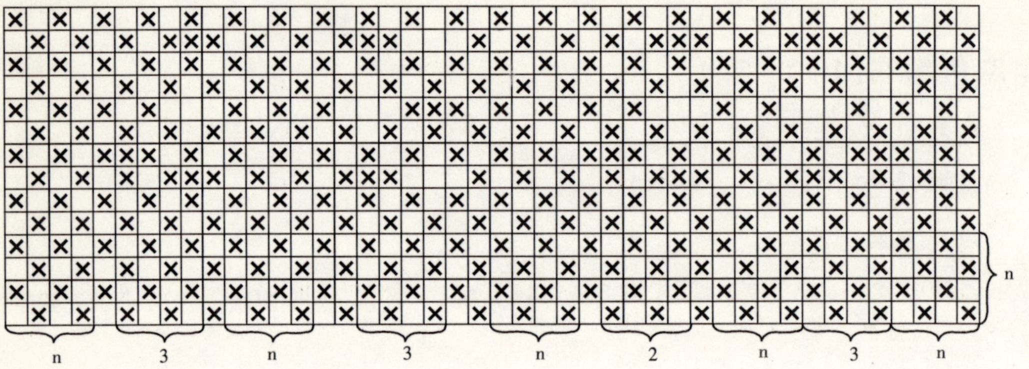

图 19

使用原料　棉 95%、苎麻 5%。

组织规格

纱线细度 27.8tex(36 公支);经密 26.9 根/cm,纬密 22.4 根/cm;幅宽 141cm。

纱线 A:橘红色　纱线 B:紫色　纱线 C:绿色　纱线 D:灰色　纱线 E:驼色　F:浅灰色

纱线排列:

经纱　nA14FnB16FnC10FnD12F

纬纱　D

织物图片　见彩图 176。

棉麻色织布〔4〕

织物组织　提花(图 20)。

使用原料　棉 60%、苎麻 40%。

组织规格

纱线细度 18.5tex(54 公支);经密 25.0 根/cm,纬密 17.0 根/cm;幅宽 114cm。

纱线 A:黑色　纱线 B:紫色

纱线排列:

经纱　A

纬纱　B

织物图片　见彩图 177。

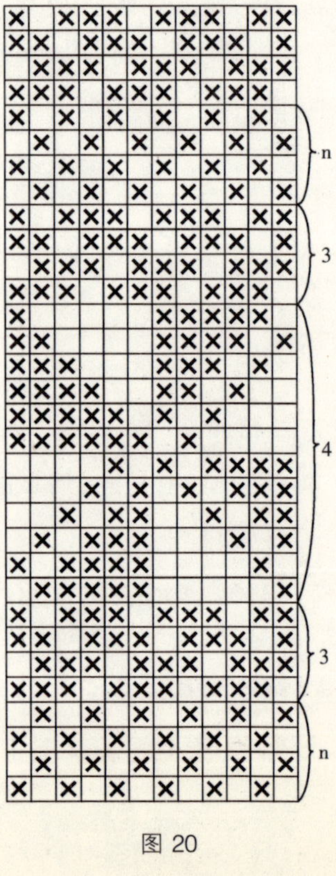

图 20

棉麻色织布〔5〕

织物组织 平纹。

使用原料 苎麻 30%、棉 70%。

组织规格

经纱 7.6tex×2(131.94/2 公支),纬纱 25.8tex(38.75 公支);经密 26.8 根/cm,纬密 25.0 根/cm;幅宽 91cm。

织物图片 见彩图 178。

丝麻棉色织布

织物组织 平纹。

使用原料 经纱:16.1tex 涤纶 65%、棉 35%,66.7tex 苎麻纱;纬纱:真丝 100%。

组织规格

经纱 16.1tex(62 公支)+66.7tex(15 公支),纬纱 11.7tex(86 公支);经密 21.26 根/cm,纬密 30.26 根/cm;幅宽 165cm。

织物图片 见彩图 179。

麻棉色织布〔1〕

织物组织 异纬异经结构。

使用原料 苎麻 55%、棉 45%。

组织规格

纱线细度 53tex(18.9 公支);经密 20.1 根/cm,纬密 18.5 根/cm;幅宽 113cm。

织物图片 见彩图 180。

麻棉色织布〔2〕

织物组织 提花。

使用原料 经纱:棉 100%,纬纱:苎麻 100%。

组织规格

经纱 19.4tex(30 英支)+9.7tex×2(60/2 英支),纬纱 19.4tex(51.5 公支)+27.8tex×3(36/3 公支);经密 30.7 根/cm,纬密 22.0 根/cm;幅宽 107cm。

织物图片 见彩图 181。

麻棉色织布〔3〕

织物组织 提花(图 21)。

图 21

使用原料 苎麻 55%、棉 45%。

组织规格

纱线细度 55.6tex(18 公支);经密 23.82 根/cm,纬密 16.54 根/cm;幅宽 79cm。

纱线 A:白色 纱线 B:蓝色

纱线排列:

经纱 2A1B2A2B2A1B1A2B1A2B/16 根

纬纱 2A2B/4 根

织物图片 见彩图 182。

麻棉色织布〔4〕

织物组织 提花(图 22)。

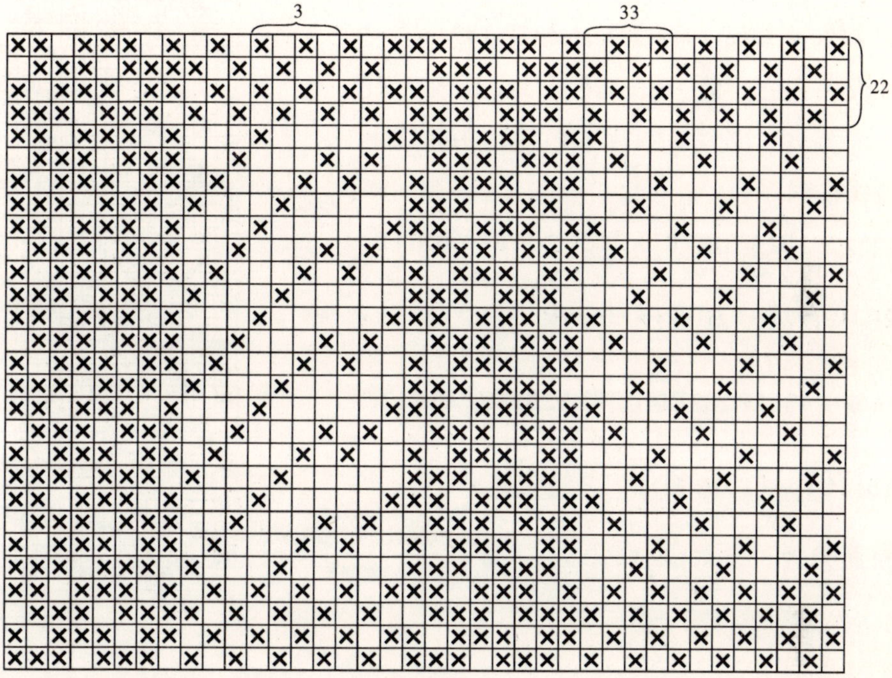

图 22

使用原料 苎麻 55%、棉 45%。

组织规格

纱线细度 33.3tex(30 公支);经密 18.9 根/cm,纬密 22.0 根/cm;幅宽 107cm。

纱线 A:白色 纱线 B:蓝色 纱线 C:黑色 纱线 D:驼色

纱线排列:

经纱 8B1C16A1C8B140A8B1C16A1C8B$\underbrace{\underline{8A1B2A1B}}_{\times 11}$8B/348 根

纬纱 2A2D20A $\underbrace{\underline{2D8A}}_{\times 8}$2D6A/112 根

织物图片 见彩图 183。

麻棉色织布〔5〕

织物组织　小提花(图 23)。

使用原料　经纱:棉 100%,纬纱:苎麻 100%。

组织规格

经纱 14.6tex×2(40/2 英支)+13.9tex(42 英支)/14.6tex(40 英支),纬纱 47.6tex(21 公支);经密 25.2 根/cm,纬密 19.7 根/cm;幅宽 147cm。

纱线 A:白色　纱线 B:浅驼色　纱线 C:浅豆绿色　纱线 D:深豆绿色　纱线 E:白色与浅豆绿色并花式纱

纱线排列:

经纱　$\underset{\times 5}{\underline{1B1A}}$10B$\underset{\times 6}{\underline{1B1A}}$$\underset{\times 2}{\underline{2C2B}}$2C$\underset{\times 6}{\underline{1B1A}}$10B$\underset{\times 27}{\underline{1B1A}}$$\underset{\times 2}{\underline{2C2B}}$2C$\underset{\times 6}{\underline{1B1A}}$$\underset{\times 6}{\underline{2D2B}}$2D1B1A/168 根

纬纱　48C2E2B2E14C$\underset{\times 8}{\underline{2B2A}}$2B12C$\underset{\times 6}{\underline{1A1B}}$12C2B2E2B12C$\underset{\times 6}{\underline{1A1B}}$/170 根

织物图片　见彩图 184。

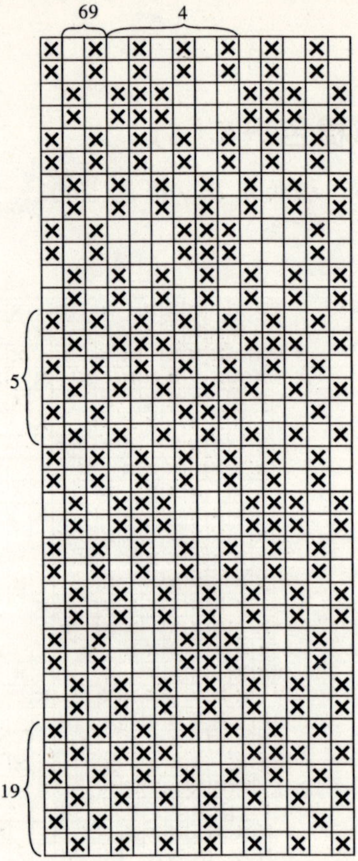

图 23

麻棉色织布〔6〕

织物组织　小提花(图 24)。

使用原料　经纱:棉 100%,纬纱:苎麻 55%、棉 45%。

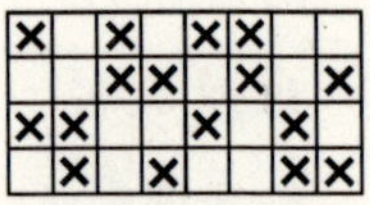
图 24

组织规格

经纱 27.8tex(21 英支),纬纱 27.8tex(36 公支);经密 24.8 根/cm,纬密 21.3 根/cm;幅宽 91.4cm。

纱线 A:白色　纱线 B:灰色　纱线 C:驼色　纱线 D:粉色　纱线 E:黄色

纱线排列:

经纱　30A3B6A3B30A20C3B4C3B4C3B4C14B4C3B4C3B4C3B20C/168 根

纬纱　20D2E6D2E20D2A18B2A4B20A8B2A10B4A14B4A/138 根

织物图片　见彩图 185。

麻棉色织布〔7〕

风格及用途 麻棉混纺纱交织而成，织物组织经向采用小提花，纬向加以变化，经后整理，手感爽，风格粗犷，是理想的服装面料。

织物组织 提花。

使用原料 苎麻 55%、棉 45%。

组织规格

纱线细度 53.3tex(18.8 公支)；经密 21.3 根/cm，纬密 18.9 根/cm；幅宽 91.4cm。

织物图片 见彩图 186。

麻棉色织布〔8〕

风格及用途 粗犷大方，透气性好，穿着舒适，织物结构新颖、美观，配色协调，是理想的时装面料。

织物组织 提花(图 25)。

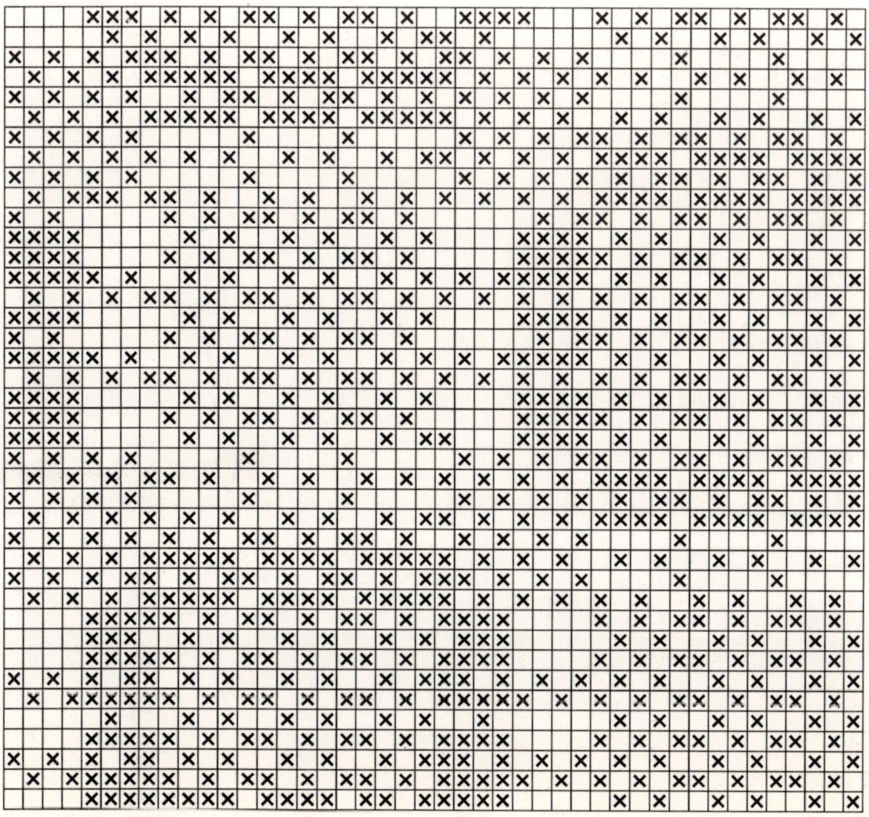

图 25

使用原料 苎麻55%、棉45%。

组织规格

纱线细度53.3tex × 2(18.8/2公支);经密14.8根/cm,纬密11.0根/cm;幅宽107cm。

纱线A:黑色 纱线B:白色

纱线排列:

经向 8A14B/22根

纬向 12B8A/20根

织物图片 见彩图187。

麻棉色织布〔9〕

织物组织 平纹。

使用原料 苎麻55%、棉45%。

组织规格

纱线细度33.3tex(30公支);经密22.7根/cm,纬密19.3根/cm;幅宽113cm。

织物图片 见彩图188。

麻棉色织布〔10〕

织物组织 平纹。

使用原料 苎麻55%、棉45%。

组织规格

纱线细度53tex(18.9公支);经密22.2根/cm,纬密18.9根/cm;幅宽112cm。

织物图片 见彩图189。

麻棉色织布〔11〕

织物组织 平纹。

使用原料 苎麻30%、棉70%。

组织规格

纱线细度 19.4tex(51.5 公支);经密 28.3 根/cm,纬密 21.7 根/cm;幅宽 91.4cm。

织物图片　见彩图 190。

麻棉色织布〔12〕

织物组织　平纹。

使用原料　苎麻 52%、棉 48%。

组织规格

纱线细度 33.3tex(30 公支);经密 22.3 根/cm,纬密 24.0 根/cm;幅宽 144cm。

织物图片　见彩图 191。

麻棉色织布〔13〕

风格及用途　通过经向过稀筘体现出条状效果。

织物组织　提花(图 26)。

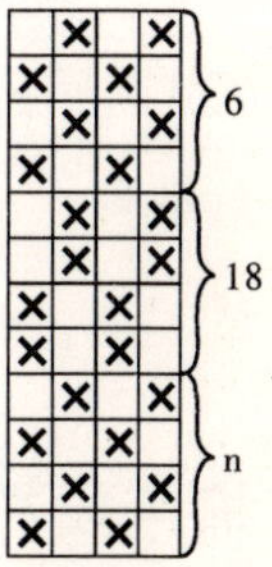

图 26

使用原料　苎麻 55%、棉 45%。

组织规格

纱线细度 27.8tex(36 公支);经密 32.0 根/cm,纬密 25.0 根/cm;幅宽 147cm。

纱线 A:浅紫色　纱线 B:黑色　纱线 C:白色

纱线排列:

经纱　C

纬纱　$nA\underset{\times 36}{\underline{1C1B}}24C\underset{\times 36}{\underline{1C1B}}$

织物图片　见彩图 192。

麻棉色织布〔14〕

织物组织　斜纹(图 27)。

使用原料　苎麻 55%、棉 45%。

组织规格

经纱 25tex(40 公支) × 40tex(25 公支),纬纱 26.3tex(38 公支) × 10.2tex(98 公支);经密 22.6 根/cm,纬密 19.74 根/cm;幅宽 140cm。

纱线 A:绿色　纱线 B:橘色　纱线 C:白色　纱线 D:本白色

纱线排列:

经纱　C

纬纱　$nA10B\underbrace{2C2D}_{\times 2}nCnAnCnD$

织物图片　见彩图 193。

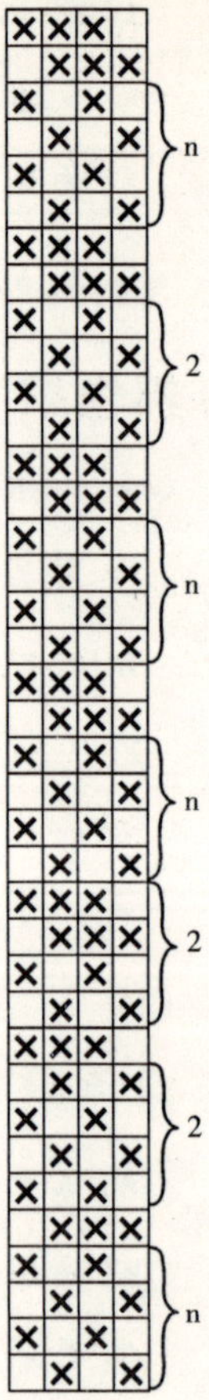

图 27

麻棉色织布〔15〕

织物组织　平纹。

使用原料　苎麻 55%、棉 45%。

组织规格

经纱 8tex×2(124.5/2 公支),纬纱 23.9tex(41.8 公支);经密 26.4 根/cm,纬密 21.8 根/cm;幅宽 96cm。

织物图片　见彩图 194。

麻棉色织布〔16〕

织物组织　平纹。

使用原料　苎麻 55%、棉 45%。

组织规格

经纱 7.6tex(132 公支) × 111tex × 2(9/2 公支);纬纱 14.2tex(41 公支) × 10.8tex(54 公支);经密 F25.6 根/cm,纬密 20.8 根/cm;幅宽 91.6cm。

织物图片　见彩图 195。

麻棉色织布〔17〕

织物组织　平纹。

使用原料　苎麻 55%、棉 45%。

组织规格

经纱 30.4tex(32.91 公支),纬纱 31.6tex(31.73 公支);经密 18.66 根/cm,纬密 16.3 根/cm;幅宽 144cm。

织物图片　见彩图 196。

麻棉色织布〔18〕

织物组织　提花。

使用原料　苎麻 55%、棉 45%。

组织规格

纱线细度 55.5tex(18 公支);经密 20.3 根/cm,纬密 10.7 根/cm;幅宽 144cm。

织物图片　见彩图 197。

麻棉色织布〔19〕

织物组织　提花(图 28)。

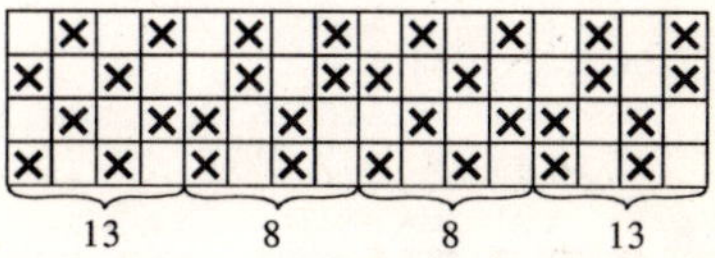

图 28

使用原料　100tex 亚麻纱,82.3tex 亚麻 55%、棉 45%,55.5tex 苎麻 55%、棉 45%。

组织规格

经纱 55.5tex(18 公支)+100tex(10 公支)+82.3tex(12 公支),纬纱 55.5tex(18 公支);经密 10.0 根/cm,纬密 14.8 根/cm;幅宽 107cm。

纱线 A:细白色　纱线 B:粗白色　纱线 C:驼色

纱线排列:

经纱　52A32B32A52C/168 根

纬纱　B

织物图片　见彩图 198。

麻棉色织布〔20〕

织物组织 平纹。

使用原料 苎麻 55%、棉 45%。

组织规格

经纱 66.7tex(15 公支),纬纱 105.3tex(9.5 公支);经密 9.5 根/cm,纬密 11.0 根/cm;幅宽 155cm。

织物图片 见彩图 199。

麻棉色织布〔21〕

织物组织 提花。

使用原料 苎麻 55%、棉 45%。

组织规格

经纱 66.7tex(15 公支),纬纱 105.3tex(9.5 公支);经密 9.5 根/cm,纬密 11.0 根/cm;幅宽 155cm。

织物图片 见彩图 200。

麻棉色织布〔22〕

织物组织 小提花(图 29)。

使用原料 苎麻 55%、棉 45%。

组织规格

纱线细度 55.5tex(18 公支);经密 31.0 根/cm,纬密 22.0 根/cm;幅宽 114cm。

纱线 A:白色　纱线 B:淡黄色　纱线 C:灰色

纱线排列:

经纱　2A4B4A2A4C/136 根
　　　×16

纬纱　2A4B4A2A4C/136 根
　　　×16

织物图片 见彩图 201。

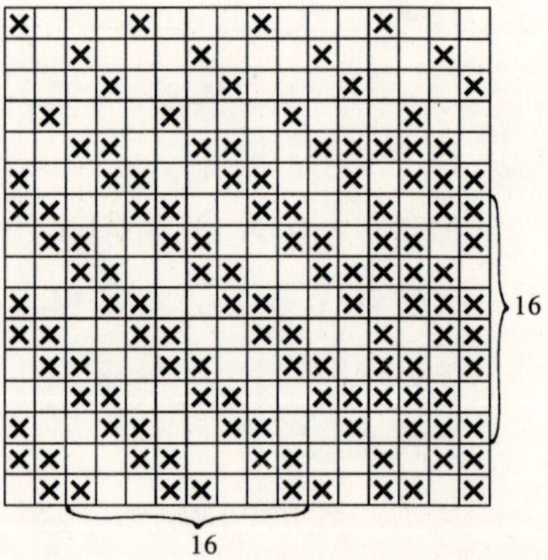

图 29

麻棉色织布〔23〕

织物组织 斜纹(图 30)。

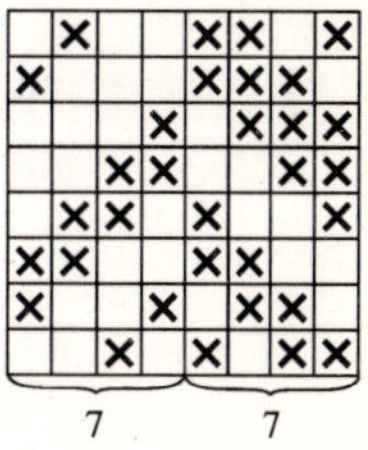

图 30

使用原料 苎麻 55%、棉 45%。

组织规格

经纱 55.5tex×2(18/2 公支),纬纱 100tex(10 公支);经密 15.6 根/cm,纬密 13.0 根/cm;幅宽 152cm。

纱线 A:白色 纱线 B:灰蓝色

纱线排列:

经纱 A

纬纱 B

织物图片 见彩图 202。

麻棉色织布〔24〕

织物组织 平纹。

使用原料 苎麻 55%、棉 45%。

组织规格

纱线细度 55.5tex(18 公支);经密 22.0 根/cm,纬密 17.0 根/cm;幅宽 86cm。

织物图片 见彩图 203。

麻棉色织布〔25〕

织物组织 提花(图 31)。

使用原料 苎麻 50%、棉 50%。

组织规格

纱线细度 55.5tex×2(18/2 公支);经密 13.0 根/cm,纬密 12.0 根/cm;幅宽 130cm。

纱线 A:黑色 纱线 B:白色

纱线排列:

经纱 16A12B/28 根

纬纱 12B12A/24 根

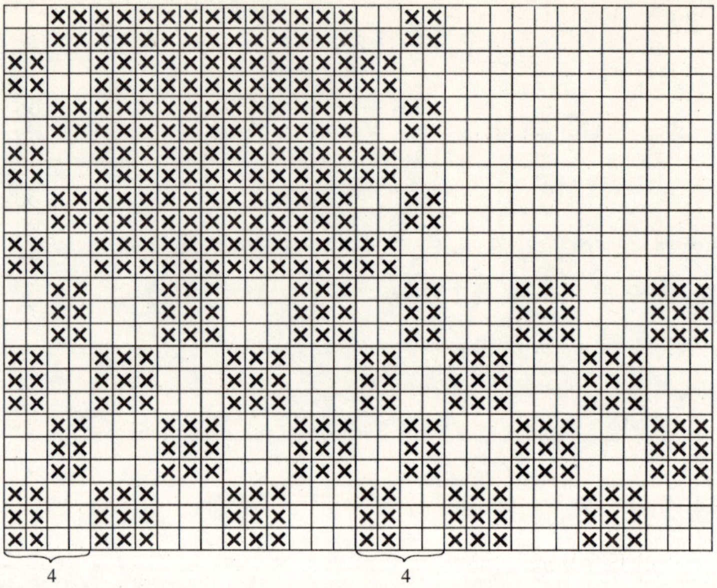

图 31

织物图片 见彩图 204。

麻棉色织布〔26〕

织物组织 平纹。

使用原料 苎麻 55%、棉 45%。

组织规格

经纱 55.5tex(18 公支),纬纱 100tex(10 公支);经密 14.0 根/cm,纬密 11.2 根/cm;幅宽 107cm。

织物图片 见彩图 205。

10 牛仔布

麻棉交织印花牛仔布

织物组织 小提花。

使用原料 经纱:苎麻 100%,纬纱:棉 100%。

组织规格

经纱 27.8tex×2(36/2 公支),纬纱 37tex(27 公支);经密 31.07 根/cm,纬密 22.2 根/cm;幅宽 104cm。

织物图片 见彩图 206。

纯麻仿牛仔布

织物组织 平纹。

使用原料 苎麻 100%。

组织规格

纱线细度 27.8tex(36 公支);经密 23.0 根/cm,纬密 22.0 根/cm;幅宽 104cm。

织物图片 见彩图 207。

11 条格布

麻棉条子布

织物组织 小提花(图 32)。

使用原料 经纱:棉 100%,纬纱:苎麻 52%、棉 48%。

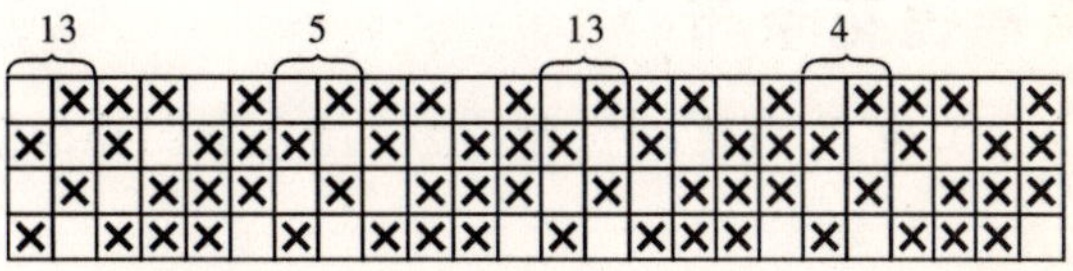

图 32

组织规格

经纱 27.8tex(21 英支),纬纱 53.3tex(18.8 公支);经密 26.0 根/cm,纬密 18.0 根/cm;幅宽 105cm。

纱线 A:白色 纱线 B:黑色

纱线排列:

经纱 30A10B30A16B/86 根

纬纱 A

织物图片 见彩图208。

麻涤色织黑白条布

织物组织 平纹。

使用原料 苎麻55%、涤纶45%。

组织规格

纱线细度41.7tex(24公支,竹节纱);经密15.0根/cm,纬密12.0根/cm;幅宽152cm。

织物图片 见彩图209。

麻棉混纺色条布

织物组织 平纹。

使用原料 苎麻55%、棉45%。

组织规格

纱线细度27.8tex(36公支);经密29.1根/cm,纬密18.9根/cm;幅宽98cm。

织物图片 见彩图210。

麻棉提花条布

风格及用途 优雅清晰,具有麻织物的独特风格,色泽柔和,美观大方,属于粗犷型产品。

织物组织 提花(图33)。

使用原料 苎麻55%、棉45%。

组织规格

纱线细度53.3tex(18.8公支);经密22.2根/cm,纬密18.9根/cm;幅宽114cm。

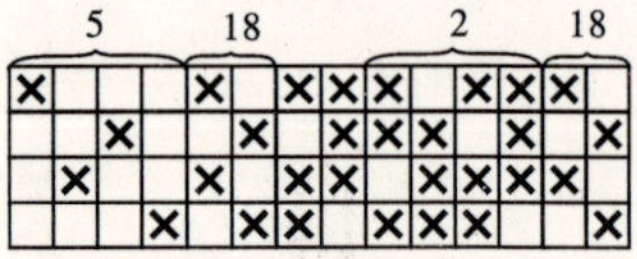

图33

纱线A:白色 纱线B:驼色

纱线排列:

经纱　A

纬纱　B

织物图片　见彩图 211。

麻棉交织条布

织物组织　平纹。

使用原料　经纱:棉 100%,纬纱:苎麻 100%。

组织规格

经纱 27.8tex(21 英支),纬纱 31.3tex(32 公支);经密 21.2 根/cm,纬密 22.0 根/cm;幅宽 94cm。

织物图片　见彩图 212。

麻棉色织条布

织物组织　平纹。

使用原料　苎麻 45%、棉 55%。

组织规格

纱线细度 27.8tex(36 公支);经密 25.2 根/cm,纬密 21.3 根/cm;幅宽 91.4cm。

织物图片　见彩图 213。

麻涤色织彩条布

织物组织　平纹。

使用原料　苎麻 55%、涤纶 45%。

组织规格

纱线细度 27.8tex(36 公支);经密 22.0 根/cm,纬密 19.0 根/cm;幅宽 112cm。

织物图片　见彩图 214。

麻棉彩条布

织物组织　小提花(图 34)。

使用原料　经纱:棉 100%,纬纱:苎麻 55%、棉 45%。

组织规格

经纱 27.8tex(21 英支),纬纱 27.8tex(36 公支);经密 25.2 根/cm,纬密 21.26 根/cm;幅宽 91.4cm。

纱线 A:白色　纱线 B:黄色

纱线排列:

经纱　6A6B8A/20 根

纬纱　A

织物图片　见彩图 215。

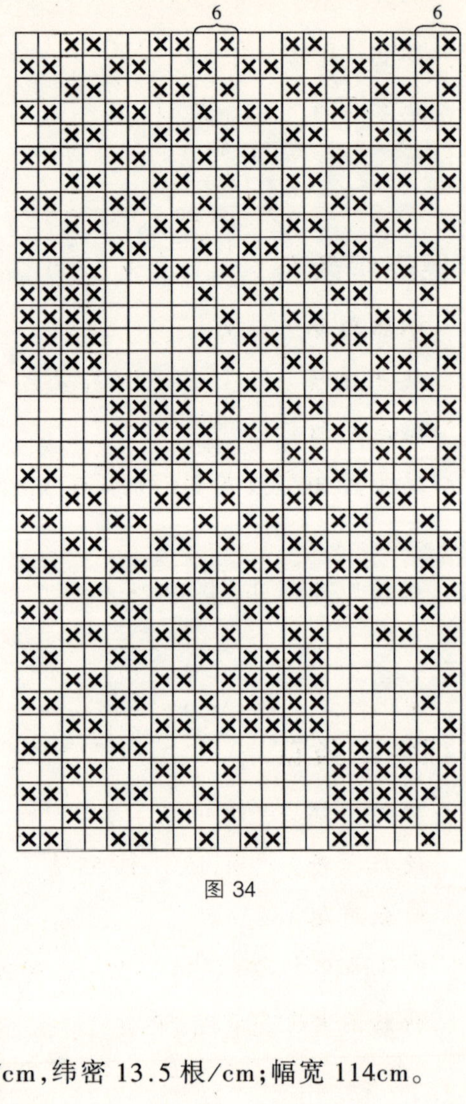

图 34

麻涤粘三合一格布

织物组织　提花。

使用原料　苎麻 55%、涤纶 30%、粘胶纤维 15%。

组织规格

纱线细度 27.8tex(36 公支);经密 16.4 根/cm,纬密 13.5 根/cm;幅宽 114cm。

织物图片　见彩图 216。

麻棉花式格布

织物组织　平纹。

使用原料　苎麻 55%、棉 45%。

组织规格

经纱 27.8tex(36 公支),纬纱 53tex(18.9 公支);经密 27.8 根/cm,纬密 16.6 根/cm;幅宽 90cm。

织物图片　见彩图217。

麻棉交织色格布

织物组织　提花(图35)。

图35

使用原料　经纱:棉100%,纬纱:苎麻100%。

组织规格

经纱27.8tex(21英支),纬纱20.8tex(48公支);经密22.8根/cm,纬密27.55根/cm;幅宽124.5cm。

纱线A:白色　纱线B:黑色

纱线排列:

经纱　32A2B2A1B26A1B2A1B2A1B12A1B2A1B2A1B26A1B2A2B/120根

纬纱　A

织物图片　见彩图218。

纯麻条格布

织物组织　平纹。

使用原料　苎麻100%。

组织规格

经纱27.8tex×2(36/2公支),纬纱27.8tex(36公支);经密21.3根/cm,纬密18.9根/cm;幅宽157.4cm。

织物图片　见彩图219。

麻棉混纺色织格布〔1〕

织物组织　平纹。

使用原料　苎麻55%、棉45%。

组织规格

纱线细度53tex(18.9公支);经密18.85根/cm,纬密15.7根/cm;幅宽116.5cm。

织物图片 见彩图 220。

麻棉混纺色织格布〔2〕

织物组织 平纹。

使用原料 苎麻 55%、棉 45%。

组织规格

纱线细度 27.8tex(36 公支);经密 22.0 根/cm,纬密 19.95 根/cm;幅宽 115cm。

织物图片 见彩图 221。

Tencel 纤维、麻混纺格布

织物组织 平纹。

使用原料 Tencel 纤维 70%、苎麻 30%。

组织规格

纱线细度 16.7tex(60 公支);经密 38.0 根/cm,纬密 26.0 根/cm;幅宽 114cm。

织物图片 见彩图 222。

粘麻色织格布〔1〕

织物组织 平纹。

使用原料 经纱:粘胶纤维 100%,纬纱:苎麻 100%。

组织规格

经纱 18.2tex×2(55/2 公支),纬纱 27.8tex(36 公支);经密 24.0 根/cm,纬密 23.6 根/cm;幅宽 110cm。

织物图片 见彩图 223。

粘麻色织格布〔2〕

织物组织 平纹。

使用原料 16.7tex 粘胶丝,20.8tex 苎麻纱。

组织规格

经纱 16.7tex×2(60/2 公支),纬纱 20.8tex(48 公支)+16.7tex×2(60/2 公支);经密 20.8 根/cm,纬密 18.0 根/cm;幅宽 114cm。

织物图片 见彩图 224。

粘麻色织格布〔3〕

织物组织 斜纹。

使用原料 粘胶纤维 70%、苎麻 30%。

组织规格

纱线细度 20tex(50 公支);经密 19.0 根/cm,纬密 16.0 根/cm;幅宽 114cm。

织物图片 见彩图 225。

纯麻色织格布

织物组织 平纹。

使用原料 苎麻 100%。

组织规格

经纱 27.8tex(36 公支)+27.8tex(36 公支),纬纱 27.8tex×4(36/4 公支);经密 20.45 根/cm,纬密 46.46 根/cm;幅宽 124cm。

织物图片 见彩图 226。

麻棉色织格布〔1〕

织物组织 平纹。

使用原料 苎麻 55%、棉 45%。

组织规格

纱线细度 53tex(18.9 公支);经密 20.05 根/cm,纬密 18.5 根/cm;幅宽 121cm。

织物图片 见彩图 227。

麻棉色织格布〔2〕

风格及用途 利用粗细纱及小提花体现出了条状效果。

织物组织 小提花(图 36)。

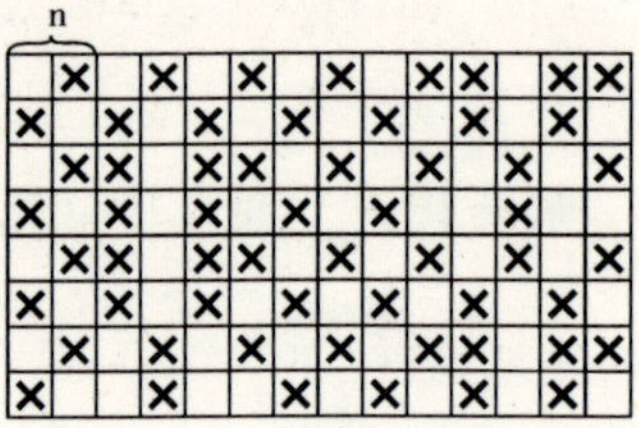

图 36

使用原料 经纱:100tex 腈纶纱、27.8tex 麻棉纱,纬纱:14.7tex 纯棉纱。

组织规格

经纱 100tex(10 公支)+27.8tex(36 公支),纬纱 14.7tex(39.7 公支);经密 14.0 根/cm,纬密 28.0 根/cm;幅宽 152cm。

纱线 A:黑、咖啡色花式纱

纱线 B:艳蓝色

织物图片 见彩图 228。

麻棉色织格布〔3〕

织物组织 平纹。

使用原料 苎麻 55%、棉 45%。

组织规格

纱线细度 100tex(10 公支,竹节纱);经密 12.5 根/cm,纬密 11.0 根/cm;幅宽 114cm。

织物图片 见彩图 229。

麻棉色织格布〔4〕

风格及用途 通过三股花式纱形成类似提花的效果。

织物组织 平纹。

使用原料 苎麻 55%、棉 45%。

组织规格

纱线细度 18.5tex×2(54/2 公支);经密 20.8 根/cm,纬密 18.0 根/cm;幅宽 107cm。

织物图片 见彩图 230。

麻棉交织提花格布

织物组织 平纹。

使用原料 经纱:棉 100%,纬纱:苎麻 100%。

组织规格

经纱 27.8tex(21 英支),纬纱 27.8tex(36 公支);密度 23.6 根/cm,幅宽 113cm。

织物图片 见彩图 231。

麻棉交织彩格布

风格及用途 利用乳白、浅蛋青等流行色配上不加捻的白黑双股线,显示出朦胧的情调。

织物组织 平纹。

使用原料 经纱:棉 100%,纬纱:苎麻 100%。

组织规格

经纱 27.8tex(21 英支),纬纱 27.8tex(36 公支)+27.8tex(36 公支)/27.8tex(36 公支);经密 20.1 根/cm,纬密 22.8 根/cm;幅宽 91cm。

织物图片 见彩图 232。

麻棉凉爽格布

织物组织 提花(图 37)。

使用原料 苎麻 55%、棉 45%。

组织规格

经纱 33.3tex(30 公支),纬纱 31.3tex(32 公支);经密 26.8 根/cm,纬密 23.6 根/cm;幅宽 113cm。

纱线 A:白色 纱线 B:黄色

纱线排列:

经纱 39A2B19A/60 根

纬纱 44A2B16A/62 根

织物图片 见彩图 233。

图 37

纯麻格布

风格及用途 透气性好,热传导率高,有利于散热散湿。

织物组织 平纹。

使用原料 苎麻 100%。

组织规格

纱线细度 27.8tex(36 公支);经密 20.45 根/cm,纬密 22.85 根/cm;幅宽 91.5cm。

织物图片 见彩图 234。

麻涤棉格布

织物组织 平纹。

使用原料 经纱:涤纶 65%、棉 35%,纬纱:苎麻 55%、棉 45%。

组织规格

经纱 13tex(77.2 公支),纬纱 53tex(18.9 公支);经密 31.1 根/cm,纬密 19.25 根/cm;幅宽 117.5cm。

织物图片 见彩图 235。

麻棉格布

织物组织 异经异纬。

使用原料 经纱:棉 100%,纬纱:苎麻 100%。

组织规格

经纱 27.8tex(21 英支),纬纱 27.8tex(36 公支);经密 18.1 根/cm,纬密 18.83 根/cm;幅宽 119cm。

织物图片 见彩图 236。

麻棉混纺色织条布〔1〕

织物组织 提花。

使用原料 经纱:棉 100%,纬纱:苎麻 55%、棉 45%。

组织规格

经纱 27.8tex(21 英支),纬纱 55.5tex(18 公支);经密 25.0 根/cm,纬密 23.0 根/cm;幅宽 156cm。

织物图片 见彩图 237。

麻棉混纺色织条布〔2〕

织物组织　平纹。

使用原料　苎麻 55%、棉 45%。

组织规格

纱线细度 55.5tex(18 公支);经密 24.7 根/cm,纬密 21.9 根/cm;幅宽 156cm。

织物图片　见彩图 238。

纯麻色织条布

风格及用途　舒适、透气,经液氨处理,织物更具弹性,更加滑爽。

织物组织　平纹。

使用原料　苎麻 100%。

组织规格

经纱 27.8tex(36 公支),纬纱 20.8tex(48 公支);经密 22.8 根/cm,纬密 22.0 根/cm;幅宽 114cm。

织物图片　见彩图 239。

棉麻色织条布〔1〕

织物组织　平纹。

使用原料　苎麻 55%、棉 45%。

组织规格

纱线细度 33.3tex(30 公支);经密 24.7 根/cm,纬密 21.9 根/cm;幅宽 156cm。

织物图片　见彩图 240。

棉麻色织条布〔2〕

织物组织　提花条(图 38)。

使用原料　苎麻 55%、棉 45%。

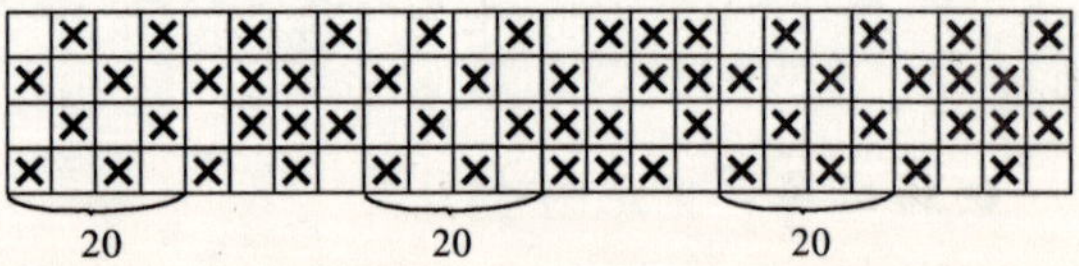

图 38

组织规格

经纱 14.9tex(67 公支)×500tex(2 公支),纬纱 41.7tex(24 公支)×16.1tex(62 公支);经密 19.86 根/cm,纬密 15.8 根/cm;幅宽 140cm。

纱线 A:绿色　纱线 B:黑色　纱线 C:白色　纱线 D:红色　纱线 E:蓝色

纱线排列:

经纱　80A4B80A4C80A4D/252 根

纬纱　E

织物图片　见彩图 241。

麻棉色织条布〔1〕

织物组织　提花(图 39)。

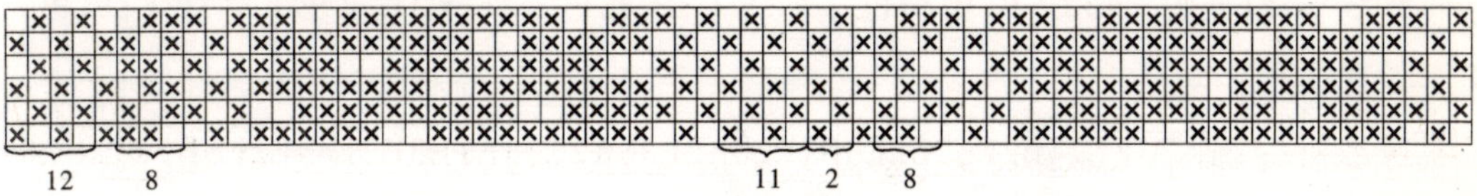

图 39

使用原料　苎麻 55%、棉 45%。

组织规格

纱线细度 27.8tex(36 公支);经密 24.4 根/cm,纬密 23.4 根/cm;幅宽 156cm。

纱线 A:灰蓝色　纱线 B:艳蓝色　纱线 C:灰橘色　纱线 E:驼色

纱线排列:

经纱　48A1C24A3C18A3C48B1C24B3C18B3C/194 根

纬纱　E

织物图片　见彩图 242。

麻棉色织条布〔2〕

织物组织　提花(图 40)。

使用原料　苎麻 55%、棉 45%。

组织规格

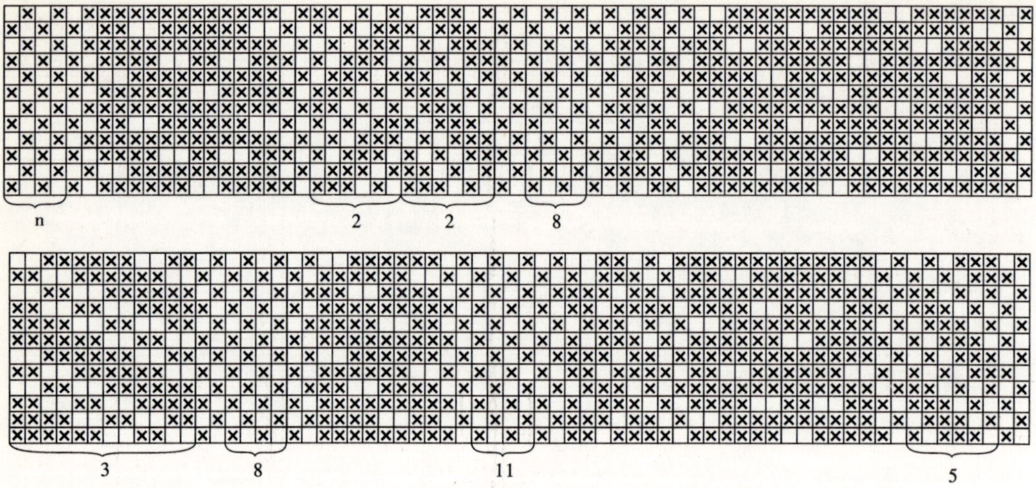

图 40

纱线细度 27.8tex(36 公支);经密 25.0 根/cm,纬密 23.0 根/cm;幅宽 96cm。

纱线 A:红驼色　纱线 B:艳粉色　纱线 C:浅驼色　纱线 D:紫色　纱线 E:白色

纱线排列:

经纱　nA2E12D2E24B2E32B2E3B2E20A2E36A2E33A1E8D2E44C2E6D2E12D2E30A2E

纬纱　E

织物图片　见彩图 243。

纯麻色条布

织物组织　提花(图 41)。

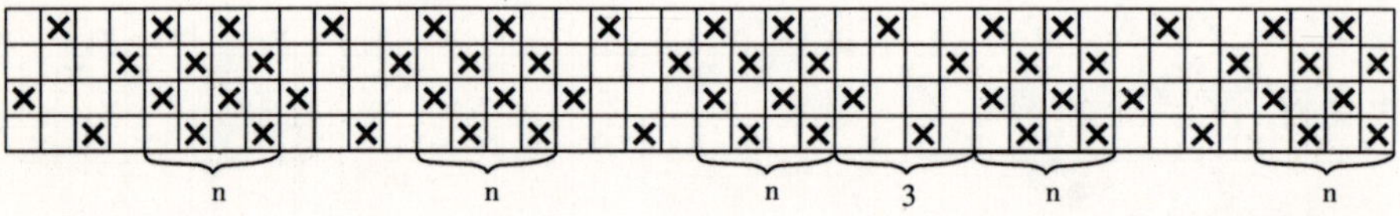

图 41

使用原料　苎麻 100%。

组织规格

纱线细度 27.8tex(36 公支);经密 15.0 根/cm,纬密 14.0 根/cm;幅宽 144cm。

纱线 A:紫红色　纱线 B:绿色　纱线 C:红色　纱线 D:驼色

纱线排列：

经纱　D

纬纱　20A4B20A4B20A4C/72 根

织物图片　见彩图 244。

12 装饰布

麻棉涤钩边装饰布

织物组织　针织钩边提花。

使用原料　经纱：29.2tex 苎麻 65%、棉 35%，33.3tex 涤纶长丝，纬纱：苎麻 65%、棉 35%。

组织规格

经纱 33.3tex（300 旦）× 29.2tex（34.3 公支），纬纱 145.8tex（6.9 公支）；经密 15.0 根/cm，纬密 4.4 根/cm；幅宽 144cm。

织物图片　见彩图 245。

麻棉混纺装饰布〔1〕

织物组织　平纹。

使用原料　苎麻 55%、棉 45%。

组织规格

纱线细度 55.5tex（18 公支）；经密 20.5 根/cm，纬密 14.8 根/cm；幅宽 84cm。

织物图片　见彩图 246。

麻棉混纺装饰布〔2〕

织物组织　平纹。

使用原料 苎麻 55%、45%。

组织规格

纱线细度 55.5tex(18 公支);经密 21.6 根/cm,纬密 17.3 根/cm;幅宽 144cm。

织物图片 见彩图 247。

麻棉混纺装饰布〔3〕

织物组织 提花

使用原料 18.2tex 棉 100%,55.5tex 苎麻 55%、棉 45%。

组织规格

纱线细度 18.2tex × 2(55/2 公支) × 55.5tex(18 公支);经密 20.08 根/cm,纬密 11.8 根/cm;幅宽 91.4cm。

织物图片 见彩图 248。

色织印花装饰布

织物组织 平纹

使用原料 经纱:苎麻 55%、棉 45%,纬纱:苎麻 60%、棉 40%。

组织规格

纱线细度 37tex × 2(27/2 公支) + 55.5tex × 2(18/2 公支);幅宽 163cm。

织物图片 见彩图 249。

麻棉混纺提花装饰布

织物组织 提花。

使用原料 经纱:棉 100%,纬纱:苎麻 55%、棉 45%。

组织规格

经纱 23.8tex × 2(24.5/2 英支),纬纱 55.5tex(18 公支);经密 33.1 根/cm,纬密 22.1 根/cm;幅宽 165cm。

织物图片 见彩图 250。

麻棉丙色织装饰布

织物组织 提花。

使用原料 经纱:苎麻55%、棉45%,纱纱:丙纶100%。

组织规格

经纱55.5tex×2(18/2公支),纬纱167tex(6公支);经密9.85根/cm,纬密11.26根/cm;幅宽152cm。

织物图片 见彩图251。

麻棉威力斯装饰布

织物组织 提花。

使用原料 苎麻55%、棉45%。

组织规格

纱线细度55.5tex×2(18/2公支);经密12.6根/cm,纬密9.8根/cm;幅宽130cm。

织物图片 见彩图252。

麻棉装饰布〔1〕

织物组织 提花

使用原料 经纱:棉100%,纬纱:苎麻55%、棉45%。

组织规格

经纱27.8tex(21英支),纬纱27.8(36公支)+53tex×2(18.9/2公支);经密22.8根/cm,纬密22.05根/cm;幅宽144cm。

织物图片 见彩图253。

麻棉装饰布〔2〕

织物组织 异经异纬。

使用原料 经纱:苎麻55%、棉45%,纬纱:苎麻55%、棉45%+涤纶空气变形丝100%。

组织规格

经纱 53tex(18.9 公支),纬纱 53tex×2(18.9/2 公支)+106.7tex(960 旦)+63.3tex(570 旦);经密 21.26 根/cm,纬密 16.54 根/cm;幅宽 144cm。

织物图片 见彩图 254。

13 帆 布

麻棉漂染帆布

风格及用途 适于制作鞋面及服装。

织物组织 平纹。

使用原料 苎麻 15%、棉 85%。

组织规格

经纱 27.8tex×2(36/2 公支),纬纱 27.8tex×3(36/3 公支);经密 35.5 根/cm,纬密 10.8 根/cm;幅宽 75cm。

织物图片 见彩图 255。

14 交织布

丝棉毛麻混纺交织布

织物组织 提花。

使用原料 毛 30%、棉 10%、丝 50%、苎麻 10%。

组织规格

经纱 16.7tex×2(60/2 公支)+500tex(2 公支,花式纱线),纬纱 16.7tex×2(60/2 公支)+41.7tex×2(24/2 公支)+500tex(2 公支,花式纱线);经密 7.0 根/cm,纬密

8.0 根/cm;幅宽 114cm。

织物图片 见彩图 256。

涤棉麻混纺交织布

织物组织 平纹。

使用原料 经纱:涤纶 65%、棉 35%,纬纱:涤纶 65%、苎麻 35%。

组织规格

纱线细度 16.7tex×2(60/2 公支);经密 15.0 根/cm,纬密 13.5 根/cm;幅宽 114cm。

织物图片 见彩图 257。

纯麻黑白交织布

织物组织 平纹。

使用原料 苎麻 100%。

组织规格

纱线细度 37tex(27 公支);经密 23.0 根/cm,纬密 19.8 根/cm;幅宽 113cm。

织物图片 见彩图 258。

涤棉、涤麻交织布

织物组织 平纹。

使用原料 经纱:涤纶 65%、棉 35%;纬纱:涤纶 70%、苎麻 30%。

组织规格

经纱 25tex(40 公支),纬纱 23.8tex(42 公支);经密 35.27 根/cm,纬密 34.06 根/cm;幅宽 89cm。

织物图片 见彩图 259。

Tencel 纤维、麻交织布

织物组织 提花。

使用原料 经纱:Tencel 纤维 100%,纬纱:苎麻 100%。

组织规格

经纱 7.4tex×2(136/2 公支),纬纱 20.8tex(48 公支);经密 39.4 根/cm,纬密 26.8 根/cm;幅宽 114cm。

织物图片 见彩图 260。

麻棉交织布〔1〕

织物组织 小提花(图 42)。

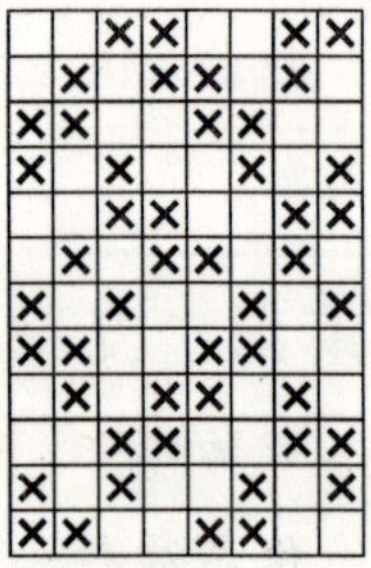

图 42

使用原料 经纱:棉 100%,纬纱:苎麻 100%。

组织规格

经纱 27.8tex(21 英支),纬纱 31.3tex(32 公支);经密 23.2 根/cm,纬密 21.8 根/cm;幅宽 107cm。

纱线 A:黑色　纱线 B:白色

纱线排列:

经纱　4A4B/8 根

纬纱　4A4B/8 根

织物图片 见彩图 261。

麻棉交织布〔2〕

织物组织 提花(图 43)。

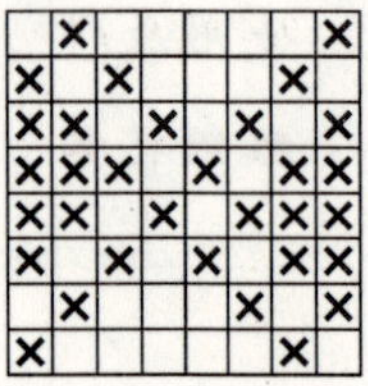

图 43

使用原料 经纱:棉 100%,纬纱:苎麻 100%。

组织规格

经纱 27.8tex(21 英支),纬纱 31.3tex(32 公支);密度 21.0 根/cm;幅宽 117cm。

纱线 A:黑色　纱线 B:白色

纱线排列:

经纱　8A8B/16 根

纬纱　8A8B/16 根

织物图片 见彩图 262。

麻棉交织布〔3〕

织物组织 平纹。

使用原料 经纱:棉 100%,纬纱:苎麻 100%。

组织规格

经纱 27.8tex(21 英支),纬纱 27.8tex(36 公支);经密 20.0 根/cm,纬密 23.6 根/cm;幅宽 112cm。

织物图片 见彩图 263。

麻棉交织布〔4〕

织物组织 平纹。

使用原料 经纱:棉 100%,纬纱:苎麻 100%。

组织规格

经纱 27.8tex(21 英支),纬纱 31.3tex(32 公支);经密 23.2 根/cm,纬密 22.0 根/cm;幅宽 91.4cm。

织物图片 见彩图 264。

麻棉交织布〔5〕

织物组织 平纹。

使用原料 经纱:棉 100%,纬纱:苎麻 100%。

组织规格

经纱:27.8tex(21 英支),纬纱 27.8tex(36 公支);经密 12.954 根/cm,纬密 14.732 根/cm;幅宽 112cm。

织物图片 见彩图 265。

麻棉交织布〔6〕

织物组织 平纹。

使用原料 经纱:棉 100%,纬纱:苎麻 100%。

组织规格

经纱 13.9tex(42 英支),纬纱 16.7tex(60 公支);经密 33.0 根/cm,纬密 27.2 根/cm;幅宽 91.4cm。

织物图片 见彩图 266。

麻棉交织布〔7〕

织物组织 平纹。

使用原料 经纱:棉 100%,纬纱:苎麻 100%。

组织规格

经纱 27.8tex(21 英支) + 27.8tex(21 英支),纬纱 167tex(6 公支);经密 23.0 根/cm,纬密 11.5 根/cm;幅宽 114cm。

织物图片 见彩图 267。

棉与棉麻交织布

织物组织 平纹。

使用原料 经纱:棉 100%,纬纱:苎麻 35%、棉 65%。

组织规格

经纱 27.8tex(21 英支),纬纱 27.8tex(36 公支);经密 27.2 根/cm,纬密 24.0 根/cm;幅宽 91cm。

织物图片 见彩图 268。

麻与涤棉交织布

织物组织 提花(图 44)。

使用原料 经纱:涤纶 65%,棉 35%,纬纱:苎麻 100%。

组织规格

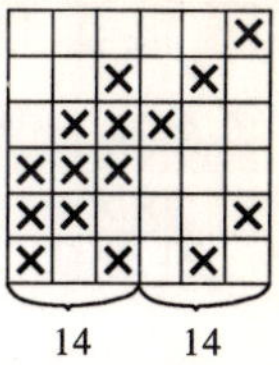

图 44

经纱 13.9tex×2(72/2 公支),纬纱 105.3tex(9.5 公支);经密 36.0 根/cm,纬密 22.0 根/cm;幅宽 73.5cm。

纱线 A:浅粉色　纱线 B:杏黄色

纱线排列:

经纱　A

纬纱　B

织物图片　见彩图 269。

粘与麻棉交织布

织物组织　平纹。

使用原料　经纱:粘胶丝,纬纱:苎麻 50%、棉 50%。

组织规格

经纱 20tex(50 公支),纬纱 20.8tex(48 公支);经密 27.0 根/cm,纬密 20.2 根/cm;幅宽 153cm。

织物图片　见彩图 270。

15　纱及纱罗

纯麻美丽纱

织物组织　平纹。

使用原料　苎麻 100%。

组织规格

经纱 9.7tex(103 公支),纬纱 12.2tex(82 公支);经密 29.27 根/cm,纬密 24.75 根/cm;幅宽 109.7cm。

织物图片　见彩图 271。

纯麻印花爽丽纱

风格及用途 高档、细薄、挺括、轻若蝉翼、高雅。

织物组织 平纹。

使用原料 苎麻 100%。

组织规格

纱线细度 13.9tex(72 公支);经密 31.8 根/cm,纬密 24.2 根/cm;幅宽 91.4cm。

织物图片 见彩图 272。

纯麻爽丽纱〔1〕

织物组织 平纹。

使用原料 苎麻 100%。

组织规格

纱线细度 13.9tex(72 公支);经密 32.7 根/cm,纬密 24.0 根/cm;幅宽 81cm。

织物图片 见彩图 273。

纯麻爽丽纱〔2〕

织物组织 平纹。

使用原料 苎麻 100%。

组织规格

纱线细度 16.7tex(60 公支);经密 31.1 根/cm,纬密 26.0 根/cm;幅宽 91.5cm。

织物图片 见彩图 274。

纯麻爽丽纱〔3〕

风格及用途 细薄、挺括、滑爽、清凉,舒适、高雅。

织物组织 平纹。

使用原料 苎麻 100%。

组织规格

纱线细度 16.7tex(60 公支);经密 31.1 根/cm,纬密 26.0 根/cm;幅宽 91.4cm。

织物图片 见彩图 275。

涤麻印花巴里纱

织物组织 平纹。

使用原料 涤纶 65%、苎麻 35%。

组织规格

纱线细度 13.9tex(72 公支);经密 26.0 根/cm,纬密 24.0 根/cm;幅宽 91.4cm。

织物图片 见彩图 276。

纯麻仿水洗巴里纱

风格及用途 产品经特殊后整理,织物表面具有永久性水洗效应,并保持着巴里纱的特有风格。

织物组织 平纹。

使用原料 苎麻 100%。

组织规格

纱线细度 16.7tex(60 公支);经密 27.5 根/cm,纬密 23.0 根/cm;幅宽 107cm。

织物图片 见彩图 277。

涤麻巴里纱〔1〕

织物组织 平纹。

使用原料 涤纶 65%、苎麻 35%。

组织规格

纱线细度 15.6tex(64 公支);经密 29.8 根/cm,纬密 24.5 根/cm;幅宽 91.4cm。

织物图片 见彩图 278。

涤麻巴里纱〔2〕

风格及用途 涤纶和变性苎麻混纺,以高捻纱制织而成,产品轻薄,布面光洁,手感滑爽,穿着凉爽透气。

织物组织 平纹。

使用原料 涤纶 70%、苎麻 30%。

组织规格

纱线细度 12.5tex(80 公支);经密 30.9 根/cm,纬密 28.0 根/cm;幅宽 90cm。

织物图片 见彩图 279。

麻棉巴里纱

织物组织 平纹。

使用原料 经纱:棉 100%,纬纱:苎麻 100%。

组织规格

经纱 13.9tex(42 英支),纬纱 18.5tex(54 公支);经密 25.7 根/cm,纬密 21.5 根/cm;幅宽 123cm。

织物图片 见彩图 280。

涤麻色织泡泡纱

织物组织 小提花(图 45)。

使用原料 涤纶 65%、苎麻 35%。

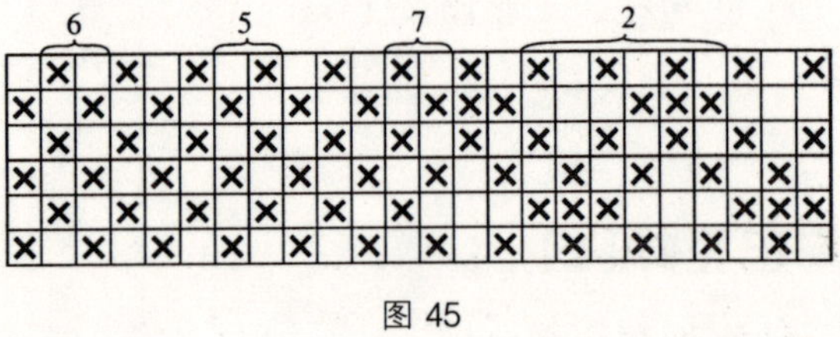

图 45

组织规格

经纱 22.2tex(45 公支)+22.2tex×2(45/2 公支),纬纱 20.8tex(48 公支)+22.2tex(45 公支);经密 39.4 根/cm,纬密 27.6 根/cm;幅宽 107cm。

纱线 A:白色　纱线 B:灰色　纱线 C:白色粗纱　纱线 D:草绿色

纱线排列:

经纱　13A3B10C3B14A1D14A1D1A/60 根

纬纱　A

织物图片　见彩图 281。

涤麻棉色织泡泡纱

织物组织　平纹。

使用原料　22.5tex 涤纶 65%、棉 35%，20.8tex 涤纶 65%、苎麻 35%。

组织规格

经纱 22.5tex(45 公支) + 22.5tex × 2(45/2 公支)，纬纱 20.8tex(48 公支) + 22.5tex (45 公支)；经密 39.4 根/cm，纬密 27.6 根/cm；幅宽 107cm。

织物图片　见彩图 282。

麻棉泡泡纱〔1〕

织物组织　提花。

使用原料　经纱：棉 100%，纬纱：苎麻 30%、棉 70%。

组织规格

经纱 18.5tex(31.5 英支) + 18.5tex × 2(31.5/2 英支)，纬纱 18.5tex(54 公支) × 13.9tex(72 公支) × 14.7tex(68 公支)；经密 28.35 根/cm，纬密 26.77 根/cm；幅宽 98.5cm。

织物图片　见彩图 283。

麻棉泡泡纱〔2〕

织物组织　提花(图 46)。

使用原料　苎麻 30%、棉 70%。

组织规格

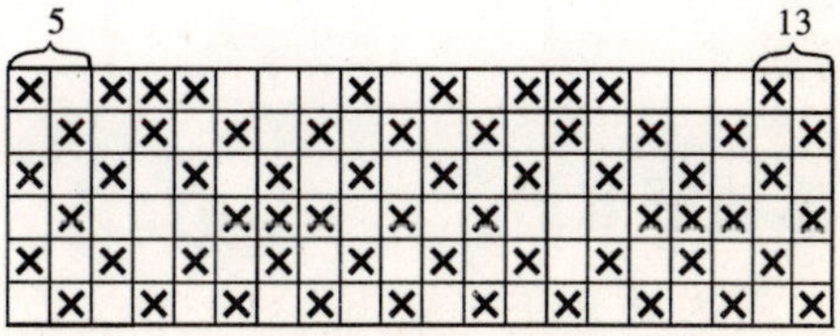

图 46

经纱 18.5tex(54 公支) + 18.5tex × 2(54/2 公支)，纬纱 18.5tex(54 公支) + 13.9tex(72 公

支)+14.7tex(68公支);经密28.35根/cm,纬密26.77根/cm;幅宽107cm。

纱线A:白色　纱线B:白色粗纱　纱线C:黄色丝线

纱线排列:

经纱　36A1C14B1C/52根

纬纱　A

织物图片　见彩图284。

麻棉泡泡纱〔3〕

织物组织　平纹。

使用原料　苎麻30%、棉70%。

组织规格

经纱18.2tex×2(55/2公支)+18.2tex(55公支),纬纱19.2tex(52公支);密度26.77根/cm;幅宽91.4cm。

织物图片　见彩图285。

纯麻克秋纱

织物组织　异经异纬。

使用原料　苎麻100%。

组织规格

纱线细度27.8tex×2(36/2公支);经密19.685根/cm,纬密17.323根/cm;幅宽114cm。

织物图片　见彩图286。

涤麻粘舒麻纱

风格及用途　采用特殊绞综装置,经丝光整理,织物清晰,花型别致,挺括,弹性好。

织物组织　提花。

使用原料　苎麻27%、涤纶55%、粘胶纤维18%。

组织规格

经纱 14.5tex × 2(69/2 公支),纬纱 19.2tex(52 公支);经密 21.65 根/cm,纬密 18.11 根/cm;幅宽 91.4cm。

织物图片 见彩图 287。

麻粘棉柔颖纱

织物组织 提花。

使用原料 经纱:粘胶纤维有光丝 100%,纬纱:苎麻 55%、棉 45%。

组织规格

经纱 75tex(120 旦),纬纱 27.8tex(36 公支);经密 22.6 根/cm,纬密 8.1 根/cm;幅宽 91cm。

织物图片 见彩图 288。

毛麻涤纱罗〔1〕

织物组织 提花(图 47)。

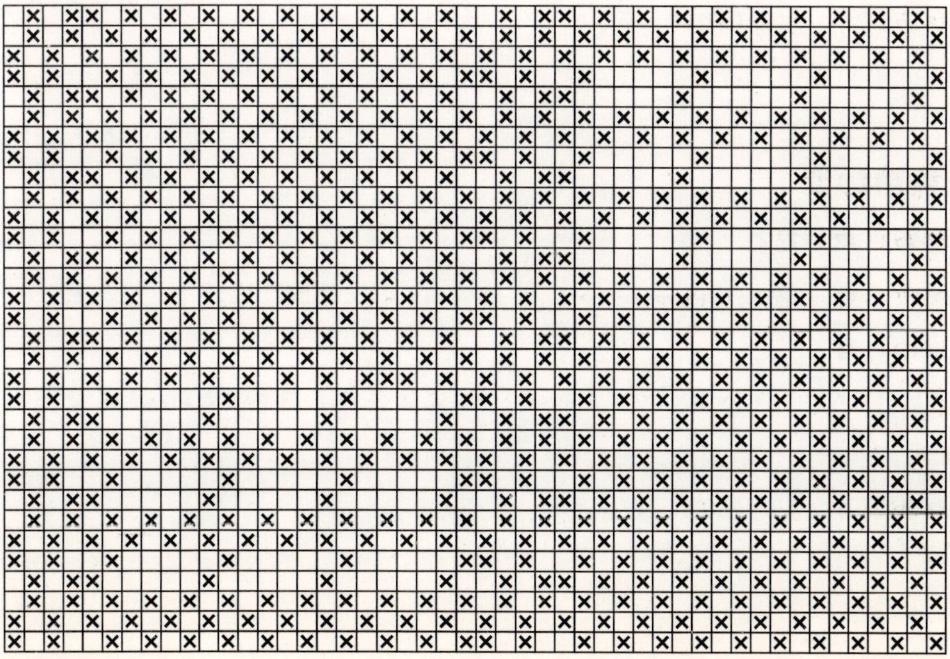

图 47

使用原料 毛 30%、苎麻 30%、涤纶 40%。

组织规格

纱线细度 18.5tex × 2(54/2 公支);经密 25.92 根/cm,纬密 22.83 根/cm;幅宽 150cm。

纱线 A:白色

纱线排列:

经纱 A

纬纱 A

织物图片 见彩图 289。

毛麻涤纱罗〔2〕

织物组织 小提花(图 48)。

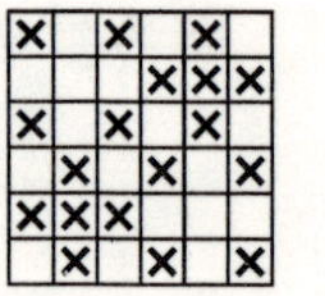

图 48

使用原料 毛 50%、苎麻 10%、涤纶 40%。

组织规格

纱线细度 18.5tex × 2(54/2 公支);经密 28.2 根/cm,纬密 24.5 根/cm;幅宽 144cm。

织物图片 见彩图 290。

涤麻棉粘纱罗

织物组织 提花。

使用原料 经纱:13tex 涤纶 65%、棉 35%,19.4tex 粘胶纤维,纬纱:苎麻 100%。

组织规格

经纱 13tex(77.2 公支) + 19.4tex × 2(51.4/2 公支),纬纱 27.8tex(36 公支);幅宽 113cm。

织物图片 见彩图 291。

涤麻纱罗

织物组织 提花。

使用原料 涤纶 65%、苎麻 35%。

组织规格

纱线细度 10tex × 2（100/2 公支）；经密 27.2 根/cm，纬密 24.5 根/cm；幅宽 107cm。

织物图片 见彩图 292。

涤麻棉纱罗

织物组织 提花。

使用原料 经纱：涤纶 65%、棉 35%，纬纱：苎麻 100%。

组织规格

经纱 13tex（77.2 公支），纬纱 19.4tex × 2（51.4/2 公支）× 27.8tex（36 公支）；经密 32.3 根/cm，纬密 26.0 根/cm；幅宽 107cm。

织物图片 见彩图 293。

麻涤提花纱罗

织物组织 提花。

使用原料 苎麻 55%、涤纶 45%。

组织规格

经纱 10tex × 2（100/2 公支），纬纱 20tex（50 公支）；经密 23.5 根/cm，纬密 21.5 根/cm；幅宽 89cm。

织物图片 见彩图 294。

毛麻粘精纺彩星纱罗

风格及用途 采用异支纱合股，粗细支交织，呢面呈现颗粒状效应，立体感强，加以绚丽彩点点缀，随人体活动而摆动，具有闪光效果。

织物组织 提花(图49)。

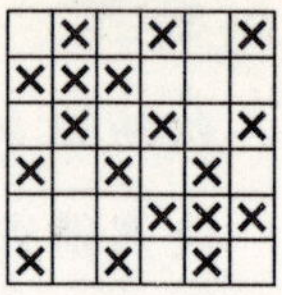

图49

使用原料 毛37%、苎麻36.2%、粘胶纤维20%、涤纶6.8%。

组织规格

纱线细度43.4tex×2(23/2公支)+14.6tex×2(68.6/2公支);经密18.6根/cm,纬密16.2根/cm;幅宽144cm。

纱线A:黑色　纱线B:黑白花色线

纱线排列:

经纱　1A1B1A/3根

纬纱　1A1B1A/3根

织物图片 见彩图295。

16　呢　类

毛麻腈粘黄氏呢

织物组织 提花(图50)。

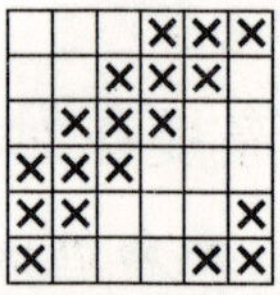

图50

使用原料 苎麻35%、毛30%、腈纶20%、粘胶纤维10%。

组织规格

纱线细度210.5tex(4.75公支);经密11.4根/cm,纬密11.7根/cm;幅宽110cm。

纱线A:白色　纱线B:灰色

纱线排列:

经纱　74A6B/80根

纬纱　56A4B/60根

织物图片 见彩图296。

毛麻粘涤波兰呢

织物组织 平纹。

使用原料 羊毛 35%、落麻 20%、涤纶 15%、粘胶纤维 30%。

组织规格

纱线细度 82.3tex(12 公支);经密 17.4 根/cm,纬密 14.55 根/cm;幅宽 144cm。

织物图片 见彩图 297。

毛麻粘涤克罗兰呢

织物组织 提花(图 51)。

使用原料 毛 30%、苎麻 10%、粘胶纤维 50%、涤纶 10%。

组织规格

经纱 58.8tex × 2(17/2 公支) + 58.8tex(17 公支),纬纱 58.8tex × 2(17/2 公支);经密 8.5 根/cm,纬密 8.0 根/cm;幅宽 143cm。

纱线 A:白色　纱线 B:咖啡色　纱线 C:驼色

纱线排列:

经纱　8A8B/16 根

纬纱　6A6C/12 根

织物图片 见彩图 298。

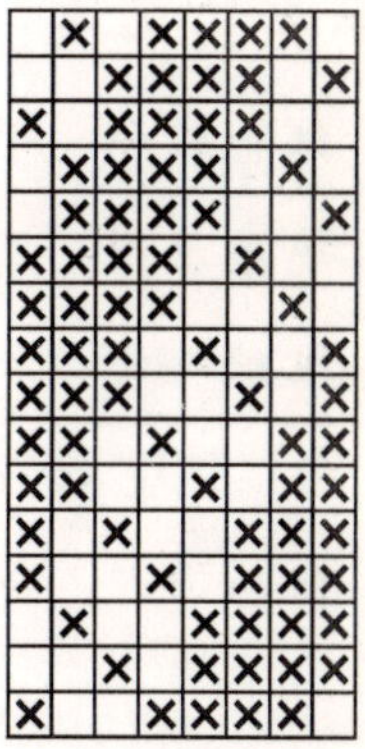

图 51

纯麻板司呢

织物组织 双经双纬。

使用原料 苎麻 100%。

组织规格

经纱 41.7tex(24 公支) + 41.7tcx(24 公支),纬纱 66.7tex(15 公支) + 66.7tex(15 公支);经密 16.8 根/cm,纬密 14.0 根/cm;幅宽 83cm。

织物图片 见彩图 299。

毛麻涤竹节呢〔1〕

织物组织 平纹。

使用原料 毛 20%、苎麻 30%、涤纶 50%。

组织规格

纱线细度 17.2tex × 2(58/2 公支);经密 15.73 根/cm,纬密 13.2 根/cm;幅宽 144cm。

织物图片 见彩图 300。

毛麻涤竹节呢〔2〕

织物组织 平纹。

使用原料 毛 30%、苎麻 20%、涤纶 50%。

组织规格

纱线细度 16.7tex × 2(60/2 公支);经密 22.0 根/cm,纬密 21.0 根/cm;幅宽 150cm。

织物图片 见彩图 301。

涤麻竹节呢

织物组织 提花。

使用原料 涤纶 70%、苎麻 30%。

组织规格

纱线细度 18.2tex × 2(54.9/2 公支);经密 24.0 根/cm,纬密 18.1 根/cm;幅宽 107cm。

织物图片 见彩图 302。

麻棉竹节呢

织物组织 平纹。

使用原料 苎麻 55%、棉 45%。

组织规格

纱线细度 105.3tex(9.5 公支,花式纱);密度 11.5 根/cm;幅宽 123cm。

织物图片　见彩图 303。

涤麻彩点闪光呢

织物组织　提花。

使用原料　涤纶 65%、苎麻 35%。

组织规格

纱线细度 18.5tex×2(54/2 公支);密度 22.0 根/cm;幅宽 144cm。

织物图片　见彩图 304。

麻棉腈色织珠光呢

织物组织　提花(图 52)。

使用原料　经纱:腈纶 70%、涤纶 5%、棉 25%,纬纱:苎麻 55%、棉 45%。

组织规格

经纱 400tex(2.5 公支),纬纱 55.5tex×2(18/2 公支);经密 5.6 根/cm,纬密 10.8 根/cm;幅宽 98.5cm。

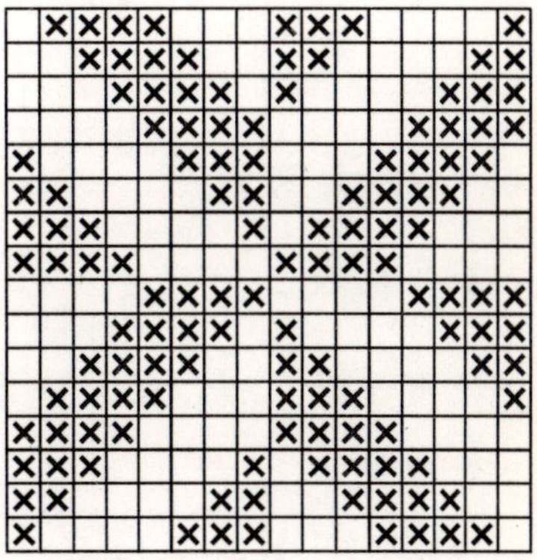

图 52

纱线 A:彩色纱　纱线 B:黑色

纱线排列:

经纱　A

纬纱　B

织物图片　见彩图 305。

麻棉丝人字呢

织物组织　人字斜纹。

使用原料 55.5tex苎麻55%、棉45%,58.8tex苎麻55%、丝45%。

组织规格

纱线细度55.5tex(18公支)+58.8tex(17公支);经密21.0根/cm,纬密11.6根/cm;幅宽110cm。

织物图片 见彩图306。

纯麻人字呢

织物组织 斜纹。

使用原料 苎麻100%。

组织规格

经纱41.7tex×2(24/2公支),纬纱27.8tex(36公支);经密17.5根/cm,纬密37.0根/cm;幅宽125cm。

织物图片 见彩图307。

毛麻粘格子女式呢

织物组织 $\frac{2}{2}$斜纹。

使用原料 羊毛50%、苎麻20%、粘胶纤维30%。

组织规格

纱线细度71.4tex(14公支);经密18.4根/cm,纬密17.5根/cm;幅宽144cm。

织物图片 见彩图308。

毛麻涤苏格兰女式呢

织物组织 提花。

使用原料 苎麻30%、毛50%、涤纶20%。

组织规格

纱线细度125tex(8公支);经密15.0根/cm,纬密12.0根/cm;幅宽144cm。

织物图片　见彩图309。

毛麻涤女式呢〔1〕

风格及用途　由多种纤维混纺，利用各种纤维的优良性能，使产品在含毛较少的情况下，成品达到了呢面丰满、挺括、手感滑爽的风格。

织物组织　斜纹。

使用原料　毛60%、精梳落麻10%、改性涤纶30%。

组织规格

纱线细度48.6tex(20.6公支)；经密19.5根/cm，纬密15.7根/cm；幅宽143cm。

织物图片　见彩图310。

毛麻涤女式呢〔2〕

织物组织　平纹+小提花(图53)。

图53

使用原料　毛35%、苎麻15%、涤纶50%。

组织规格

纱线细度16.7tex×2(60/2公支)；经密14.4根/cm，纬密22.0根/cm；幅宽210cm。

织物图片　见彩图311。

毛麻粘涤女式呢

织物组织　提花(图54)。

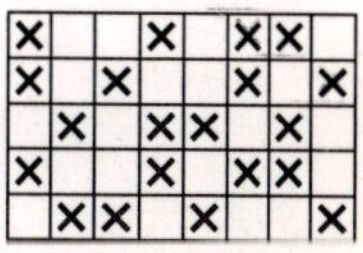

图54

使用原料　毛35%、苎麻15%、粘胶纤维25%、异形涤纶24%、金银线1%。

组织规格

经纱129.6tex(7.7公支)，纬纱129.6tex(7.7公支)+194.1tex(5.2公支)；密度7.4根/cm；幅宽145cm。

纱线 A:白色　纱线 B:黑色

纱线排列:

经纱　A

纬纱　1A1B/2 根

织物图片　见彩图 312。

毛麻丝粘女式呢

织物组织　平纹。

使用原料　毛 20%、苎麻 35%、粘胶纤维 30%、丝 15%。

组织规格

纱线细度 58.3tex(17.2 公支);经密 13.9 根/cm,纬密 12.4 根/cm;幅宽 147cm。

织物图片　见彩图 313。

毛麻涤粘女式呢

风格及用途　用散纤染色,经纬向用色纱交织,呢面风格粗犷。

织物组织　小提花(图 55)。

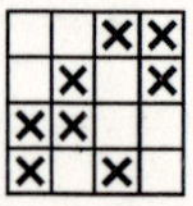

图 55

使用原料　羊毛 35%、落麻 30%、涤纶 20%、粘胶纤维 15%。

组织规格

纱线细度 76.9tex(13 公支);经密 18.0 根/cm,纬密 15.6 根/cm;幅宽 144cm。

纱线 A:橄榄绿色　纱线 B:黑色　纱线 C:浅绿色

纱线排列:

经纱　52A6B/58 根

纬纱　C

织物图片　见彩图 314。

毛麻粘女式呢

织物组织　提花(图 56)。

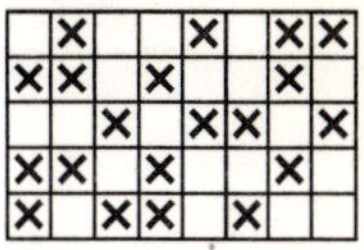

图 56

使用原料　经纱:毛 30%、苎麻 45%、粘胶纤维 24%、丝 1%,纬纱:毛 30%、苎麻 45%、粘胶纤维 25%。

组织规格

纱线细度 129.6tex(7.7 公支);密度 7.4 根/cm;幅宽 145cm。

织物图片　见彩图 315。

毛麻女式呢

织物组织　提花(图 57)。

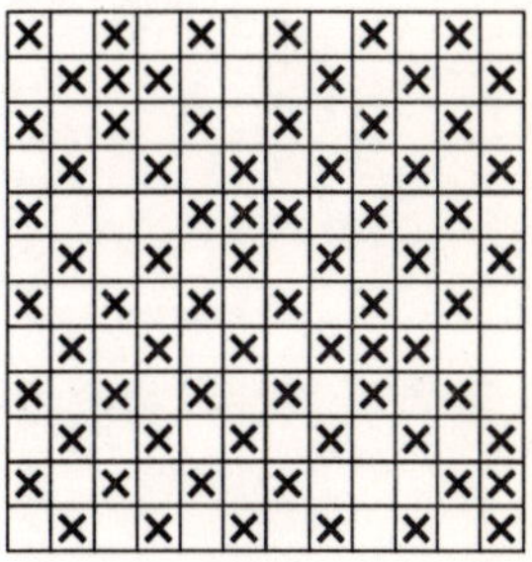

图 57

使用原料　澳毛 85%、苎麻 15%。

组织规格

纱线细度 48.6tex(20.6 公支)×48.6tex(20.6 公支);经密 12.9 根/cm,纬密 11.4 根/cm;幅宽 150cm。

织物图片　见彩图 316。

毛麻粘纬顺毛大衣呢

织物组织　斜纹。

使用原料　羊毛 40%、落麻 35%、粘胶纤维 25%。

组织规格

纱线细度 72.9tex(13.7 公支);经密 17.4 根/cm,纬密 12.1 根/cm;幅宽 145cm。

织物图片　见彩图 317。

毛麻粘顺毛大衣呢

织物组织　提花(图 58)。

使用原料　毛 60%、粘胶纤维 20%、短麻 20%。

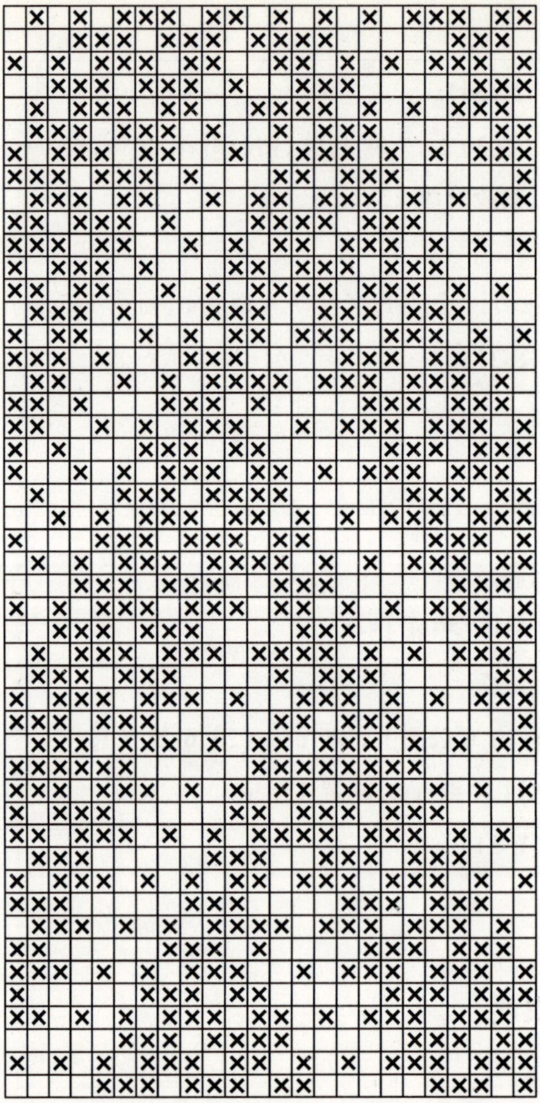

图 58

组织规格

纱线细度 167tex(6 公支);经密 13.0 根/cm,纬密 10.0 根/cm;幅宽 150cm。

纱线 A:黑色　纱线 B:灰色　纱线 C:灰黑色　纱线 D:灰白色

纱线排列:

经纱　12A12B/24 根

纬纱　12C12D/24 根

织物图片　见彩图 318。

毛麻粘顺毛大衣呢

织物组织 斜纹(图 59)。

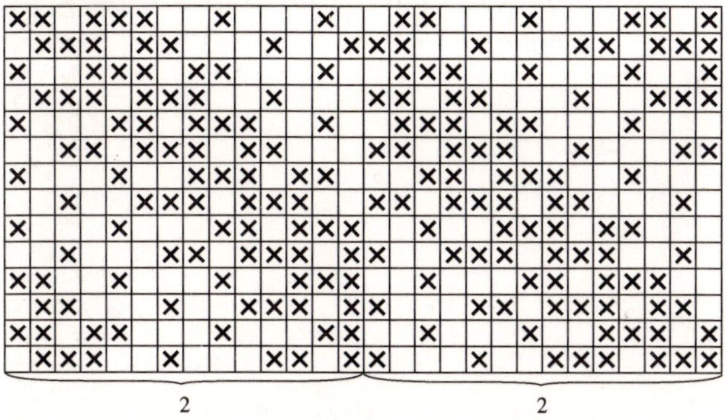

图 59

使用原料 经纱:羊毛 30%、落麻 20%、粘胶纤维 50%;纬纱:羊毛 65%、落麻 20%、粘胶纤维 15%。

组织规格

经纱:97.2tex(10.3 公支)×27.8tex×2(36/2 公支),纬纱:194.1tex(5.2 公支);经密 13.0 根/cm,纬密 8.0 根/cm;幅宽 145cm。

纱线 A:驼色　纱线 B:白色

纱线排列:

经纱　1A1B/2 根

纬纱　B

织物图片 见彩图 319。

毛麻粘腈仿马海毛大衣呢

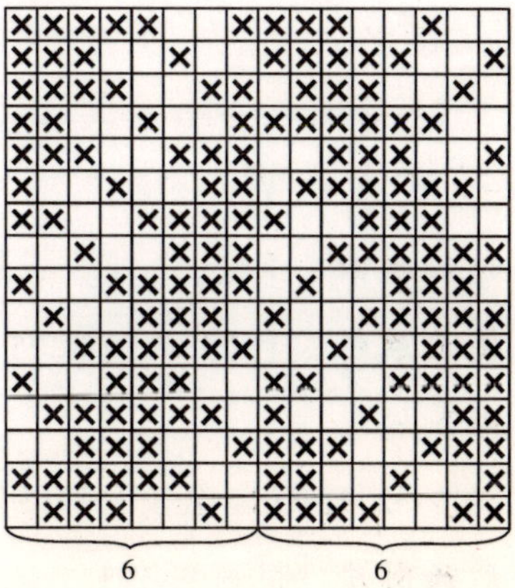

图 60

织物组织 斜纹(图 60)。

使用原料 毛 40%、苎麻 26%、粘胶纤维 26%、腈纶 8%。

组织规格

纱线细度 125tex(8 公支);密度 10.0 根/cm;幅宽 144cm。

纱线 A:灰绿色　纱线 B:土黄色　纱线 C:粉

红色　纱线 D:墨绿色　纱线 E:灰色

纱线排列:

经纱　17A2B4A2B2A6B$\underset{\times 3}{\underline{2C2B}}$6C$\underset{\times 3}{\underline{2B2C}}$6B2A2B4A2B17A/96 根

纬纱　1D1E/2 根

织物图片　见彩图 320。

毛麻粘仿兽皮大衣呢

织物组织　提花。

使用原料　毛 45%、苎麻 25%、粘胶纤维 30%。

组织规格

纱线细度 167tex(6 公支);密度 10.0 根/cm;幅宽 150cm。

织物图片　见彩图 321。

毛麻粘花式大衣呢

织物组织　提花。

使用原料　羊毛 50%、苎麻 10%、粘胶纤维 40%。

组织规格

纱线细度 167tex(6 公支);经密 12.0 根/cm,纬密 7.0 根/cm;幅宽 144cm。

织物图片　见彩图 322。

毛麻花式大衣呢

织物组织　平纹。

使用原料　毛 75%、苎麻 25%。

组织规格

经纱 82.3tex(12 公支),纬纱 143tex(7 公支);密度 12.0 根/cm;幅宽 143cm。

织物图片　见彩图 323。

毛麻粘锦大衣呢

织物组织　平纹。

使用原料　毛 70%、苎麻 15%、粘胶纤维 10%、锦纶 5%。

组织规格

纱线细度 64.8tex(15.4 公支);经密 18.5 根/cm,纬密 18.7 根/cm;幅宽 143cm。

织物图片　见彩图 324。

毛麻粘大方格大衣呢

织物组织　提花。

使用原料　毛 30%、苎麻 30%、粘胶纤维 40%。

组织规格

纱线细度 82.3tex × 2(12/2 公支);经密 8.0 根/cm,纬密 7.0 根/cm;幅宽 150cm。

织物图片　见彩图 325。

毛麻腈粘达顿大衣呢

织物组织　提花(图 61)。

使用原料　毛 30%、落麻 30%、腈纶 20%、粘胶纤维 20%。

组织规格

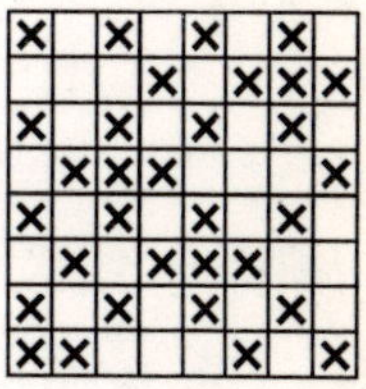

图 61

纱线细度 194.1tex(5.2 公支);经密 6.8 根/cm,纬密 6.0 根/cm;幅宽 143cm。

纱线 A:墨色　纱线 B:白色　纱线 C:灰色

纱线排列:

经纱　$\underset{\times 6}{\underline{3A3B}}$3A42B/81 根

纬纱　36C4A4B4A$\underset{\times 2}{\underline{2B2A}}$/56 根

织物图片　见彩图 326。

毛麻粘大衣呢

风格及用途 呢面清晰，手感丰厚；有弹性，色泽柔和，保暖性好。采用双层组织织造，使产品一面为格子，另一面是单色，美观大方。

织物组织 斜纹双层。

使用原料 羊毛 50%、苎麻 10%、粘胶纤维 40%。

组织规格

纱线细度 100tex(10 公支)；经密 29.2 根/cm，纬密 23.0 根/cm；幅宽 140cm。

织物图片 见彩图 327。

毛麻大衣呢

织物组织 人字斜纹。

使用原料 毛 70%、苎麻 30%。

组织规格

经纱 97.2tex(10.3 公支)，纬纱 145.78tex×2(6.9/2 公支)；经密 11.7 根/cm，纬密 7.4 根/cm；幅宽 145cm。

织物图片 见彩图 328。

麻涤色织女衣呢

织物组织 平纹。

使用原料 苎麻 55%、涤纶 45%。

组织规格

纱线细度 82.3tex(12 公支)；经密 5.6 根/cm，纬密 7.0 根/cm；幅宽 154.5cm。

织物图片 见彩图 329。

麻棉女衣呢

风格及用途 经纬均用 53tex 麻棉与 36.4tex 中长纱交并与 36.4tex×2 中长纱交

织后,布面具有仿毛效应。

织物组织 提花(图62)。

图62

使用原料 苎麻55%、棉45%。

组织规格

纱线细度36.4tex(27.4公支)/53tex(18.9公支);经密16.5tex根/cm,纬密13.4根/cm;幅宽145cm。

纱线A:浅绿色 纱线B:深绿色

纱线排列:

纱线 2A2B/4根

纬纱 2B2A/4根

织物图片 见彩图330。

毛麻涤衬衣呢

织物组织 平纹。

使用原料 毛40%、苎麻20%、涤纶40%。

组织规格

纱线细度 17.9tex(56 公支);经密 25.0 根/cm,纬密 23.5 根/cm;幅宽 144cm。

织物图片 见彩图 331。

涤粘麻华丽呢

织物组织 提花(图 63)。

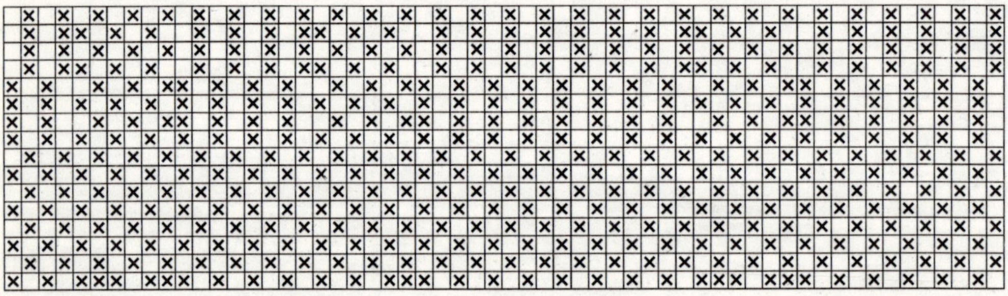

图 63

使用原料 苎麻 15%、涤纶 65%、粘胶纤维 20%。

组织规格

经纱 31.3tex(32 公支),纬纱 47.6tex(21 公支);经密 29.4 根/cm,纬密 22.0 根/cm;幅宽 107cm。

纱线 A:白色　纱线 B:灰色

纱线排列:

经纱　A

纬纱　$\underset{\times 3}{\underline{8B8A}}$56A8B56A/168 根

织物图片 见彩图 332。

毛麻粘切克呢

织物组织 提花(图 64)。

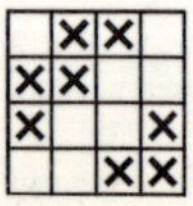

图 64

使用原料 毛 46%、苎麻 10%、粘胶纤维 44%。

组织规格

纱线细度 41.7tex×2(24/2 公支);经密 18.0 根/cm,纬密 15.0 根/cm;幅宽 144cm。

纱线 A:黑色　纱线 B:白色　纱线 C:茶绿色

纱线排列:

经纱　$\underset{\times 13}{\underline{1A1B}}2C\underset{\times 12}{\underline{1A1B}}\underset{\times 10}{\underline{2A2B}}/92$ 根

纬纱　$\underset{\times 12}{\underline{1A1B}}2C\underset{\times 12}{\underline{1B1A}}\underset{\times 10}{\underline{2B2A}}/90$ 根

织物图片　见彩图 333。

毛麻腈粘凸条呢

织物组织　提花(图 65)。

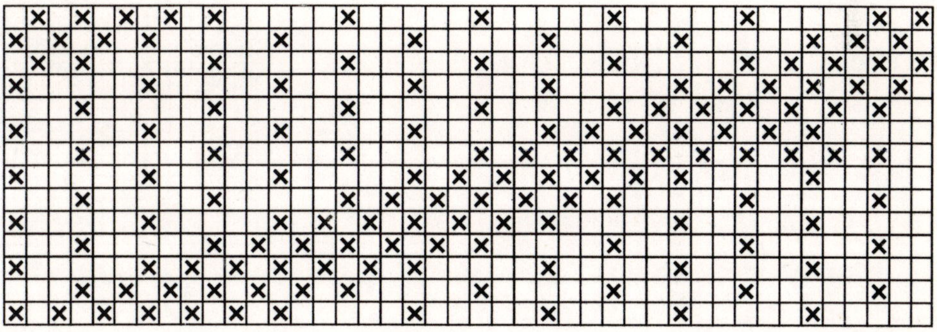

图 65

使用原料　毛 32%、苎麻 18%、腈纶 20%、粘胶纤维 30%。

组织规格

纱线细度 167tex(6 公支);经密 10.5 根/cm,纬密 10.6 根/cm;幅宽 143cm。

纱线 A:白色　纱线 B:浅灰色

纱线排列:

经纱　7A3B7A7B3A3B8A3B3A7B7A3B7A58B/126 根

纬纱　7B3A7B7A3B3A8B3A3B7A7B3A7B58A/126 根

织物图片　见彩图 334。

毛麻条呢

织物组织　斜纹。

使用原料 毛 70%、苎麻 30%。

组织规格

纱线细度 82.3tex(12 公支);经密 8.8 根/cm,纬密 9.3 根/cm;幅宽 143cm。

织物图片 见彩图 335。

麻腈毛威纹呢〔1〕

织物组织 提花(图 66)。

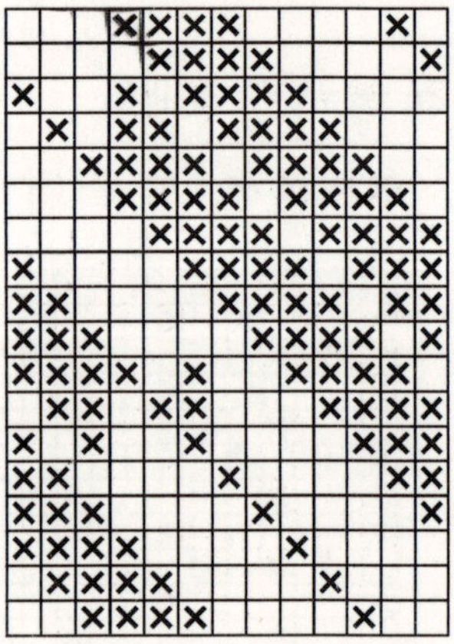

图 66

使用原料 90.9tex 苎麻 55%、腈纶 30%、毛 15%混纺,294.1tex 麻结子。

组织规格

经纱 90.9tex×2(11/2 公支),纬纱 90.9tex(11 公支)+294.1tex(3.4 公支,麻结子);经密 15.5 根/cm,纬密 9.4 根/cm;幅宽 148cm。

纱线 A:白色 纱线 B:黑白花式纱 纱线 C:驼白花式纱

纱线排列:

经纱 26A2B$\underset{\times 4}{\underline{8A2B}}$27A3B/98 根

纬纱 1A1B/2 根

织物图片 见彩图 336。

麻腈毛威纹呢〔2〕

织物组织 提花(图 67)。

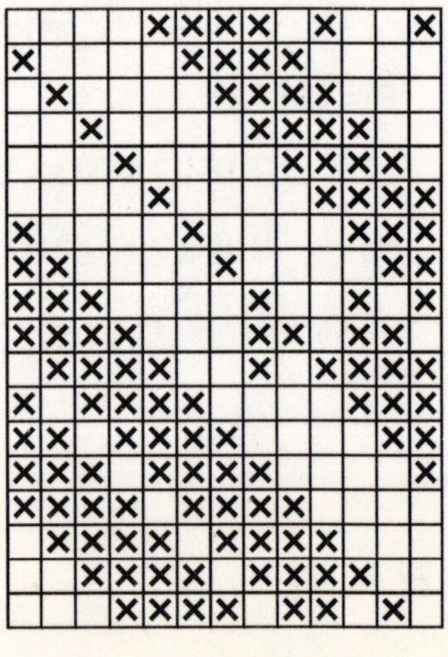

图 67

使用原料 苎麻 55%、腈纶 30%、毛 15%。

组织规格

纱线细度 90.9tex×2(11/2 公支);经密 15.5 根/cm,纬密 9.4 根/cm;幅宽 148cm。

纱线 A:白色 纱线 B:黑白花式纱

纱线排列:

经纱　29A2B8A2B29A4B/104 根
　　　　　　×4

纬纱　24A2B6A2B24A2B/84 根
　　　　　　×4

织物图片　见彩图 337。

落麻毛粘涤精梳混纺呢

织物组织　斜纹(图 68)。

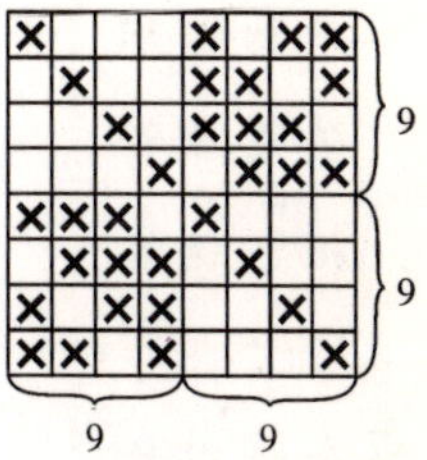

图 68

使用原料　经纱:落麻 30%、羊毛 20%、粘胶纤维 30%、涤纶 20%,纬纱:落麻 50%、羊毛 20%、粘胶纤维 10%、涤纶 20%。

组织规格

经纱 53.3tex(18.9 公支),纬纱 72.9tex(13.7 公支);经密 14.1 根/cm,纬密 10.8 根/cm;幅宽 149cm。

纱线 A:谷黄色　纱线 B:深咖啡色　纱线 C:浅咖啡色　纱线 D:浅灰色

纱线排列:

经纱　10A3B7A4B4A8B10C3B7C4B4C8B/72 根

纬纱　D

织物图片　见彩图 338。

毛麻涤三合一花呢

织物组织　平纹。

使用原料　毛 35%、苎麻 15%、涤纶 50%。

组织规格

纱线细度 13.9tex×2(72/2 公支);经密 17.0 根/cm,纬密 19.8 根/cm;幅宽 144cm。

织物图片　见彩图 339。

毛麻粘三合一花呢

织物组织　提花。

使用原料　毛 55%、苎麻 15%、粘胶纤维 30%。

组织规格

纱线细度 143tex(7 公支);经密 10.7 根/cm,纬密 13.6 根/cm;幅宽 150cm。

织物图片 见彩图 340。

麻涤腈三合一花呢

织物组织 平纹。

使用原料 苎麻 40%、涤纶 50%、腈纶 10%。

组织规格

纱线细度 133.3tex(7.5 公支);经密 11.2 根/cm,纬密 9.0 根/cm;幅宽 123cm。

织物图片 见彩图 341。

毛麻粘透孔花呢

织物组织 提花(图 69)。

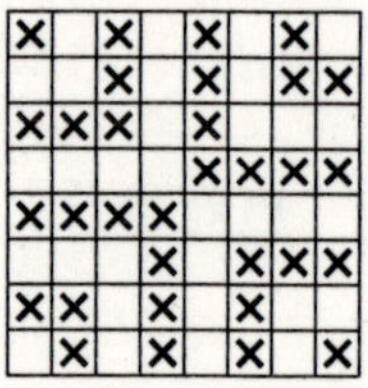

图 69

使用原料 羊毛 35%、苎麻落麻 35%、粘胶纤维 30%。

组织规格

纱线细度 72.9tex(14 公支);经密:8.4 根/cm,纬密 8.0 根/cm;幅宽 144cm。

纱线 A:蓝色 纱线 B:绿驼色

纱线排列:

经纱 16A8B/24 根

纬纱 16A8B/24 根

织物图片 见彩图 342。

毛麻粘粗纺印花呢

织物组织 平纹。

使用原料 毛 40%、苎麻 20%、粘胶纤维 40%。

组织规格

纱线细度 71.4tex(14 公支);经密 18.0 根/cm,纬密 15.0 根/cm;幅宽 144cm。

织物图片　见彩图 343。

涤麻色织条花呢

织物组织　提花(图 70)。

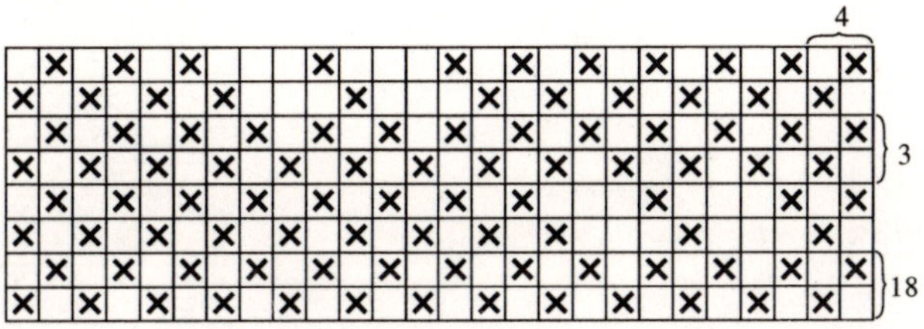

图 70

使用原料　涤纶 65%、苎麻 35%。

组织规格

纱线细度 13.9tex×2(72/2 公支);经密 32.2 根/cm,纬密 23.8 根/cm;幅宽 90cm。

纱线 A:灰色　纱线 B:白色　纱线 C:黑色　纱线 D:黄绿色　纱线 E:黑白花式纱

纱线排列:

经纱　$1A\underset{\times 8}{\underline{1B1A}}\underset{\times 5}{\underline{2B2A}}\underset{\times 9}{\underline{1B1A}}1C1B1A1B2C\underset{\times 13}{\underline{1B1A}}1B3D\underset{\times 12}{\underline{1B1A}}\underset{\times 3}{\underline{1A3E}}1A/128$ 根

纬纱　A

织物图片　见彩图 344。

毛麻涤粘混纺花呢

织物组织　平纹。

使用原料　毛 25%、苎麻 20%、涤纶 35%、粘胶纤维 20%。

组织规格

纱线细度 19.2tex×2(52/2 公支);经密 23.0 根/cm,纬密 19.2 根/cm;幅宽 144cm。

织物图片　见彩图 345。

毛麻涤粘松结构花呢

织物组织 提花(图71)。

使用原料 毛32%、苎麻30%、涤粘38%。

组织规格

纱线细度58.8tex×2(17/2公支)+58.8tex(17公支);密度10根/cm;幅宽144cm。

纱线A:白色 纱线B:白色 纱线C:驼色 纱线D:灰色

纱线排列:

经纱 2A2B2C2B$\underset{\times 2}{\underline{2A2B}}$2D2B2A2B2D2B$\underset{\times 3}{\underline{2A2B}}$2D2B$\underset{\times 2}{\underline{2A2B}}$2D2B/56根

纬纱 2D2B2A2B2C2B2A2B2D2B2A2B2D2B$\underset{\times 2}{\underline{2A2B}}$2C2B$\underset{\times 2}{\underline{2A2B}}$/48根

织物图片 见彩图346。

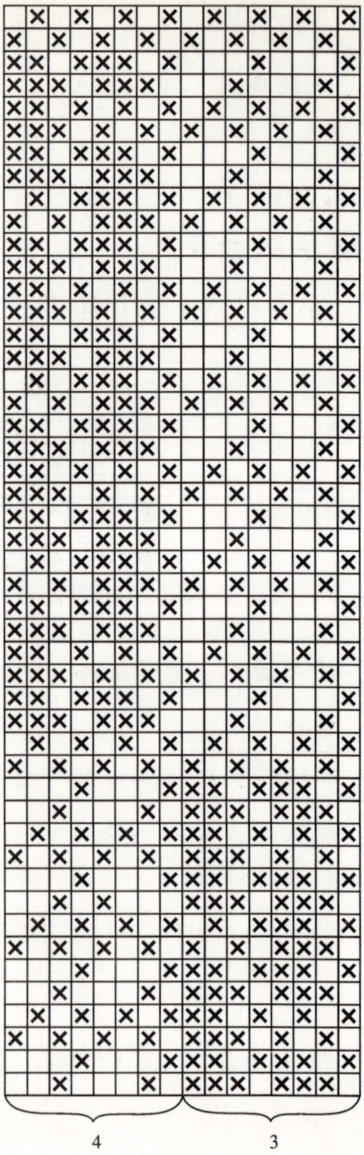

图71

毛麻松结构花呢

风格及用途 硬挺而不失柔软,既保持了粗纺呢绒原有的手感和外观,又表现了苎麻纤维的优点,适于制作流行时装。

织物组织 提花(图72)。

使用原料 苎麻30%、羊毛65%、兔毛5%。

组织规格

纱线细度47.6tex×3(21/3公支);经密12.2根/cm,纬密10.1根/cm;幅宽143cm。

纱线A:白色 纱线B:黑色

纱线排列:

经纱 20A1B2A1B2A1B1A2B2A3B1A33B1A3B1A2B1A1B2A1B3A1B3A1B2A1B4A/96根

纬纱 A

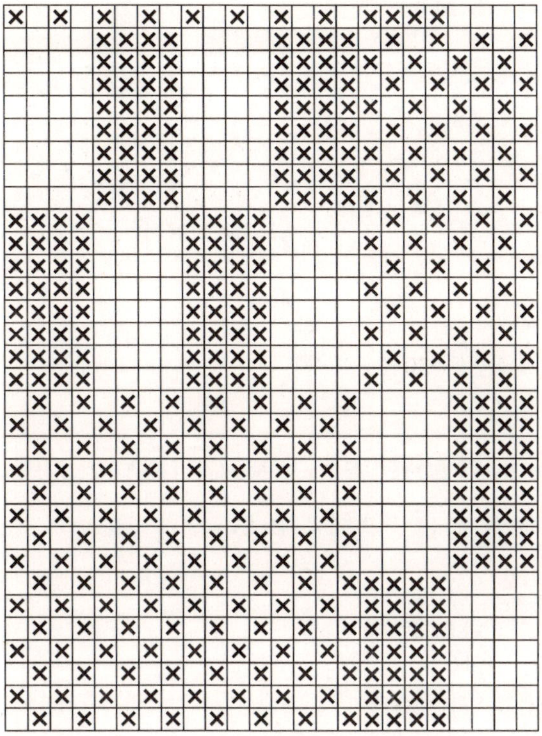

图 72

织物图片 见彩图 347。

毛麻腈松结构花呢

织物组织 提花(图 73)。

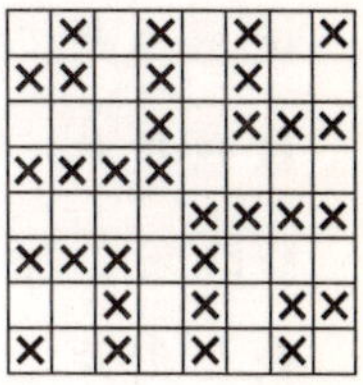

图 73

使用原料 羊毛 25%、兔毛 15%、苎麻 30%、腈纶 30%。

组织规格

纱线细度 83.7tex(12 公支);经密 10.2 根/cm,纬密 8.7 根/cm;幅宽 143cm。

织物图片 见彩图 348。

毛麻花呢

织物组织 小提花(图 74)。

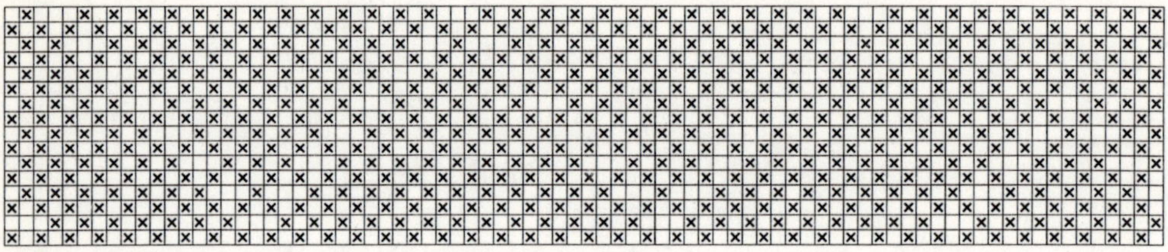

图 74

使用原料 毛 70%、苎麻 30%。

组织规格

纱线细度 27.8tex(36 公支);经密 21.0 根/cm,纬密 17.5 根/cm;幅宽 144cm。

纱线 A:紫色 纱线 B:白色 纱线 C:粉色

纱线排列:

经纱 $\frac{1A1B}{\times 17}\frac{1A1C}{\times 7}\frac{1A1B}{\times 16}$/80 根

纬纱 $\frac{1A1B}{\times 5}\frac{1A1C}{\times 7}\frac{1A1B}{\times 28}$/80 根

织物图片 见彩图 349。

毛涤麻中厚花呢〔1〕

织物组织 平纹。

使用原料 毛 40%、涤纶 50%、苎麻 10%。

组织规格

纱线细度 26.3tex×2(38/2 公支);经密 20.6 根/cm,纬密 17.2 根/cm;幅宽 144cm。

织物图片 见彩图 350。

毛涤麻中厚花呢〔2〕

织物组织 提花(图 75)。

图 75

使用原料 毛 35%、涤纶 45%、苎麻 20%。

组织规格

纱线细度 22.5tex×2(45/2 公支);经密 32.5 根/cm,纬密 22.8 根/cm;幅宽 144cm。

纱线 A:咖啡色　纱线 B:紫色

纱线排列:

经纱　42A2B/44 根

纬纱　46A2B/48 根

织物图片　见彩图 351。

毛麻挎花呢

织物组织　人字斜纹。

使用原料　毛 90%、苎麻 10%。

组织规格

纱线细度 167tex(6 公支);经密 16.0 根/cm,纬密 15.6 根/cm;幅宽 144cm。

织物图片　见彩图 352。

毛麻粘涤花呢

织物组织　提花(图 76)。

使用原料　毛 32%、苎麻 25%、粘胶纤维及涤纶 43%。

组织规格

纱线细度 55.5tex×2(18/2 公支);经密 12.0 根/cm,纬密 11.0 根/cm;幅宽 144cm。

纱线 A:黑色　纱线 B:浅灰色　纱线 C:黑白两色

纱线排列:

经纱　$\underset{\times 3}{\underline{2A2B}}$3A1B/16 根

纬纱　4C4B/81 根

织物图片　见彩图 353。

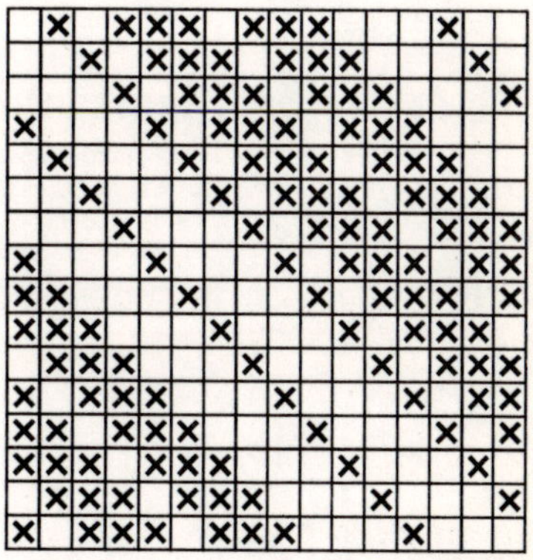

图 76

毛麻涤花呢〔1〕

织物组织 平纹。

使用原料 毛 25%、苎麻 30%、涤纶 45%。

组织规格

经纱 14.5tex×2(69/2 公支),纬纱 20tex(50 公支);经密 26.4 根/cm,纬密 30.0 根/cm;幅宽 149cm。

织物图片 见彩图 354。

毛麻涤花呢〔2〕

织物组织 提花(图 77)。

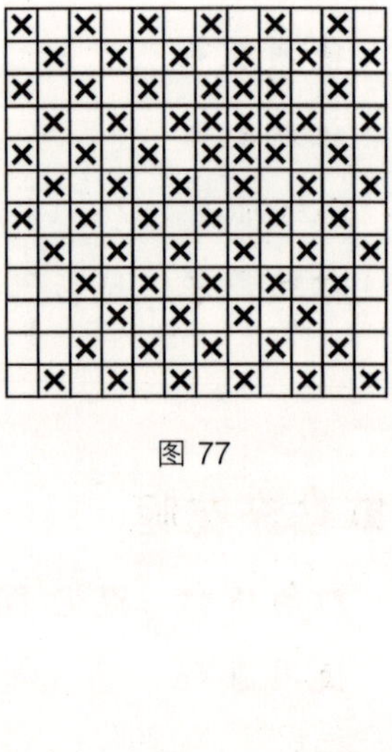

图 77

使用原料 经纱:64 支外毛 9.5%、涤纶 50%、苎麻 40.5%,纬纱:涤纶 50%、苎麻 50%。

组织规格

经纱 20tex×2(50/2 公支),21.7tex×2(46/2 公支),纬纱 20tex×2(50/2 公支);经密 22.6 根/cm,纬密 18.5 根/cm;幅宽 149cm。

纱线 A:白色　纱线 B:黑色

纱线排列:

经纱　$11A2B22A2B15A\underbrace{1B1A}_{\times 8}1B3A$/72 根

纬纱　A

织物图片 见彩图 355。

毛麻涤花呢〔3〕

织物组织 平纹。

使用原料 毛 50%、苎麻 20%、涤纶 30%。

组织规格

纱线细度 19.2tex(52 公支);经密 21.1 根/cm,纬密 19.5 根/cm;幅宽 144cm。

织物图片　见彩图 356。

毛麻涤花呢〔4〕

织物组织　斜纹(图 78)。

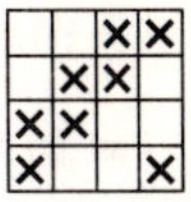

图 78

使用原料　毛 50%、苎麻 44%、涤纶 6%。

组织规格

纱线细度 13.9tex×2(72/2 公支);经密 24.6 根/cm,纬密 20.7 根/cm;幅宽 144cm。

纱线 A:白色　纱线 B:灰色　纱线 C:蓝色

纱线排列:

经纱　7A2B4A2B20A2B4A2B7A$\underset{\times 4}{\underline{1C1A}}$7A2B6A2B12A2B6A2B7A$\underset{\times 4}{\underline{1A1C}}$/112 根

纬纱　8A2B4A2B24A2B4A2B7A$\underset{\times 4}{\underline{1A1C}}$8A2B6A2B16A2B6A2B7A$\underset{\times 4}{\underline{1A1C}}$/122 根

织物图片　见彩图 357。

毛麻涤花呢〔5〕

织物组织　提花(图 79)。

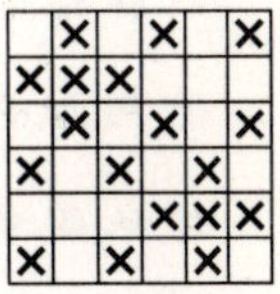

图 79

使用原料　毛 30%、苎麻 30%、涤纶 40%。

组织规格

纱线细度 71.4tex(14 公支);经密 18.0 根/cm,纬密 14.0 根/cm;幅宽 148cm。

纱线 A:白色　纱线 B:黑色

纱线排列:

经纱　22A2B8A$\underset{\times 7}{\underline{1B1A}}$2B/48 根

纬纱　A

织物图片　见彩图 358。

毛麻涤花呢〔6〕

织物组织 平纹。

使用原料 毛 40%、苎麻 20%、涤纶 40%。

组织规格

纱线细度 29.4tex×2(34/2 公支);经密 18.6 根/cm,纬密 16.5 根/cm;幅宽 144cm。

织物图片 见彩图 359。

毛麻涤花呢〔7〕

织物组织 平纹。

使用原料 毛 60%、苎麻 20%、涤纶 20%。

组织规格

纱线细度 33.3tex×2(30/2 公支);经密 16.8 根/cm,纬密 15.0 根/cm;幅宽 144cm。

织物图片 见彩图 360。

毛麻涤花呢〔8〕

织物组织 平纹。

使用原料 毛 37%、苎麻 14%、涤纶 49%。

组织规格

纱线细度 19.2tex×2(52/2 公支);经密 22.0 根/cm,纬密 18.6 根/cm;幅宽 144cm。

织物图片 见彩图 361。

毛麻涤花呢〔9〕

风格及用途 手感滑爽、挺括,又有毛感,由于麻染色困难,采用羊毛和涤纶染色。

织物组织 提花。

使用原料 64 支外毛 9.5%、苎麻 40.5%、涤纶 50%。

组织规格

经纱 20tex×2(50/2 公支),21.7tex×2(46/2 公支),纬纱 27.8tex×2(36/2 公支),17.2tex×2(58/2 公支);经密 22.6 根/cm,纬密 18.5 根/cm;幅宽 149cm。

织物图片 见彩图 362。

毛麻涤花呢〔10〕

织物组织 提花。

使用原料 经纱:64 支外毛 50%、涤纶 50%,纬纱:苎麻 50%、涤纶 50%。

组织规格

经纱 21.7tex×2(46/2 公支),纬纱 20tex×2(50/2 公支);经密 21.9 根/cm,纬密 18.0 根/cm;幅宽 144cm。

织物图片 见彩图 363。

毛麻涤花呢〔11〕

织物组织 提花(图 80)。

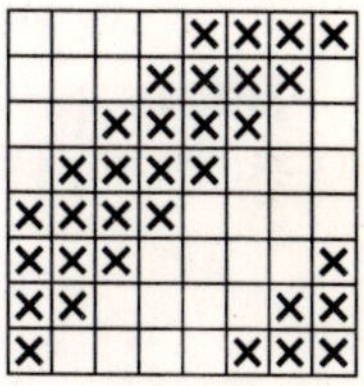

图 80

使用原料 毛 30%、苎麻 15%、涤纶 55%。

组织规格

纱线细度 24.4tex(41 公支);经密 16.1 根/cm,纬密 13.9 根/cm;幅宽 144cm。

纱线 A:白色　纱线 B:黑色

纱线排列:

经纱　12A12B/24 根

纬纱　12A12B/24 根

织物图片 见彩图 364。

毛麻涤花呢〔12〕

织物组织 提花(图 81)。

使用原料 毛 35.9%、苎麻 29.1%、涤纶 35%。

组织规格

纱线细度 13.9tex × 2(72/2 公支) + 14.6tex × 2(68.6/2 公支);经密 28.0 根/cm,纬密 25.2 根/cm;幅宽 143cm。

纱线 A:黑色　纱线 B:白色

纱线排列:

经纱　4A4B/8 根

纬纱　4B4A/8 根

织物图片　见彩图 365。

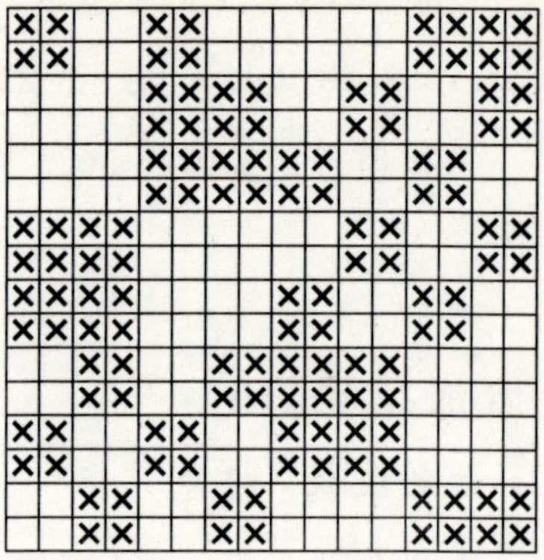

图 81

毛麻涤花呢〔13〕

织物组织　提花。

使用原料　毛 40%、苎麻 30%、涤纶 30%。

组织规格

纱线细度 20.8tex × 2(48/2 公支);经密 24.0 根/cm,纬密 18.0 根/cm;幅宽 149cm。

织物图片　见彩图 366。

毛麻涤花呢〔14〕

织物组织　平纹。

使用原料　苎麻 55%、涤纶 25%、毛 20%。

组织规格

纱线细度 143tex(7 公支);经密 10.2 根/cm,纬密 10.0 根/cm;幅宽 144cm。

织物图片　见彩图 367。

毛麻涤花呢〔15〕

织物组织　斜纹(图 82)。

使用原料　毛 40%、苎麻 40%、涤纶 20%。

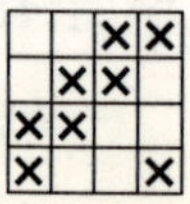

图 82

组织规格

纱线细度 64.8tex(15 公支);经密 13.2 根/cm,纬密 12.2 根/cm;幅宽 143cm。

纱线 A:黑色　纱线 B:蓝色

纱线排列:

经纱　34A6B$\underline{4A6B}_{\times 3}$/70 根

纬纱　34A6B$\underline{4A6B}_{\times 3}$/70 根

织物图片　见彩图 368。

毛麻涤花呢〔16〕

织物组织　平纹。

使用原料　苎麻 55%、涤纶 25%、毛 20%。

组织规格

纱线细度 143tex(7 公支);经密 10.2 根/cm,纬密 10.0 根/cm;幅宽 144cm。

织物图片　见彩图 369。

毛麻涤花呢〔17〕

织物组织　斜纹(图 83)。

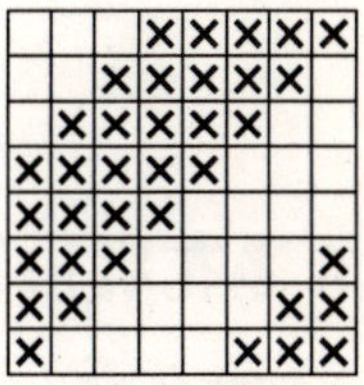

图 83

使用原料　毛 55%、苎麻 15%、涤纶 40%。

组织规格

纱线细度 20.8tex × 2(48/2 公支);经密 24.0 根/cm,纬密 15.0 根/cm;幅宽 144cm。

纱线 A:白色　纱线 B:咖啡色　纱线 C:蓝绿色

纱线排列:

经纱　24A24B24A24C/96 根

纬纱　24A24B24A24C/96 根

织物图片　见彩图 370。

毛麻涤花呢〔18〕

织物组织 提花(图 84)。

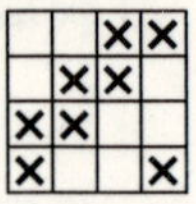

图 84

使用原料 毛 52%、苎麻 40%、涤纶 8%。

组织规格

纱线细度 71.4tex(14 公支);经密 12.0 根/cm,纬密 11.0 根/cm;幅宽 144cm。

纱线 A:浅米色 纱线 B:玫红、黑花并纱 纱线 C:黑色

纱线排列:

经纱 2A1B1C/4 根

纬纱 D

织物图片 见彩图 371。

亚麻涤花呢〔1〕

织物组织 小提花。

使用原料 亚麻 65%、涤纶 35%。

组织规格

纱线细度 27.8tex×2(36/2 公支);经密 21.4 根/cm,纬密 20.7 根/cm;幅宽 144cm。

织物图片 见彩图 372。

亚麻涤花呢〔2〕

织物组织 平纹。

使用原料 亚麻 35%、涤纶 65%。

组织规格

纱线细度 27.8tex×2(36/2 公支);经密 20.9 根/cm,纬密 18.7 根/cm;幅宽 144cm。

织物图片 见彩图 373。

毛腈麻涤花呢

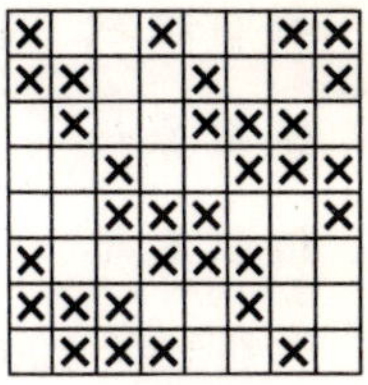

图 85

织物组织　提花(图 85)。

使用原料　毛 22%、腈纶 51.9%、苎麻 15%、涤纶 11.1%。

组织规格

纱线细度 47.6tex×2(21/2 公支)+26.3tex×2(38/2 公支);经密 17.6 根/cm,纬密 14.72 根/cm;幅宽 90cm。

纱线 A:白色　纱线 B:灰色　纱线 C:藏蓝色　纱线 D:咖啡色

纱线排列:

经纱　2A2B2A2C/8 根

纬纱　2A2D/4 根

织物图片　见彩图 374。

毛麻粘骑士粗花呢

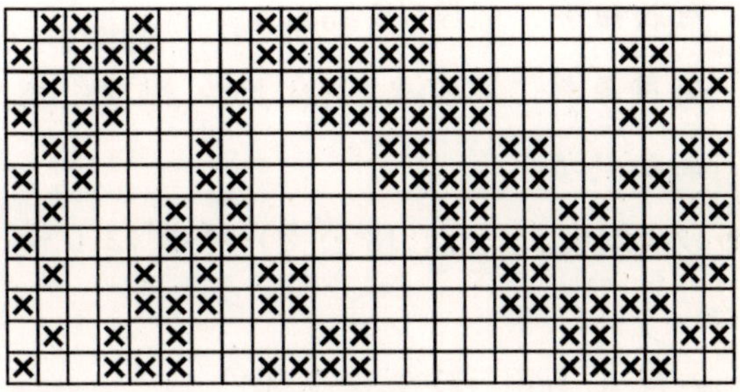

图 86

织物组织　提花(图 86)。

使用原料　毛 40%、苎麻 20%、粘胶纤维 40%。

组织规格

经纱 66.7tex(15 公支),纬纱 58.8tex(17 公支);经密 14.0 根/cm,纬密 12.5 根/cm;幅宽 145cm。

纱线 A:绿色　纱线 B:浅豆绿色

纱线排列:

经纱　$8A\underline{1B1A}_{\times 8}/24$ 根

纬纱　A

织物图片　见彩图 375。

毛麻涤腈富士粗花呢

织物组织　斜纹(图 87)。

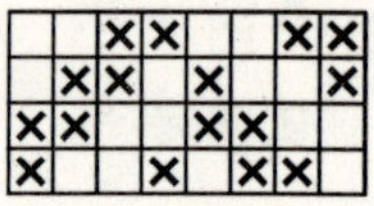

图 87

使用原料　毛 25%、涤纶 10%、苎麻 45%、腈纶 20%。

组织规格

纱线细度 100tex(10 公支);经密 11.4 根/cm,纬密 11.0 根/cm;幅宽 144cm。

纱线 A:黑色　纱线 B:紫红色　纱线 C:浅灰色

纱线排列:

经纱　18A34B12A34B4A34C/136 根

纬纱　A

织物图片　见彩图 376。

毛麻粘混纺粗花呢

织物组织　斜纹(图 88)。

图 88

使用原料　毛 30%、苎麻 15%、粘胶纤维 55%。

组织规格

纱线细度 55.5tex(18 公支);经密 12.0 根/cm,纬密 14.0 根/cm;幅宽 143cm。

纱线 A:灰色　纱线 B:蓝绿色

纱线排列:

经纱　23A3B/26 根

纬纱　A

织物图片　见彩图 377。

毛麻涤粗花呢

织物组织　平纹。

使用原料　毛、麻、涤混纺。

组织规格

纱线细度 76tex(13.2 公支);经密 17.8 根/cm,纬密 16.4 根/cm;幅宽 143cm。

织物图片 见彩图 378。

麻涤粗花呢

织物组织 提花(图 89)。

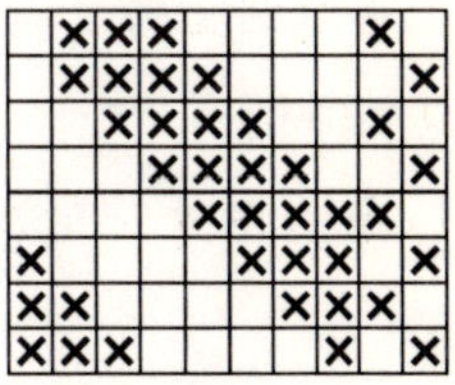
图 89

使用原料 苎麻 75%、涤纶 25%。

组织规格

纱线细度 71.4tex × 2(14/2 公支);经密 13.0 根/cm,纬密 9.4 根/cm;幅宽 90cm。

纱线 A:黑色 纱线 B:驼色 纱线 C:浅绿色

纱线排列:

经纱 38B38C38A/114 根

纬纱 A

织物图片 见彩图 379。

毛麻粘粗花呢〔1〕

织物组织 提花(图 90)。

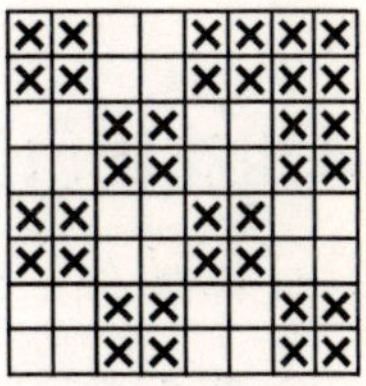
图 90

使用原料 苎麻 20%、毛 30%、粘胶纤维 50%。

组织规格

纱线细度 79.4tex(12.6 公支) + 333tex(3 公支);经密 13.0 根/cm,纬密 10.0 根/cm;幅宽 144cm。

纱线 A:酱红色 纱线 B:黄花式纱 纱线 C:白花式纱

纱线排列:

经纱 $22A\underbrace{2B6A2C6A}_{\times 2}2B22A2C6A2B22A1C1B6A1C1B/120$ 根

纬纱 $22A\underbrace{2B6A2C6A}_{\times 2}2B22A2C6A2B22A1C1B6A1C1B/120$ 根

织物图片 见彩图 380。

毛麻粘粗花呢〔2〕

织物组织　提花(图 91)。

使用原料　毛 60%、苎麻 10%、粘胶纤维 30%。

组织规格

纱线细度 97.2tex(10.3 公支);经密 9.6 根/cm,纬密 9.1 根/cm;幅宽 150cm。

织物图片　见彩图 381。

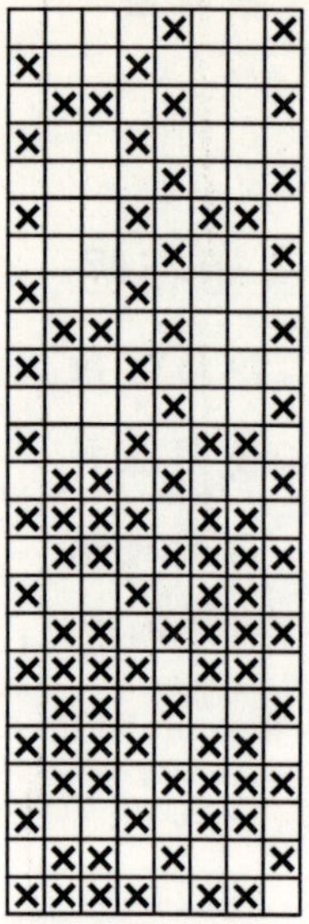

图 91

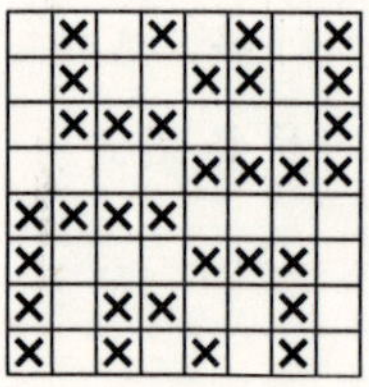

图 92

毛麻粘粗花呢〔3〕

织物组织　提花(图 92)。

使用原料　羊毛 50%、苎麻 20%、粘胶纤维 30%。

组织规格

纱线细度 125tex(8 公支);经密 9.6 根/cm,纬密 8.4 根/cm;幅宽 143cm。

织物图片　见彩图 382。

毛麻粗花呢〔1〕

织物组织　平纹。

使用原料　羊毛 65%、苎麻 35%。

组织规格

纱线细度 72.9tex(13.7 公支);经密 10.6 根/cm,纬密 10.0 根/cm;幅宽 143cm。

织物图片　见彩图 383。

毛麻粗花呢〔2〕

织物组织　提花(图 93)。

使用原料　羊毛 65%、苎麻 35%。

组织规格

纱线细度 72.9tex(13.7 公支);经密 10.5 根/cm,纬密 9.8 根/cm;幅宽 143cm。

纱线 A:白色　纱线 B:浅绿色　纱线 C:深绿色　纱线 D:花式纱

纱线排列:

经纱　2A1B/3 根

纬纱　1C1D/2 根

织物图片　见彩图 384。

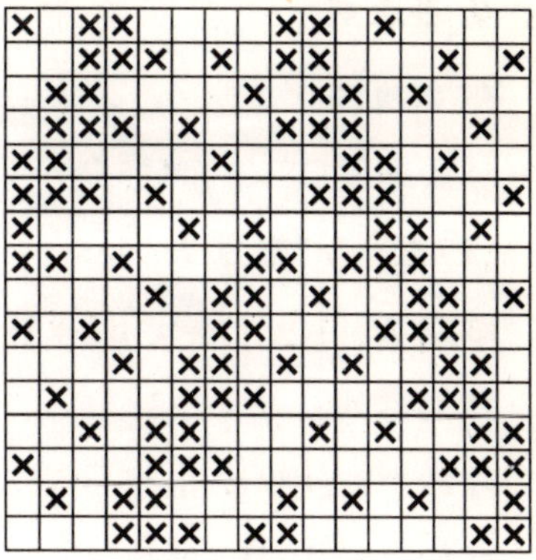

图 93

毛麻粗花呢〔3〕

织物组织　平纹。

使用原料　苎麻 30%、羊毛 70%。

组织规格

纱线细度 82.3tex(12 公支);经密 9.0 根/cm,纬密 7.8 根/cm;幅宽 144cm。

织物图片　见彩图 385。

麻腈粗花呢

织物组织　提花(图 94)。

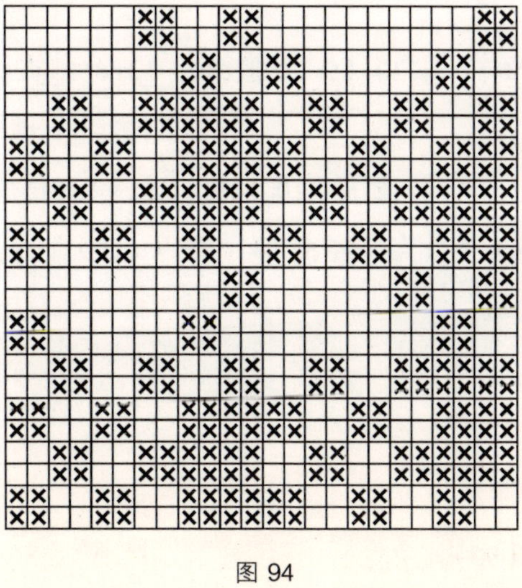

图 94

使用原料 苎麻 20%、腈纶 80%。

组织规格

纱线细度 28tex × 4(35.7/4 公支) + 38tex × 2(26.3/2 公支);经密 13.97 根/cm,纬密 14.17 根/cm;幅宽 91.4cm。

纱线 A:白色 纱线 B:绿色

纱线排列:

经纱 8A4B/12 根

纬纱 8A4B/12 根

织物图片 见彩图 386。

毛麻腈涤幻影粗花呢

织物组织 提花。

使用原料 毛 52%、苎麻 20%、腈纶 20%、改性涤纶 8%。

组织规格

纱线细度 97.2tex(10.3 公支);经密 11.0 根/cm,纬密 12.4 根/cm;幅宽 145cm。

织物图片 见彩图 387。

毛麻粘花呢〔1〕

织物组织 平纹。

使用原料 毛 49.2%、苎麻 30.1%、粘胶纤维 13.8%、涤纶 6.9%。

组织规格

经纱 32.4tex × 2(30.9/2 公支) + 10.6tex × 2(94.3/2 公支),纬纱 14.6tex × 2(68.5/2 公支) + 16.2tex(61.7 公支);经密 14.4 根/cm,纬密 26.0 根/cm;幅宽 143cm。

织物图片 见彩图 388。

毛麻粘花呢〔2〕

织物组织 平纹(图 95)。

使用原料　毛 50%、苎麻 30%、粘胶纤维 20%。

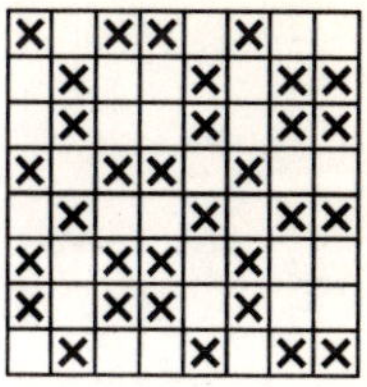

图 95

组织规格

纱线细度 100tex（10 公支）；经密 9.2 根/cm，纬密 6.8 根/cm；幅宽 144cm。

纱线 A：浅灰色　纱线 B：黑色

纱线排列：

经纱　A

纬纱　B

织物图片　见彩图 389。

毛麻粘花呢〔3〕

织物组织　提花（图 96）。

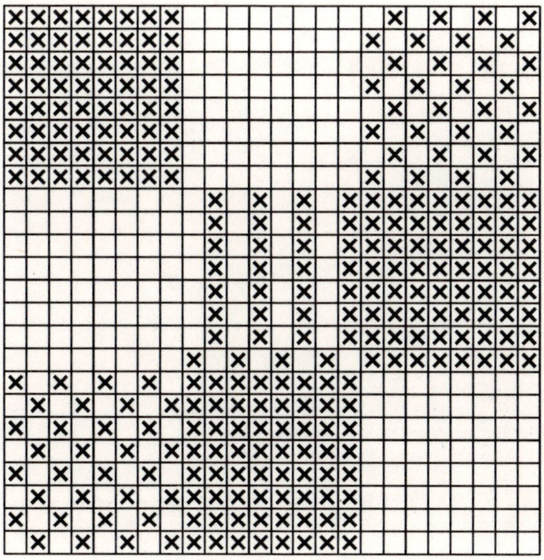

图 96

使用原料　毛 60%、粘胶纤维 40%混纺，毛 55%、苎麻 15%、粘胶纤维 30%混纺。

组织规格

经纱 82.3tex（12 公支）+90.9tex（11 公支），纬纱 82.3tex（12 公支）；经密 15.6 根/cm，纬密 14.8 根/cm；幅宽 145cm。

纱线 A：白色　纱线 B：黑色

纱线排列:

经纱　A

纬纱　$\frac{2A2B}{\times 2}$8A/16 根

织物图片　见彩图 390。

毛麻粘花呢〔4〕

织物组织　提花(图 97)。

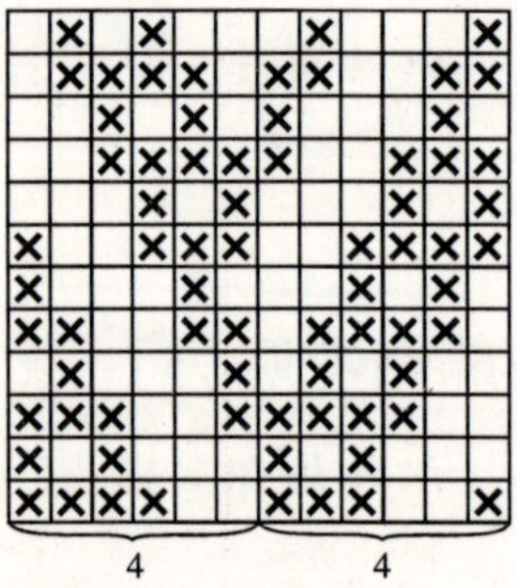

图 97

使用原料　毛 55%、苎麻 20%、粘胶纤维 25%。

组织规格

纱线细度 71.4tex(14 公支);经密 10.0 根/cm,纬密 8.0 根/cm;幅宽 143cm。

纱线 A:黑色　纱线 B:灰色　纱线 C:白色

纱线排列:

经纱　$\frac{B1A}{\times 2}\frac{1B1C}{\times 2}$/8 根

纬纱　1A1B/2 根

织物图片　见彩图 391。

毛麻粘花呢〔5〕

织物组织　$\frac{3}{3}$斜纹。

使用原料　苎麻 35%、粘胶纤维 15%、改良二级毛 50%。

组织规格

纱线细度 58.3tex(17.2 公支);经密 16.1 根/cm,纬密 13.1 根/cm;幅宽 144cm。

经纱:浅混色花式纱　纬纱:灰绿色花式纱

织物图片　见彩图 392。

毛麻粘花呢〔6〕

织物组织　小提花(图 98)。

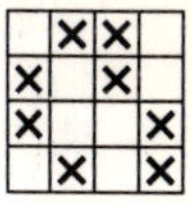

图 98

使用原料　毛 50%、苎麻 15%、粘胶纤维 35%。

组织规格

纱线细度 58.3tex(17.2 公支);经密 34.0 根/cm,纬密 30.3 根/cm;幅宽 143cm。

织物图片　见彩图 393。

毛麻粘花呢〔7〕

织物组织　提花(图 99)。

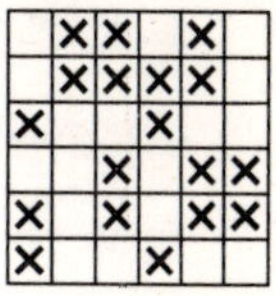

图 99

使用原料　55.5tex 毛 30%、苎麻 30%、粘胶纤维 40%混纺;71.4tex 毛 60%、苎麻 20%、粘胶纤维 20%混纺。

组织规格

经纱 55.5tex×2(18/2 公支),纬纱 55.5tex(18 公支)+71.4tex×2(14/2 公支);经密 35.04 根/cm,纬密 30.9 根/cm;幅宽 143cm。

织物图片　见彩图 394。

毛涤麻花呢〔1〕

风格及用途　呢面平整,纱线条干均匀,手感挺爽,弹性好,有较突出的毛麻混纺产品风格。

织物组织　平纹。

使用原料　毛 26%、苎麻 15%、涤纶 44%、有光涤纶 15%。

组织规格

纱线细度 15.3tex×2(65.2/2 公支);经密 18.5 根/cm,纬密 17.1 根/cm;幅宽 152cm。

织物图片　见彩图 395。

毛涤麻花呢〔2〕

织物组织 平纹。

使用原料 毛涤麻混纺。

组织规格

纱线细度 19.2tex(52 公支);经密 21.1 根/cm,纬密 19.5 根/cm;幅宽 144cm。

织物图片 见彩图 396。

毛涤麻花呢〔3〕

织物组织 平纹。

使用原料 毛 28%、苎麻 32%、涤纶 40%。

组织规格

纱线细度 20.8tex×2(48/2 公支);经密 22.6 根/cm,纬密 21.9 根/cm;幅宽 144cm。

织物图片 见彩图 397。

毛涤麻花呢〔4〕

风格及用途 配色舒展明朗,光泽柔和,格条明快,织物挺爽、有弹性,具有麻的风格,是理想的西服面料。

织物组织 斜纹(图 100)。

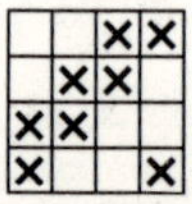

图 100

使用原料 毛 50%、苎麻 20%、涤纶 30%。

组织规格

纱线细度 19.6tex(51 公支)+21.3tex×2(47/2 公支);经密 28.4 根/cm,纬密 23.0 根/cm;幅宽 90cm。

纱线 A:白色　纱线 B:驼色　纱线 C:黑色

纱线排列:

经纱　4A4B4A4C/16 根

纬纱　4A4B4A4C4B/20 根

织物图片 见彩图 398。

毛涤麻花呢〔5〕

织物组织　提花。

使用原料　毛 22%、苎麻 30%、涤纶 48%。

组织规格

纱线细度 19.2tex × 2(52/2 公支);经密 30.4 根/cm,纬密 24.4 根/cm;幅宽 144cm。

织物图片　见彩图 399。

毛涤麻花呢〔6〕

织物组织　提花(图 101)。

使用原料　毛 63%、涤纶 29%、苎麻 8%。

组织规格

纱线细度 21.7tex × 2(46/2 公支);经密 23.8 根/cm,纬密 20.2 根/cm;幅宽 144cm。

纱线 A:黑色　纱线 B:白色　纱线 C:灰色

纱线排列:

经纱　5A5B/10 根

纬纱　C

织物图片　见彩图 400。

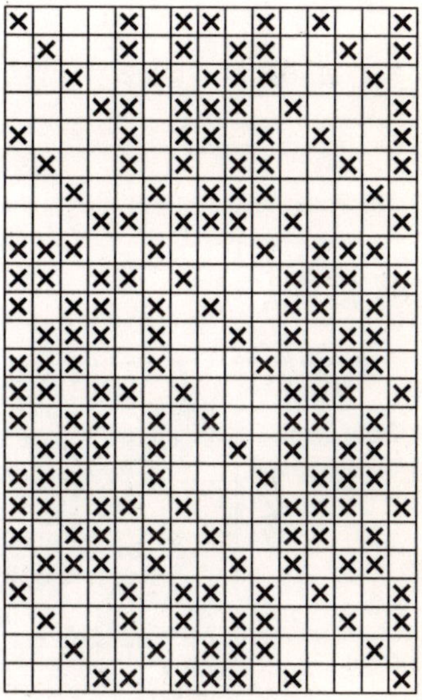

图 101

毛麻花呢〔1〕

织物组织　斜纹。

使用原料　毛 80%、苎麻 20%。

组织规格

纱线细度33.3tex × 2(30/2公支);经密23.2根/cm,纬密19.3根/cm;幅宽144 cm。

织物图片　见彩图 401。

毛麻花呢〔2〕

织物组织　提花(图102)。

使用原料　毛65%、苎麻35%。

组织规格

纱线细度58.3tex(17.2公支);经密32.8根/cm,纬密27.2根/cm;幅宽147cm。

纱线A:驼色　纱线B:咖啡色

纱线排列:

经纱　A

纬纱　B

织物图片　见彩图402。

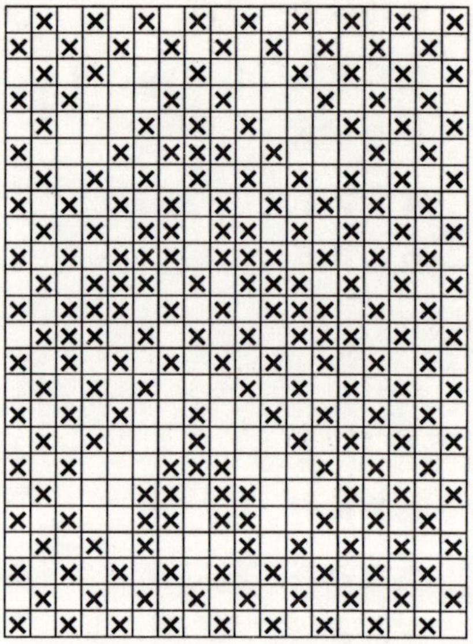

图102

毛麻花呢〔3〕

织物组织　提花(图103)。

图103

使用原料 苎麻 20%、羊毛 80%。

组织规格

纱线细度 66.7tex(15 公支);经纬密 14.0 根/cm;幅宽 150cm。

织物图片 见彩图 403。

涤麻花呢

织物组织 斜纹。

使用原料 苎麻 35%、涤纶 65%。

组织规格

纱线细度 36tex(27.8 公支);经密 42.2 根/cm,纬密 22.8 根/cm;幅宽 91cm。

织物图片 见彩图 404。

毛麻涤粘顺毛提花呢

织物组织 提花(图 104)。

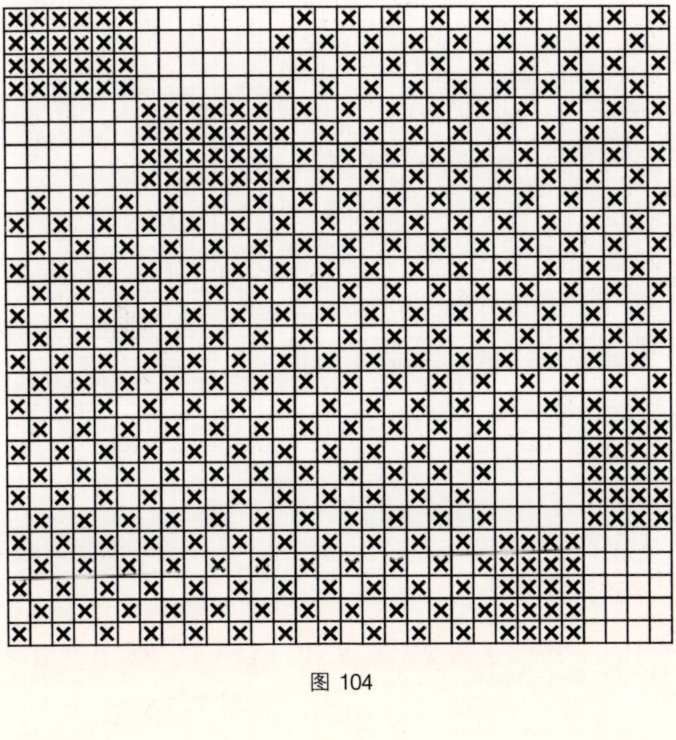

图 104

使用原料 苎麻25%、毛30%、涤纶25%、粘胶纤维20%。

组织规格

纱线细度250tex×2(4/2公支);经密22.83根/cm,纬密20.87根/cm;幅宽144cm。

纱线A:黑色 纱线B:土黄色

纱线排列:

经纱 22A8B/30根

纬纱 20A8B/28根

织物图片 见彩图405。

麻涤提花呢

风格及用途 利用落麻原料,在粗梳毛纺设备上纺纱,织物立体感较强,线条粗犷,麻织物风格突出。

织物组织 提花(图105)。

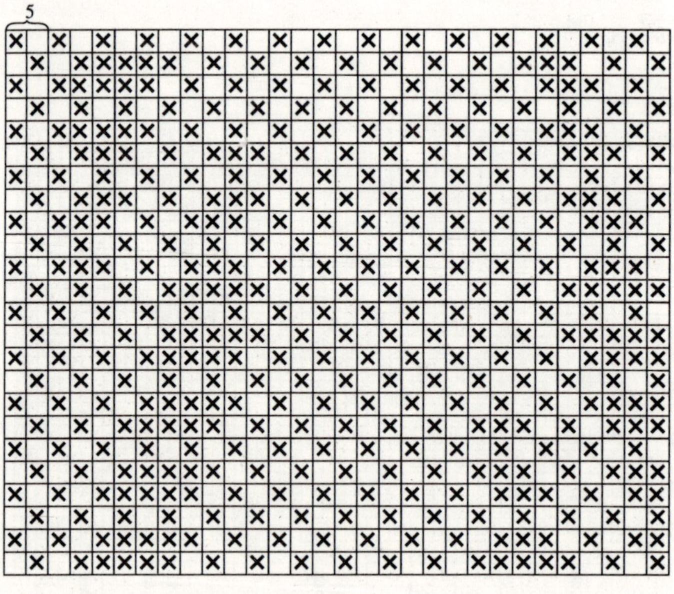

图105

使用原料 苎麻75%、涤纶25%。

组织规格

纱线细度71.4tex×2(14/2公支);经密10.7根/cm,纬密9.0根/cm;幅宽90cm。

织物图片 见彩图 406。

毛麻粘提花呢

织物组织 提花(图 106)。

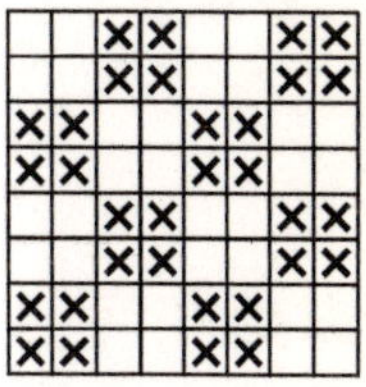

图 106

使用原料 毛 30%、苎麻 15%、粘胶纤维 55%。

组织规格

纱线细度 82.3tex(12 公支);密度 12.0 根/cm;幅宽 144cm。

纱线 A:黑色 纱线 B:黄色

纱线排列:

经纱 4A4B/8 根

纬纱 4A4B/8 根

织物图片 见彩图 407。

麻腈棉花呢

织物组织 提花(图 107)。

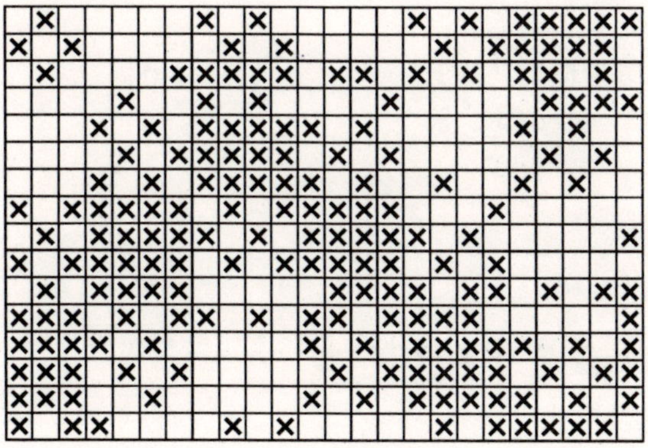

图 107

使用原料 经纱:涤腈混纺;纬纱:苎麻 35%、棉 65%。

组织规格

经纱 47.6tex×2(21/2 公支),纬纱 52.6tex(19 公支);经密 16.0 根/cm,纬密 13.0 根/cm;幅宽 144cm。

纱线 A:白色　纱线 B:绿色　纱线 C:黑色(股纱)　纱线 D:驼色　纱线 E:黑色(单纱)

纱线排列:

经纱　11A24B24C13A/72 根

纬纱　16D16E/32 根

织物图片　见彩图 408。

毛麻腈花呢〔1〕

织物组织　提花(图 108)。

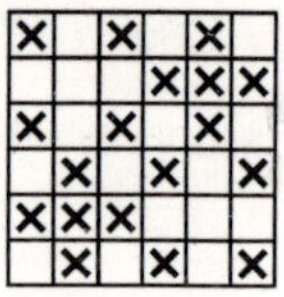

图 108

使用原料　羊毛 30%、苎麻 30%、腈纶 40%。

组织规格

纱线细度 35.7tex×2(28/2 公支);经密 14.4 根/cm,纬密 18.0 根/cm;幅宽 148cm。

纱线 A:白色　纱线 B:驼色

纱线排列:

经纱　$\underset{\times 2}{\underline{1B2A}}$18A/24 根

纬纱　A

织物图片　见彩图 409。

毛麻腈花呢〔2〕

织物组织　提花(图 109)。

图 109

使用原料　毛 35%、苎麻 30%、腈纶 20%、兔毛 15%。

组织规格

纱线细度 100tex(10 公支);经密 36.6 根/cm,纬密 35.0 根/cm;幅宽 147cm。

纱线 A:白色　纱线 B:蓝色彩纱

纱线排列:

经纱　A

纬纱　B

织物图片 见彩图410。

毛麻腈花呢〔3〕

织物组织 人字斜纹。

使用原料 羊毛35%、苎麻35%、腈纶30%。

组织规格

纱线细度125tex(8公支);经密14.0根/cm,纬密13.1根/cm;幅宽144cm。

织物图片 见彩图411。

麻腈花呢〔1〕

风格及用途 风格粗犷,手感好,弹性好,麻感好。

织物组织 平纹。

使用原料 经纱:腈纶79%、苎麻21%;纬纱:腈纶79%、苎麻11%、黄麻10%。

组织规格

经纱22.4tex×2(44.6/2公支),纬纱32.4tex(30.9公支);经密16.4根/cm,纬密16.0根/cm;幅宽144cm。

织物图片 见彩图412。

麻腈花呢〔2〕

织物组织 提花。

使用原料 经纱:棉100%;纬纱:苎麻55%、腈纶45%。

组织规格

经纱27.8tex(21英支),纬纱58.8tex(17公支);经密11.5根/cm,纬密15.4根/cm;幅宽107cm。

织物图片 见彩图413。

麻腈花呢〔3〕

织物组织 提花。

使用原料 苎麻 30%、腈纶 70%。

组织规格

纱线细度 32.4tex × 2(30.9/2 公支);经密 13.2 根/cm,纬密 13.1 根/cm;幅宽 98.5cm。

织物图片 见彩图 414。

麻棉影花呢

织物组织 提花(图 110)。

使用原料 111.5tex 苎麻 55%、棉 45%,170tex 结子丝。

组织规格

纱线细度 111.5tex × 2(8.97/2 公支) + 170tex(15 旦);经密 15.146 根/cm,纬密 14.95 根/cm;幅宽 140cm。

纱线 A:黑色 纱线 B:黑白花式纱

纱线排列:

经纱 2B4A/6 根

纬纱 2B10A/12 根

织物图片 见彩图 415。

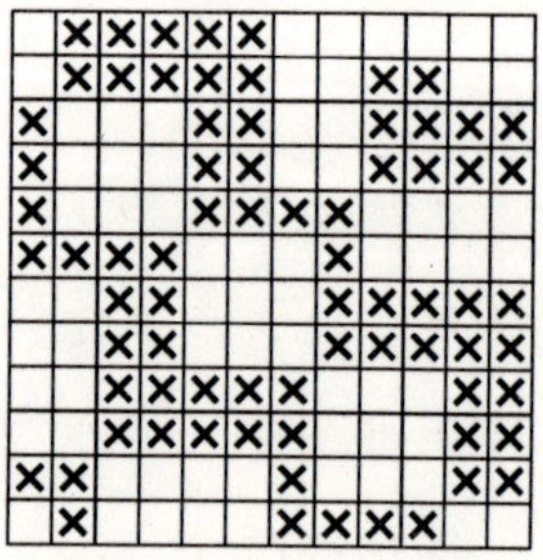

图 110

麻棉涤燕花呢

织物组织 提花(图 111)。

使用原料 经纱:苎麻 55%、棉 45%,纬纱:苎麻 50%、棉 41%、涤纶空气变形丝 9%。

组织规格

经纱 111.5tex × 2(8.97/2 公支),纬纱 111.5tex × 2(8.97/2 公支) + 106.7tex(960 旦);经密 14.13 根/cm,纬密 11.22 根/cm;幅宽 145cm。

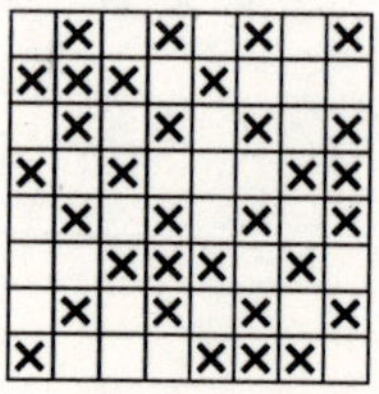

图 111

纱线 A:白色　纱线 B:咖啡色　纱线 C:灰色

纱线排列:

经纱　41A$\underbrace{5B5A}_{\times 5}$5B/96 根

纬纱　28C$\underbrace{6A6B}_{\times 2}\underbrace{4A4B}_{\times 3}$4A/80 根

织物图片　见彩图 416。

麻棉燕花呢〔1〕

风格及用途　花纹立体感强,具有一定的毛型感。

织物组织　提花(图 112)。

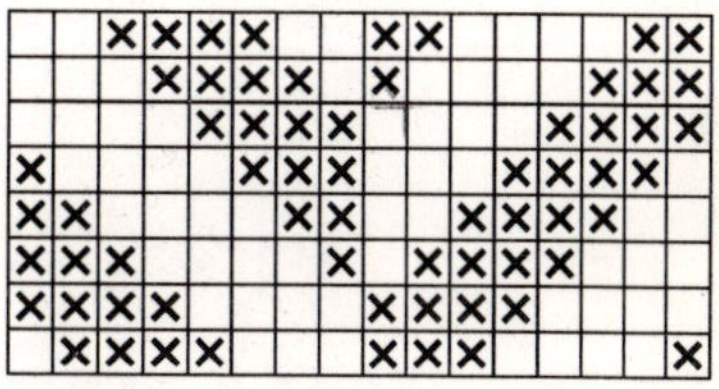

图 112

使用原料　苎麻 55%、棉 45%。

组织规格

纱线细度 111.5tex × 2(8.97/2 公支);经密 17.32 根/cm,纬密 15.75 根/cm;幅宽 145cm。

纱线 A:白色　纱线 B:黑色

纱线排列:

经纱　8B8A/16 根

纬纱　8B8A/16 根

织物图片　见彩图 417。

麻棉燕花呢〔2〕

织物组织　提花(图 113)。

使用原料　苎麻 55%、棉 45%。

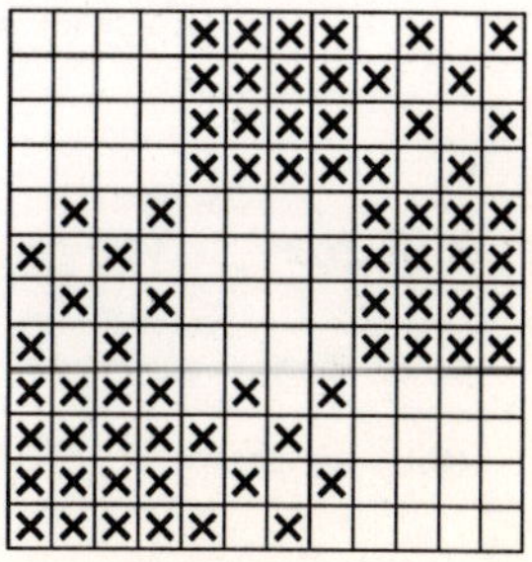

图 113

组织规格

纱线细度 111tex × 2(9/2 公支);经密 17.32 根/cm,纬密 15.75 根/cm;幅宽 145cm。

纱线 A:白色　纱线 B:草绿色　纱线 C:黑色

纱线排列:

经纱　4B4A4B4C/16 根

纬纱　4B4A4B4C/16 根

织物图片 见彩图418。

麻腈燕花呢〔1〕

织物组织 提花(图114)。

图114

使用原料 苎麻55%、腈纶45%。

组织规格

纱线细度55.5tex×2(18/2公支);经密16.93根/cm,纬密27.17根/cm;幅宽145cm。

纱线A:白色(股纱) 纱线B:黑色 纱线C:白色(单纱)

纱线排列：

经纱　$2A\underset{\times 5}{\underline{1B7A}}\underset{\times 13}{\underline{1B3A}}/94$ 根

纬纱　C

织物图片　见彩图 419。

麻腈燕花呢〔2〕

织物组织　提花(图 115)。

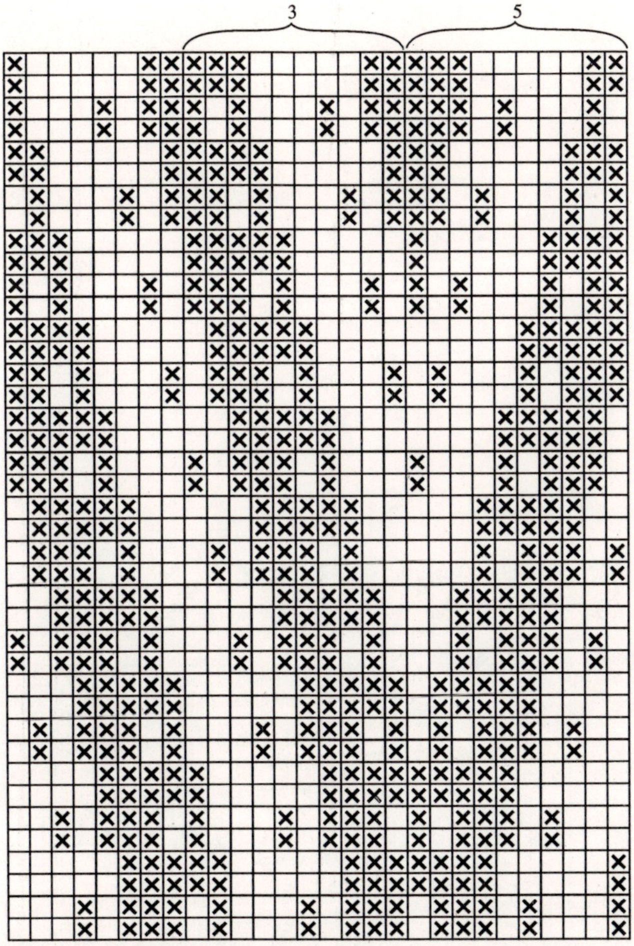

图 115

使用原料　苎麻 45%、腈纶 55%。

组织规格

纱线细度 111.5tex×2(8.97/2 公支);经密 16.93 根/cm,纬密 27.17 根/cm;幅宽 145cm。

纱线 A:白色(股纱)　纱线 B:混灰色　纱线 C:白色(单纱)

纱线排列:

经纱　38B50A/88 根

纬纱　C

织物图片　见彩图 420。

毛麻涤薄花呢〔1〕

织物组织　平纹。

使用原料　涤纶 65%、苎麻 25%、毛 10%。

组织规格

经纱 27.8tex(36 公支)+83.3tex(12 公支),纬纱 27.8tex(36 公支);经密 17.5 根/cm,纬密 19.0 根/cm;幅宽 144cm。

织物图片　见彩图 421。

毛麻涤薄花呢〔2〕

织物组织　提花(图 116)。

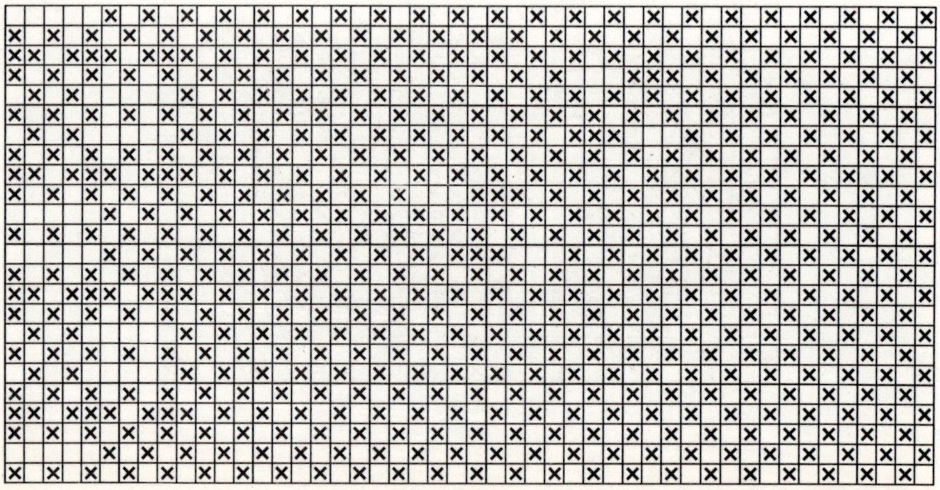

图 116

使用原料 毛 30%、苎麻 20%、涤纶 50%。

组织规格

经纱 27.8tex(36 公支)+16.7tex×2(60/2 公支),纬纱 20.8tex(48 公支);经密 22.0 根/cm,纬密 21.0 根/cm;幅宽 144cm。

纱线 A:段染花式纱　纱线 B:白纱

纱线排列:

经纱　1A3B1A3B1A39B/48 根

纬纱　B

织物图片 见彩图 422。

毛麻涤薄花呢〔3〕

织物组织 提花(图 117)。

使用原料 毛 30%、苎麻 50%、涤纶 20%。

组织规格

经纱 14.3tex×2(70/2 公支),纬纱 20tex(50 公支);经密 24.5 根/cm,纬密 20.0 根/cm;幅宽 144cm。

纱线 A:蓝色　纱线 B:白色　纱线 C:驼色

纱线排列:

经纱　$\underline{\text{1A1B1C1B}}_{\times 2}$1A1B2C1A1B1C1B1A/17 根

纬纱　B

织物图片 见彩图 423。

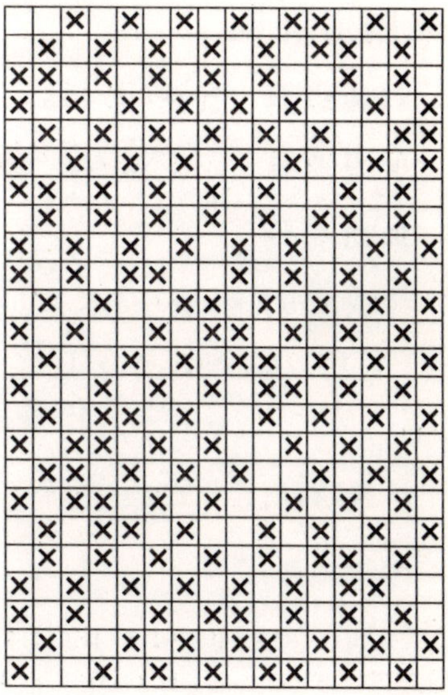

图 117

毛麻涤薄花呢〔4〕

织物组织 平纹。

使用原料 羊毛 30%、苎麻 30%、涤纶 40%。

组织规格

纱线细度 18.5tex×2(54/2 公支);经密 22.5 根/cm,纬密 19.3 根/cm;幅宽 144cm。

织物图片 见彩图424。

毛麻涤薄花呢〔5〕

织物组织 平纹。

使用原料 16.9tex毛50%、苎麻30%、涤纶55%混纺,18.5tex苎麻100%。

组织规格

经纱16.9tex×2(59/2公支)+18.5tex×2(54/2公支),纬纱18.5tex×2(54/2公支);经密14.4根/cm,纬密19.0根/cm;幅宽206cm。

织物图片 见彩图425。

毛麻腈薄花呢

织物组织 提花(图118)。

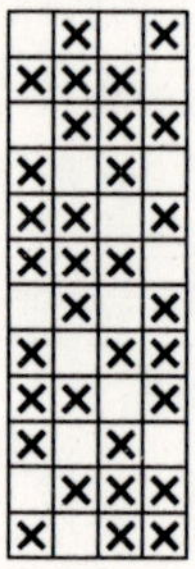

图118

使用原料 羊毛50%、苎麻25%、腈纶25%。

组织规格

经纱13tex×2(77/2公支)+11.2tex×2(89/2公支),纬纱13tex(77公支)+12.2tex(82公支);经密14.4根/cm,纬密22.0根/cm;幅宽190cm。

纱线A:白色 纱线B:绿色

纱线排列:

经纱 $29A\underset{\times 10}{\underline{1B1A}}\underset{\times 10}{\underline{1A1B}}27B\underset{\times 10}{\underline{1B1A}}2B\underset{\times 9}{\underline{1A1B}}/136$ 根

纬纱 A

织物图片 见彩图426。

毛麻粘涤浮雕花呢

风格及用途 采用毛、麻、粘、涤混合原料,利用蜂巢变化组织,生产出具有立体浮雕之感的织物,有一种手编织物的效应,织物柔软、蓬松、悬垂性好。

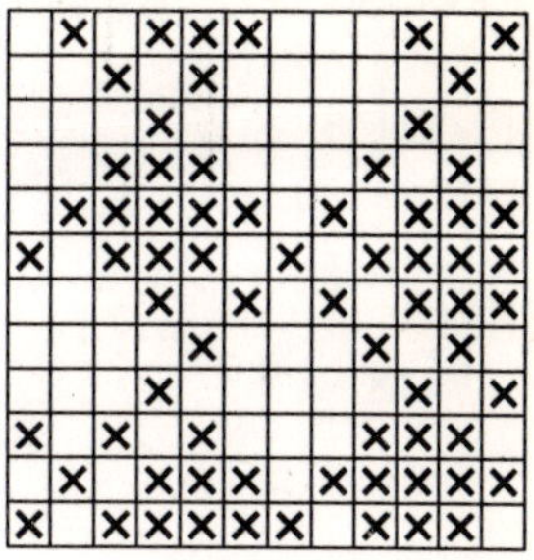

图 119

织物组织　提花(图 119)。

使用原料　毛 30%、苎麻 20%、粘胶纤维 25%、涤纶 25%。

组织规格

经纱 194.1tex(5.2 公支),纬纱 129.6tex(7.7 公支);经密 7.0 根/cm,纬密 6.8 根/cm;幅宽 143cm。

纱线 A:白色　纱线 B:花色纱

纱线排列:

经纱　A

纬纱　B

织物图片　见彩图 427。

麻棉交织坚固呢

织物组织　斜纹。

使用原料　经纱:棉 100%,纬纱:苎麻 100%。

组织规格

经纱 143tex(4 英支),纬纱 82.3tex(12 公支);经密 21.3 根/cm,纬密 15.8 根/cm;幅宽 150cm。

织物图片　见彩图 428。

涤麻棉三合一西服呢

织物组织　平纹。

使用原料　涤纶 70%、苎麻 18%、棉 12%。

组织规格

纱线细度 71.4tex(14 公支);经密 17.6 根/cm,纬密 15.8 根/cm;幅宽 134cm。

织物图片　见彩图 429。

毛麻粘克罗兰西服呢

织物组织 $\frac{2}{2}$左斜纹。

使用原料 毛 60%、苎麻 15%、粘胶纤维 20%、涤纶 5%。

组织规格

纱线细度 100tex(10 公支);经纬密 14.0 根/cm;幅宽 144cm。

纱线 A:黑色　纱线 B:红色　纱线 C:白色

纱线排列:

经纱　15A1B15A1C/32 根

纬纱　A

织物图片 见彩图 430。

麻棉色织西服呢〔1〕

织物组织 平纹。

使用原料 苎麻 55%、棉 45%。

组织规格

纱线细度 55.5tex(18 公支);经密 19.0 根/cm,纬密 16.0 根/cm;幅宽 119.5cm。

织物图片 见彩图 431。

麻棉色织西服呢〔2〕

织物组织 平纹。

使用原料 苎麻 55%、棉 45%。

组织规格

纱线细度 55.5tex(18 公支);经密 18.9 根/cm,纬密 15.75 根/cm;幅宽 119.5cm。

织物图片 见彩图 432。

麻涤西服呢〔1〕

织物组织　斜纹。

使用原料　苎麻 55%、涤纶 45%。

组织规格

纱线细度 18.2tex × 2(54.9/2 公支);经密 21.4 根/cm,纬密 19.8 根/cm;幅宽 90cm。

织物图片　见彩图 433。

麻涤西服呢〔2〕

织物组织　提花。

使用原料　苎麻 35%、涤纶 65%。

组织规格

纱线细度 27.8tex × 2(36/2 公支);经密 14.0 根/cm,纬密 22.5 根/cm;幅宽 144cm。

织物图片　见彩图 434。

毛麻涤粘西服呢

织物组织　提花(图 120)。

使用原料　毛 40%、苎麻 30%、涤纶 15%、粘胶纤维 15%。

组织规格

经纱 64.8tex(15.4 公支) + 97.2tex(10.3 公支),纬纱 97.2tex(10.3 公支);经密 8.77 根/cm,纬密 7.7 根/cm;幅宽 143cm。

纱线 A:浅灰色　纱线 B:黑色

纱线排列:

经纱　1B1A/2 根

纬纱　A

织物图片　见彩图 435。

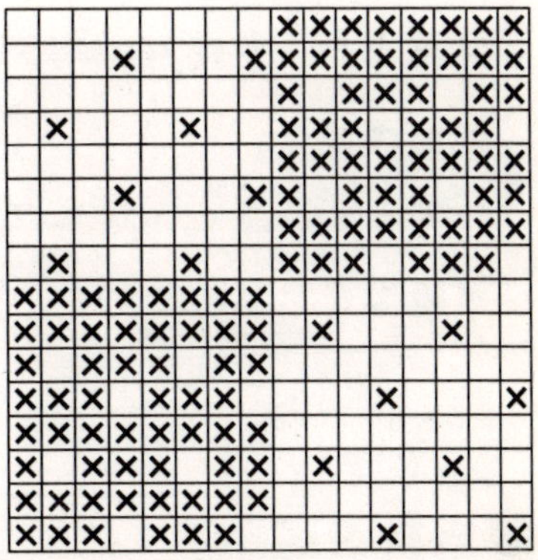

图 120

毛麻粘西服呢

织物组织 平纹。

使用原料 毛 60%、苎麻 15%、粘胶纤维 25%。

组织规格

纱线细度 98.8tex(10.1 公支);经密 13.3 根/cm,纬密 13.2 根/cm;幅宽 143cm。

织物图片 见彩图 436。

纯麻西服呢〔1〕

织物组织 平纹。

使用原料 苎麻 70%、黄麻 30%。

组织规格

纱线细度 143tex(7 公支);经密 14.15 根/cm,纬密 8.63 根/cm;幅宽 105cm。

织物图片 见彩图 437。

纯麻西服呢〔2〕

织物组织 斜纹。

使用原料 苎麻 100%。

组织规格

纱线细度 27.8tex×2(36/2 公支);经密 20.0 根/cm,纬密 17.5 根/cm;幅宽 115cm。

织物图片 见彩图 438。

麻腈毛交织呢

织物组织 平纹。

使用原料 经纱:苎麻 100%;纬纱:毛 20%、苎麻 30%、腈纶 50%。

组织规格

经纱 133tex(7.5 公支),纬纱 100tex(10 公支);经密 11.0 根/cm,纬密 12.0 根/cm;

幅宽 105cm。

织物图片 见彩图 439。

毛麻粘交织呢

织物组织 提花(图 121)。

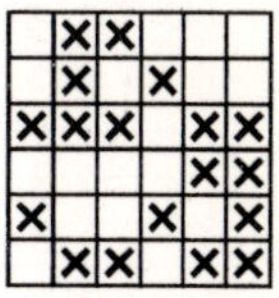

图 121

使用原料 毛 30%、苎麻 20%、粘胶纤维 50%。

组织规格

纱线细度 100tex(10 公支);经密 11.1 根/cm,纬密 10.5 根/cm;幅宽 144cm。

纱线 A:细白色 纱线 B:粗白色 纱线 C:灰白花式纱

纱线排列:

经纱 2A1C2A1B/6 根

纬纱 2A1B2A1C/6 根

织物图片 见彩图 440。

涤腈麻粘交织呢

织物组织 提花(图 122)。

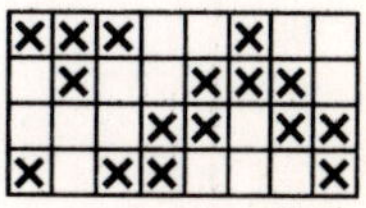

图 122

使用原料 经纱:涤纶 65%、粘胶纤维 35%;纬纱:腈纶 65%、苎麻 35% + 腈纶膨体纱 100%。

组织规格

经纱 18.2tex × 2(54.9/2 公支),纬纱 18.2tex(54.9 公支) + 22.4tex × 2(44.6/2 公支);经密 25.2 根/cm,纬密 17.3 根/cm;幅宽 91.4cm。

纱线 A:灰色 纱线 B:白色 纱线 C:黄色 纱线 D:白色

纱线排列:

经纱 2A2B/4 根

纬纱 2C2D/4 根

织物图片 见彩图 441。

毛麻涤粘菠萝呢

织物组织　提花(图 123)。

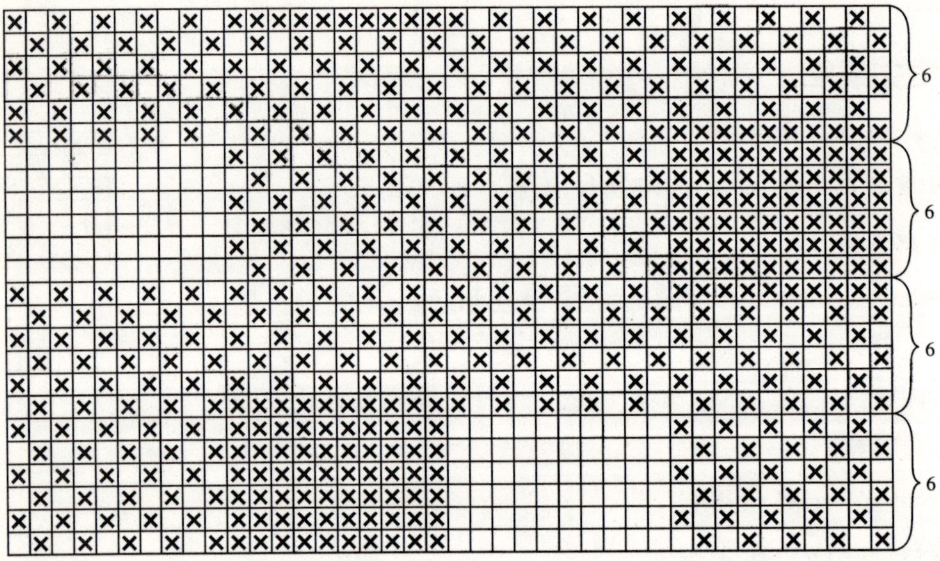

图 123

使用原料　经纱:涤纶 65%、粘胶纤维 35%;纬纱:涤纶 65%、粘胶纤维 35% + 涤纶 60%、毛 10%、苎麻 20%、粘胶纤维 10%。

组织规格

经纱 18.2tex × 2(54.9/2 公支),纬纱 18.2tex × 2(54.9/2 公支) + 129.6tex(7.7 公支);经密 22.0 根/cm,纬密 16.0 根/cm;幅宽 91.44cm。

纱线 A:浅米色　纱线 B:驼色　纱线 C:咖啡色

纱线排列:

经纱　A

纬纱　6B6C/12 根

织物图片　见彩图 442。

毛麻涤 T 恤呢

织物组织　提花(图 124)。

使用原料　羊毛 20%、落麻 35%、涤纶 45%。

组织规格

纱线细度 100tex(10 公支);经密 11.6 根/cm,纬密 12.0 根/cm;幅宽 144cm。

织物图片 见彩图 443。

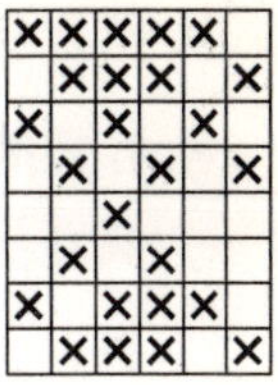

图 124

毛麻粘星点呢

织物组织 斜纹(图 125)。

使用原料 经纱:毛 40%、涤纶 20%、粘胶纤维 40%;纬纱:毛 40%、苎麻 40%、粘胶纤维 20%。

组织规格

纱线细度 97.2tex(10.3 公支);密度 9.8 根/cm;幅宽 143cm。

纱线排列:

经纱 黑色

纬纱 浅混色花式纱

织物图片 见彩图 444。

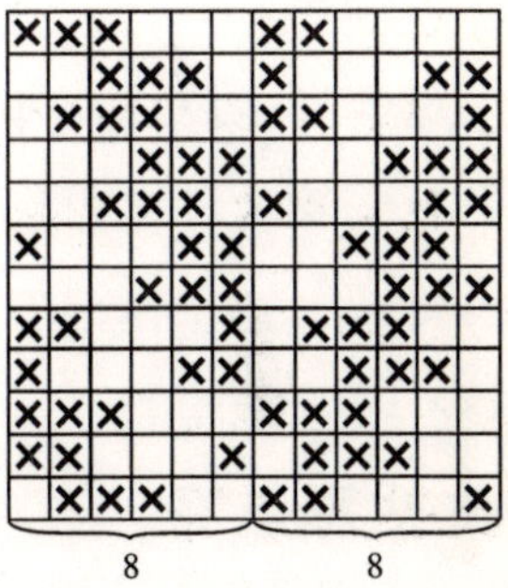

图 125

麻涤腈星点呢

织物组织 平纹。

使用原料 经纱:涤纶 60%、腈纶 40%;纬纱:苎麻 100%。

组织规格

经纱 129.9tex(7.7 公支),纬纱 133.3tex(7.5 公支);经密 12.0 根/cm,纬密 10.0 根/cm;幅宽 113cm。

织物图片 见彩图 445。

麻毛彩点呢

织物组织 提花(图 126)。

使用原料 苎麻 64.4%、羊毛 34.6%。

组织规格

经纱 32.4tex×2(30.9/2 公支)+32.4tex×2(30.9/2 公支),纬纱 22.4tex(44.6 公支);经密 12.3 根/cm,纬密 16.9 根/cm;幅宽 114cm。

纱线 A:花式纱(白色) 纱线 B:白色

纱线排列:

经纱 A

纬纱 1B2A1B/4 根

织物图片 见彩图 446。

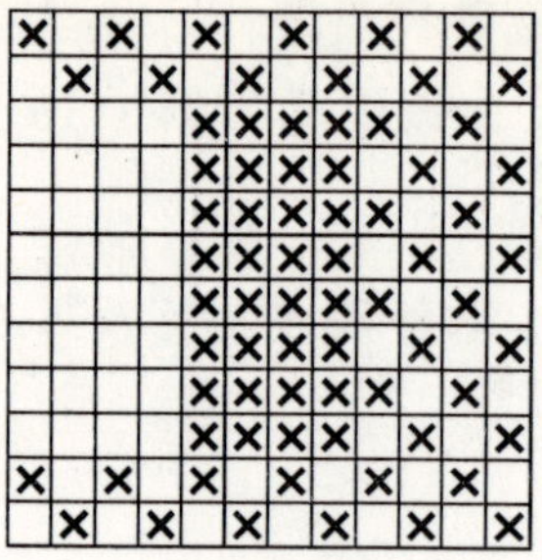

图 126

毛麻粘彩点呢

风格及用途 织物有立体感,零星点缀的各色彩点以及隐隐显露的丝光构成织物典雅清新的风格。

织物组织 平纹。

使用原料 毛 18%,苎麻 61.1%、粘胶纤维 14%、涤纶 6.9%。

组织规格

经纱〔32.4tex×2(30.0/2 公支)〕×〔11.7tex×2(85.8/2 英支)〕,纬纱 16.2tex(61.7 公支);经密 13.8 根/cm,纬密 24.2 根/cm;幅宽 146cm。

织物图片 见彩图 447。

毛麻彩点呢

织物组织 平纹。

使用原料 毛 18%、苎麻 61%、维纶 14%、涤纶 7%。

组织规格

经纱〔32.4tex×2(18/2 英支)〕×〔10.1tex×2(58/2 英支)〕,纬纱 27.8tex(36 公支);经密 13.8 根/cm,纬密 24.2 根/cm;幅宽 146cm。

织物图片 见彩图 448。

纯麻彩点呢

风格及用途　具有挺括、凉爽的特点，是国际流行面料。

织物组织　提花。

使用原料　苎麻 100%。

组织规格

经纱 27.8、55.5tex（36，18 公支），纬纱 27.8tex（36 公支）；经密 25.2 根/cm，纬密 21.3 根/cm；幅宽 91.4cm。

织物图片　见彩图 449。

麻涤棉彩点呢〔1〕

织物组织　提花（图 127）。

使用原料　经纱：涤纶 65%、棉 35%；纬纱：苎麻 55%、涤纶 45%。

组织规格

经纱 12.5tex×2（80/2 公支），纬纱 20tex（50 公支）；经密 26.1 根/cm，纬密 23.1 根/cm；幅宽 90cm。

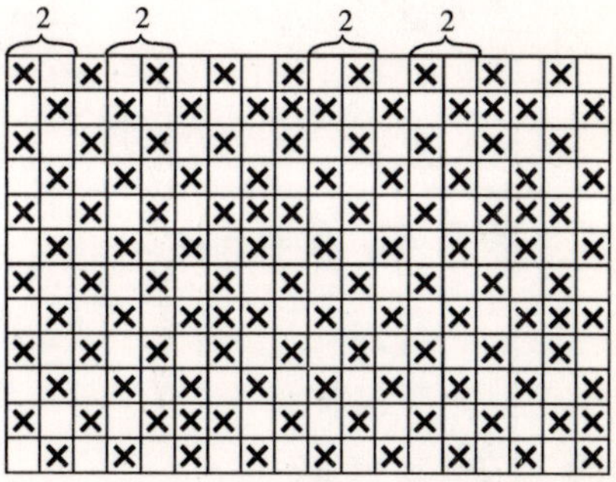

图 127

纱线 A：白色　纱线 B：花式纱

纱线排列：

经纱　4A1B8A/13 根

纬纱　A

织物图片　见彩图 450。

麻涤棉彩点呢〔2〕

织物组织　平纹。

使用原料　经纱：涤纶 65%、棉 35%；纬纱：涤纶 45%、苎麻 55%。

组织规格

经纱 12.5tex×2（80/2 公支），纬纱 20tex（50 公支）；经密 27.6 根/cm，纬密 23.2 根/cm；

幅宽 90cm。

织物图片 见彩图 451。

毛麻春秋彩呢

织物组织 提花(图 128)。

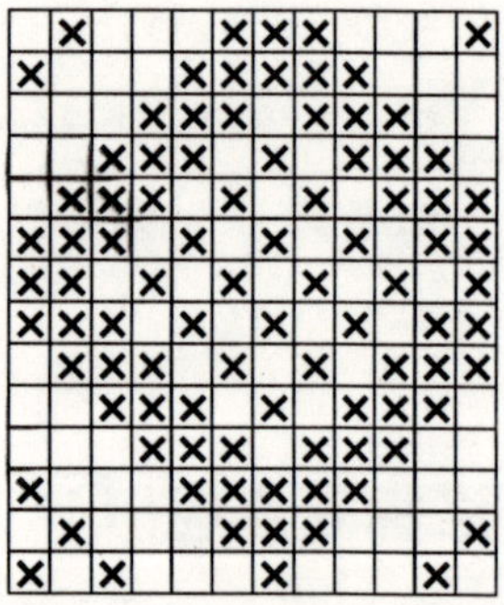

图 128

使用原料 苎麻 15%、毛 85%。

组织规格

纱线细度 27.8tex(36 公支);经密 14.5 根/cm,纬密 13.6 根/cm;幅宽 144cm。

纱线 A:黑色 纱线 B:灰色 纱线 C:黑白花式纱

纱线排列:

经纱 4A4B4A4B4C4B4C4B/32 根

纬纱 A

织物图片 见彩图 452。

麻涤春秋彩结呢

织物组织 提花(图 129)。

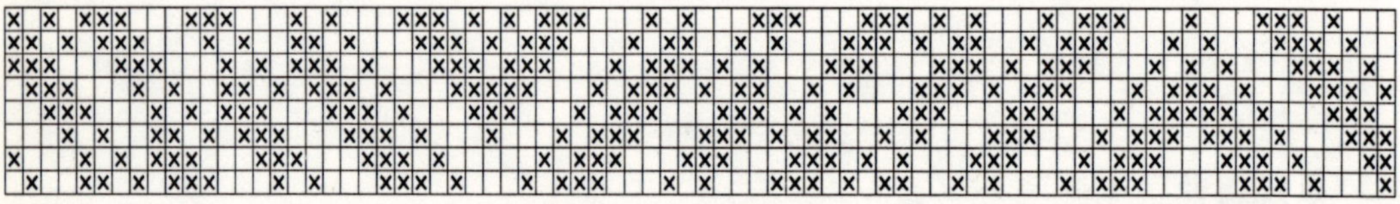

图 129

使用原料 苎麻 65%、涤纶 35%。

组织规格

纱线细度71.4tex×2(14/2公支);经密10.7根/cm,纬密9.0根/cm;幅宽90 cm。

纱线 A:白色 纱线 B:灰驼色

纱线排列：

经纱　16B 23A/39 根

纬纱　A

织物图片　见彩图 453。

麻混纺色织彩结呢

织物组织　提花(图 130)。

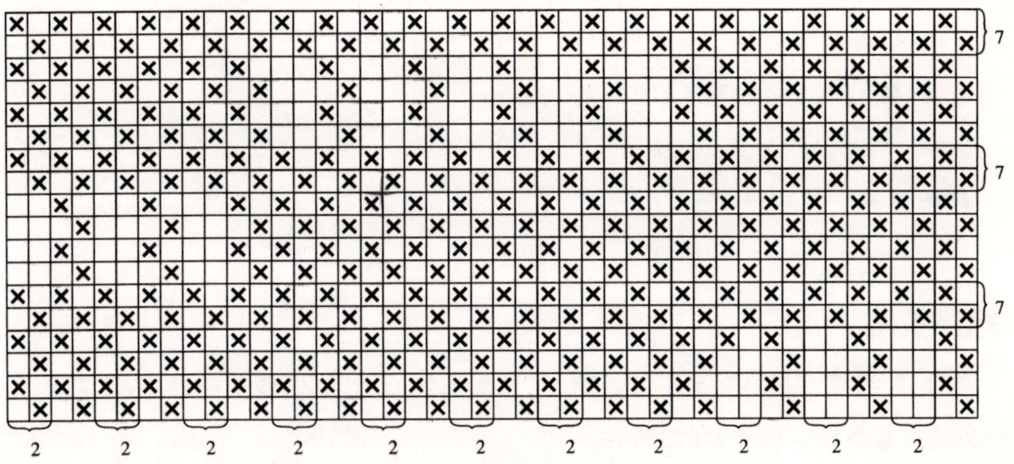

图 130

使用原料　苎麻 31%、腈纶(白色)38%、兔毛 31%。

组织规格

经纱53.3tex(18.8公支)+124tex彩芯(8.1公支)，纬纱53.3tex×2(18.8/2公支)+253.5tex 兔毛(3.9 公支)；经密 11.8 根/cm，纬密 9.5 根/cm；幅宽 147cm。

色纱 A：乳白色　色纱 B：白色加彩点

纱线排列：

经纱　1B5A/6 根

纬纱　9A2B7A/18 根

织物图片　见彩图 454。

涤麻棉波美呢

织物组织 提花(图131)。

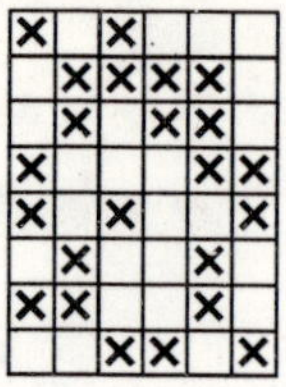

图 131

使用原料 55.5tex 和 18.5tex:涤纶 65%、苎麻 35%;27.8tex:棉 100%;200tex:腈纶 50%、涤纶 50%。

组织规格

经纱 55.5tex(18 公支)/18.5tex(54 公支) + 27.8tex × 2(21/2 英支),纬纱 55.5tex(18 公支)/18.5tex(54 公支) + 27.8tex × 2(21/2 英支) + 200tex(5 公支);经密 21.2 根/cm,纬密 15.7 根/cm;幅宽 140cm。

纱线 A:花式纱(细)　纱线 B:花式纱(粗)　纱线 C:黑色

纱线排列:

经纱　8A1B8A1C1A1C8A1B2A1B/32 根

纬纱　1B8A2C8A1B/20 根

织物图片 见彩图 455。

麻棉舒美呢

风格及用途 具有麻粗犷的外观,又有棉柔软的手感,色泽柔和自然,穿着舒适,是制作多种男女西服、时装的理想面料。

图 132

织物组织 异经异纬(图 132)。

使用原料 苎麻 55%、棉 45%。

组织规格

纱线细度 18.7tex(53.5 公支);经密 19.25 根/cm,纬密 17.1 根/cm;幅宽 142cm。

纱线 A:白色 纱线 B:驼色

纱线排列:

经纱 1A1B/2 根

纬纱 A

织物图片 见彩图 456。

毛麻粘腈双面双色朦胧呢

织物组织 提花(图 133)。

使用原料 毛 40%、苎麻 20%、粘胶纤维 30%、腈纶 10%。

组织规格

纱线细度 82.3tex(12 公支);经密 15.0 根/cm,纬密 13.0 根/cm;幅宽 144cm。

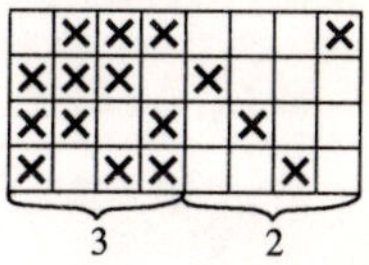

图 133

纱线 A:暖褐色 纱线 B:深蓝色 纱线 C:墨绿色 纱线 D:灰色

纱线排列:

经纱 $\underset{\times 2}{\underline{12A8B}}\underset{\times 3}{\underline{12C8B}}12D8B/120$ 根

纬纱 2C2D/4 根

织物图片 见彩图 457。

麻毛粘腈混纺格呢

织物组织 斜纹(图 134)。

使用原料 苎麻 40%、毛 25%、粘胶纤维 20%、腈纶 15%。

组织规格

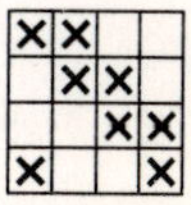
图 134

纱线细度 125tex(8 公支);经密 15.1 根/cm,纬密 13.4 根/cm;幅宽 145cm。

纱线 A:天蓝色　纱线 B:灰色

纱线排列:

经纱　20A2B4A2B20A2B20A2B4A2B4A2B/84 根

纬纱　20A2B4A2B20A2B4A2B4A2B/62 根

织物图片　见彩图 458。

毛麻涤粘轻松格呢

织物组织　提花(图 135)。

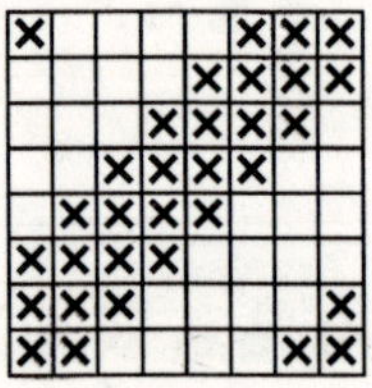

图 135

使用原料　毛 28%、苎麻 28%、粘胶纤维 14%、涤纶 30%。

组织规格

纱线细度 22.5tex × 2(45/2 公支);经密 23.1 根/cm,纬密 19.8 根/cm;幅宽 144cm。

纱线 A:白色　纱线 B:黑白花并纱

纱线排列:

经纱　8A8B48A8B48A8B8A72B/208 根

纬纱　8A8B48A8B48A8B8A72B/208 根

织物图片　见彩图 459。

纯麻色织格呢

织物组织　提花。

使用原料　苎麻 100%。

组织规格

纱线细度 27.8tex(36 公支);经密 26.0 根/cm,纬密 21.26 根/cm;幅宽 107cm。

织物图片　见彩图 460。

毛麻涤格呢

织物组织　提花(图 136)。

使用原料　毛10%、苎麻20%、涤纶70%。

组织规格

经纱14.5tex×2(69/2公支),纬纱20tex(50公支);经密26.8根/cm,纬密26.0根/cm;幅宽150cm。

图136

纱线A:白色　纱线B:灰色

纱线排列:

经纱　26A2B/28根

纬纱　26A2B/28根

织物图片　见彩图461。

毛麻涤粘多彩格呢

织物组织　斜纹(图137)。

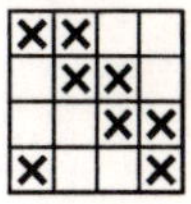

图137

使用原料　毛45%、苎麻20%、涤纶30%、粘胶纤维5%。

组织规格

纱线细度82.3tex(12公支);经密15.0根/cm,纬密13.0根/cm;幅宽144cm。

纱线A:黑色　纱线B:咖啡色　纱线C:灰色　纱线D:墨绿色　纱线E:天蓝色　纱线F:紫红色

纱线排列:

经纱　60A60B60C/180根

纬纱　68D68E68F/204根

织物图片　见彩图462。

麻毛粘格呢

织物组织　斜纹(图138)。

使用原料　苎麻15%、毛50%、粘胶纤维30%。

组织规格

纱线细度125tex(8公支);经密12.5根/cm,纬密7.9根/cm;幅宽145cm。

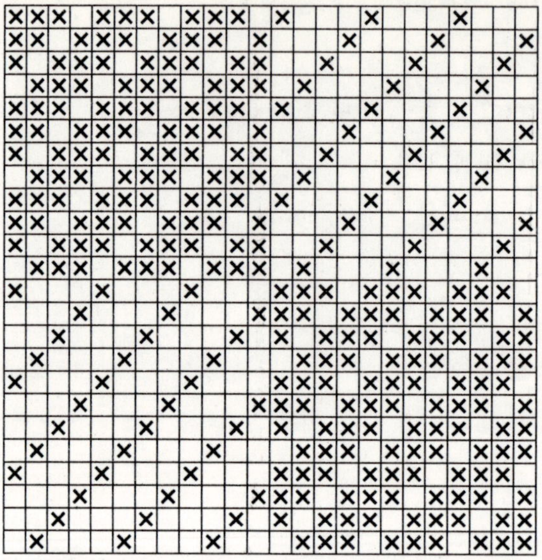

图 138

纱线 A:蓝色　纱线 B:白色　纱线 C:灰色　纱线 D:黑色

纱线排列:

经纱　D

纬纱　11A11B1A1B11A11C1A1C/48 根

织物图片　见彩图 463。

麻棉涤粘格呢

织物组织　提花(图 139)。

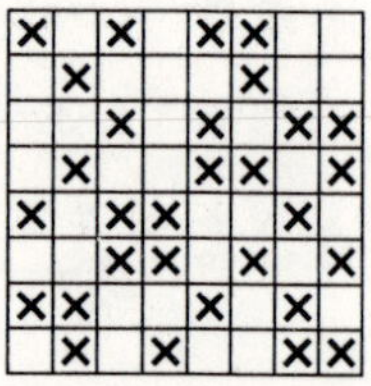

图 139

使用原料　经纱:苎麻 55%、棉 45%,涤纶 65%、粘胶纤维 35%;纬纱:苎麻 55%、棉 45%,涤纶 65%、粘胶纤维 35%,金银线。

组织规格

纱线细度 53tex×2(18.9/2 公支)+36.4tex×2(27.4/2 公支);经密 17.3 根/cm,纬密 10.2 根/cm;幅宽 91.4cm。

纱线 A:白色　纱线 B:灰色　纱线 C:黑色　纱线 D:金银线

纱线排列:

经纱　$\frac{3A2B}{\times 3}\frac{2A3B}{\times 2}\frac{1A2B}{\times 2}3A2B\frac{2A2B}{\times 3}1C3B\frac{2A2B}{\times 2}1C3B\frac{3A2B}{\times 3}\frac{2A3B}{\times 2}\frac{1A2B}{\times 2}3A2B\frac{2A2B}{\times 3}$ 3C2B3A2B2A2B3C1B1A1B2A2B2A2B2C2B/144 根

纬纱　18A2D18A3D20A4C4A2C/71 根

织物图片　见彩图 464。

毛麻粘格呢〔1〕

织物组织　提花(图 140)。

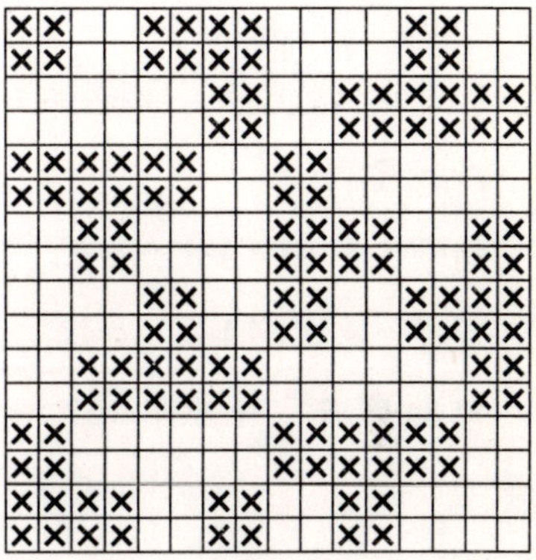

图 140

使用原料　毛 50%、苎麻 15%、粘胶纤维 35%。

组织规格

纱线细度 82.3tex(12 公支)+82.3tex(12 公支);经密 13.0 根/cm,纬密 8.0 根/cm;幅宽 144cm。

纱线 A:蓝色　纱线 B:白色

纱线排列:

经纱　$\underline{8A8B}_{\times 4}$24A24B24A8B/144 根

纬纱　24B24A$\underline{8B8A}_{\times 4}$8B24A/144 根

织物图片　见彩图 465。

毛麻粘格呢〔2〕

织物组织　$\frac{3}{3}$左斜纹。

使用原料　毛 40%、苎麻短纤维 10%、粘胶纤维 50%。

组织规格

纱线细度 167tex(6 公支);经密 14.9 根/cm,纬密 11.0 根/cm;幅宽 145cm。

纱线 A:白色　纱线 B:黑色

纱线排列:

经纱　32A2B30A16B8A2B4A4B8A8B8A4B/126 根

纬纱　27A2B6A10B/45 根

织物图片　见彩图 466。

毛麻格呢

织物组织 提花(图 141)。

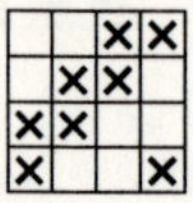

图 141

使用原料 苎麻 55%、涤纶 25%、毛 20%。

组织规格

纱线细度 153.9tex(6.5 公支);经密 11.5 根/cm,纬密 11.2 根/cm;幅宽 144cm。

纱线 A:米黄色 纱线 B:军绿色 纱线 C:藏蓝色

纱线排列:

经纱 4A4B4A4C/16 根

纬纱 4A4B4A4C/16 根

织物图片 见彩图 467。

麻棉格呢

织物组织 提花(图 142)。

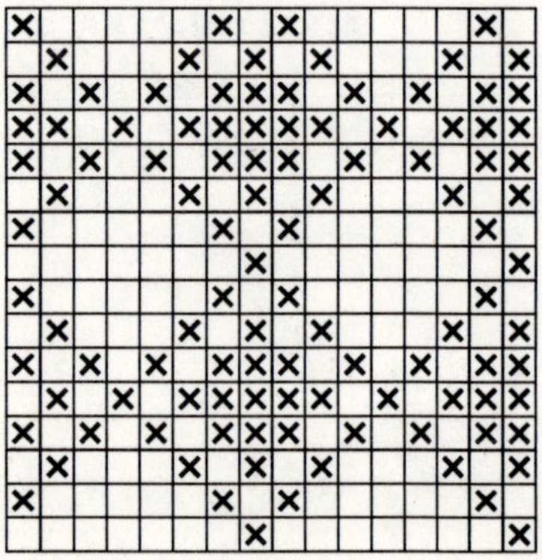

图 142

使用原料 苎麻 55%、棉 45%。

组织规格

纱线细度 27.8tex × 2(36/2 公支);经密 18.5 根/cm,纬密 13.4 根/cm;幅宽 91.4cm。

纱线 A:白色 纱线 B:黑色

纱线排列:

经纱 4A8B4A/16 根

纬纱 4A8B4A/16 根

织物图片 见彩图 468。

麻棉舒格呢

织物组织 提花。

使用原料 经纱:苎麻 45%、棉 55%;纬纱:苎麻 30%、棉 70%。

组织规格

经纱 55.5tex(18 公支)+19.2tex(52 公支),纬纱 19.2tex(52 公支);经密 23.62 根/cm,纬密 19.63 根/cm;幅宽 91.4cm。

织物图片 见彩图 469。

毛麻粘涤新潮格呢

织物组织 斜纹(图 143)。

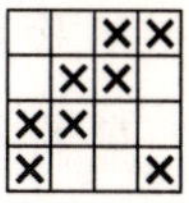

图 143

使用原料 羊毛 30%、苎麻 20%、粘胶纤维 25%、涤纶 25%。

组织规格

经纱 194.1tex(5.2 公支),纬纱 129.6tex(7.7 公支);经密 8.7 根/cm,纬密 9.8 根/cm;幅宽 145cm。

纱线 A:白色　纱线 B:白色　纱线 C:黑色

纱线排列:

经纱　60A12C/72 根

纬纱　40B8C/48 根

织物图片 见彩图 470。

短麻涤呢〔1〕

织物组织 平纹。

使用原料 苎麻 55%、涤纶 45%。

组织规格

纱线细度 18.2tex×2(54.9/2 公支);经密 17.8 根/cm,纬密 16.0 根/cm;幅宽 114cm。

织物图片 见彩图 471。

短麻涤呢〔2〕

织物组织 平纹。

使用原料 苎麻 55%、涤纶 45%。

组织规格

纱线细度 58.3tex(17.2 公支);经密 17.0 根/cm,纬密 11.8 根/cm;幅宽 114cm。

织物图片 见彩图 472。

麻涤、麻棉迷彩呢

织物组织 平纹。

使用原料 经纱:涤纶 50%、棉 50%;纬纱:涤纶 25%、苎麻 50%、棉 25%。

组织规格

经纱 13.2tex×2(76/2 公支),纬纱 27.8tex(36 公支)/13.2tex(76 公支)+13.2tex×2(76/2 公支);经密 20.0 根/cm,纬密 22.0 根/cm;幅宽 113cm。

织物图片 见彩图 473。

涤麻双爽呢

织物组织 平纹。

使用原料 16.1tex 涤纶 82.5%、苎麻 17.5%,15tex 涤纶长丝。

组织规格

纱线细度 16.1tex(62 公支)/15tex(135 旦);经密 23.62 根/cm,纬密 25.2 根/cm;幅宽 144cm。

织物图片 见彩图 474。

粘麻柔爽呢

织物组织 小提花。

使用原料 粘胶纤维 70%、苎麻 30%。

组织规格

纱线细度 29.4tex(34 公支);经密 23.1 根/cm,纬密 22.8 根/cm;幅宽 109cm。

织物图片 见彩图 475。

涤麻棉小格凉爽呢

织物组织 提花(图 144)。

图 144

使用原料 经纱:43.2tex 涤纶 55%、棉 45%,8.3tex 涤纶 100%;纬纱:苎麻 100%。

组织规格

经纱 43.2tex(23.2 公支)+8.3tex(75 旦),纬纱 27.8tex(36 公支);经密 24.0 根/cm,纬密 23.7 根/cm;幅宽 144cm。

纱线 A:白色 纱线 B:蓝色

纱线排列:

经纱 22A2B/24 根

纬纱 2B20A/22 根

织物图片 见彩图 476。

毛麻涤凉爽呢

织物组织 平纹。

使用原料 毛40%、苎麻20%、涤纶40%。

组织规格

纱线细度19.2tex×2(52/2公支);经密23.2根/cm,纬密16.2根/cm;幅宽144cm。

织物图片 见彩图477。

毛麻凉爽呢

织物组织 平纹。

使用原料 毛20%、苎麻18%、涤纶62%。

组织规格

经纱8.3tex×2(120/2公支),纬纱11.7tex×2(85.8/2公支);经密20.7根/cm,纬密29.4根/cm;幅宽152.4cm。

织物图片 见彩图478。

毛涤麻凉爽呢

织物组织 平纹。

使用原料 毛30%、苎麻30%、涤纶40%。

组织规格

纱线细度10.4tex;经密23.1根/cm,纬密20.9根/cm;幅宽144cm。

织物图片 见彩图479。

纯麻凉爽呢

风格及用途 组织有变化,花式新颖,透气性好。

织物组织 提花。

使用原料 苎麻100%。

组织规格

纱线细度 19.2tex(52 公支);经密 28.35 根/cm,纬密 21.65 根/cm;幅宽 107cm。

织物图片 见彩图 480。

涤麻凉爽呢

织物组织 平纹。

使用原料 经纱:43.2tex 涤纶 55%、苎麻 45%,8.3tex 涤纶 100%;纬纱:苎麻 100%。

组织规格

经纱 43.2tex(23.2 公支)+8.3tex(75 旦),纬纱 27.8tex(36 公支);经密 24.1 根/cm,纬密 20.7 根/cm;幅宽 144cm。

织物图片 见彩图 481。

麻棉涤新潮舒爽呢

风格及用途 配色素雅大方,组织结构合理、新颖别致,巧妙地使纯棉在里,毛巾线在外,穿着舒适、凉爽,是制作时装的合适面料。

织物组织 提花。

使用原料 经纱:苎麻 30%、棉 70%;纬纱:涤纶 65%、棉 35%。

组织规格

经纱 19.4tex(51.5 公支),纬纱 13tex(77.2 公支);经密 28.0 根/cm,纬密 24.0 根/cm;幅宽 114cm。

织物图片 见彩图 482。

丝麻呢

织物组织 提花。

使用原料 经纱:苎麻 100%,纬纱:桑蚕丝 100%。

组织规格

经纱 27.8tex(36 公支),纬纱 4.9tex×4(44/4 旦);经密 28.0 根/cm,纬密 48.0 根/cm;幅

宽 117cm。

织物图片 见彩图 483。

纯麻呢

织物组织 提花。

使用原料 苎麻 100%。

组织规格

纱线细度 27.8tex × 2(36/2 公支);经密 21.26 根/cm,纬密 15.0 根/cm;幅宽 156.5cm。

织物图片 见彩图 484。

涤棉粘苎威呢

织物组织 提花(图 145)。

使用原料 53tex 苎麻 55%、棉 45%,18.2 tex 涤纶 65%、粘胶纤维 35%。

组织规格

纱线细度 53tex(18.9 公支)/18.2tex(54.9 公支)+53tex(18.9 公支);经密 19.8 根/cm,纬密 18.9 根/cm;幅宽 144cm。

纱线 A:白色　纱线 B:花式纱　纱线 C:黑色

纱线排列:

经纱　4A2C24A2C4A36B/72 根

纬纱　4A2C24A2C4A36B/72 根

图 145

织物图片 见彩图 485。

麻棉新麻呢

织物组织 平纹。

使用原料 经纱:苎麻 55%、棉 45%;纬纱:苎麻 100%。

组织规格

经纱 55.5tex(18 公支),纬纱 111tex(9 公支);经纬密 13.75 根/cm;幅宽 125cm。

织物图片 见彩图 486。

麻腈毛维斯呢

织物组织 提花(图 146)。

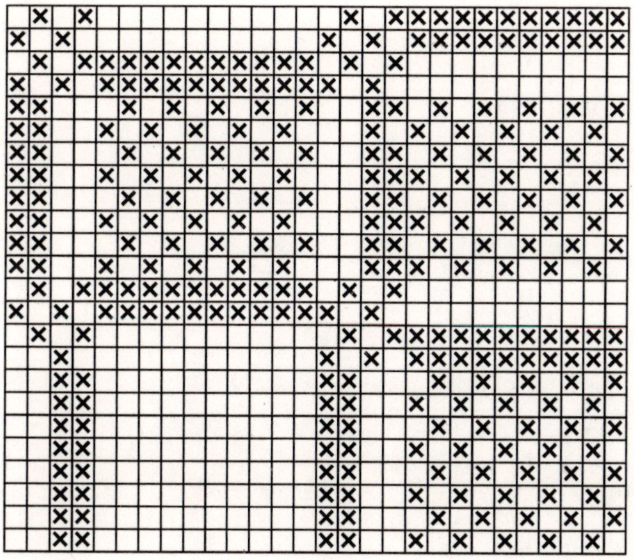

图 146

使用原料 苎麻 60%、腈纶 35%、毛 5%。

组织规格

纱线细度 250tex(4 公支) + 27.8tex × 4(36/4 公支);经密 9.63 根/cm,纬密 7.03 根/cm;幅宽 91.4cm。

纱线 A:驼色 纱线 B:白色 纱线 C:蓝色

纱线排列:

经纱 4B10A4B10C/28 根

纬纱 8C4B8A4B/24 根

织物图片 见彩图 487。

毛麻摩登呢

织物组织 提花(图 147)。

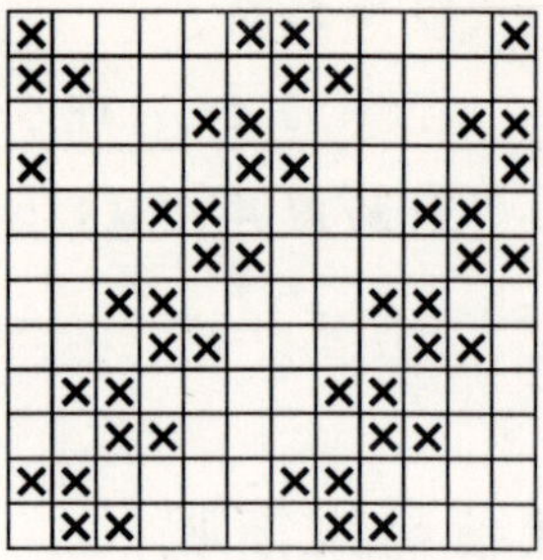

图 147

使用原料 毛 80%、苎麻 19%、涤纶 1%。

组织规格

纱线细度 70.3tex×2(14.2/2 公支);经密 13.0 根/cm,纬密 10.8 根/cm;幅宽 144cm。

纱线 A:灰色　纱线 B:黑咖啡色花式纱

纱线排列:

经纱　A

纬纱　B

织物图片 见彩图 488。

时装呢

织物组织 提花。

使用原料 苎麻、粘胶纤维。

组织规格

纱线细度 13tex(77 公支);经密 10.2 根/cm,纬密 9.4 根/cm;幅宽 144cm。

织物图片 见彩图 489。

毛麻涤马裤呢

织物组织 斜纹(图 148)。

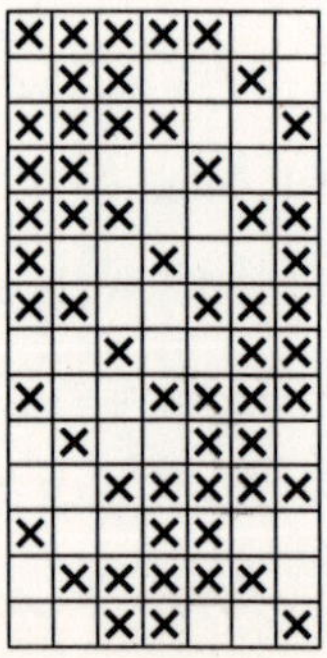

图 148

使用原料 毛 38%、苎麻 22%、涤纶 40%。

组织规格

纱线细度 20.8tex×2(48/2 公支);经密 28.0 根/cm,纬密 20.0 根/cm;幅宽 144cm。

织物图片 见彩图 490。

麻棉素雅呢

织物组织 小提花(图 149)。

使用原料 苎麻 15%、棉 85%。

组织规格

纱线细度 18.2tex(55 公支);经密 31.5 根/cm,纬密 28.3 根/cm;幅宽 91.4cm。

纱线 A:白色 纱线 B:黄色 纱线 C:紫色

纱线排列:

经纱 2A2B2C2A4B2A2C4B2A2C2A2B2A2C2A2B4C/44 根

纬纱 2A2C2A2B2C2A4B/16 根

织物图片 见彩图 491。

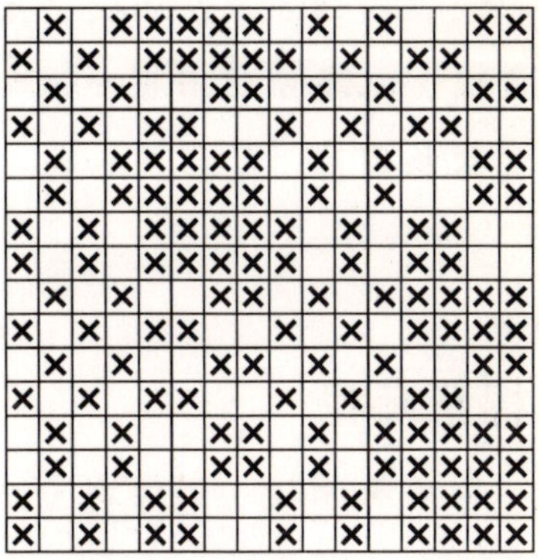

图 149

涤麻素雅呢

织物组织 提花。

使用原料 涤纶 65%、苎麻 35%。

组织规格

纱线细度 23.3tex(42.9 公支)+18.2tex(54.9 公支)/18.2tex(54.9 公支)/18.2tex(54.9 公支);经密 31.5 根/cm,纬密 27.6 根/cm;幅宽 144cm。

织物图片 见彩图 492。

麻棉涤云雾呢

风格及用途 苎麻、罗布麻、涤棉多种原料交并交织,并采用结子线,具有云雾的效果。

织物组织 斜纹。

使用原料 经纱:苎麻 100%,纬纱:18.2tex 罗布麻 49%、棉 51%,13tex 涤纶 65%、棉 35%。

组织规格

经纱 27.8tex×2(36/2 公支),纬纱 18.2tex(55 公支)/13tex(77.2 公支,结子);经密 21.3 根/cm,纬密 15.0 根/cm;幅宽 154.5cm。

织物图片 见彩图 493。

麻棉新潮呢

风格及用途 经纬均匀,采用兼并交织,手感丰厚,配色素雅,适合制作西服、套装。

织物组织 提花(图 150)。

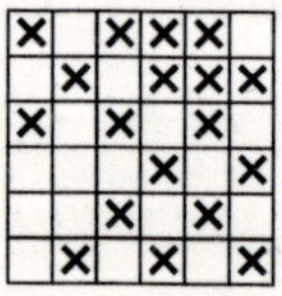

图 150

使用原料 苎麻 55%、棉 45%。

组织规格

纱线细度 62.5tex(16 公支)/90.9tex(11 公支);经密 16.1 根/cm,纬密 11.8 根/cm;幅宽 145cm。

纱线 A:白色　纱线 B:黑驼花式纱

纱线排列:

经纱　10A2B/12 根

纬纱　10A2B/12 根

织物图片 见彩图 494。

17 绉类

涤麻印花树皮绉

织物组织 提花。

使用原料 涤纶 70%、苎麻 30%。

组织规格

纱线细度 27.8tex(36 公支);经密 28.7 根/cm,纬密 23.8 根/cm;幅宽 98cm。

织物图片 见彩图 495。

毛涤麻树皮绉

织物组织 提花。

使用原料 毛 40%、苎麻 15%、涤纶 45%。

组织规格

纱线细度 20.8tex×2(48/2 公支);经密 19.8 根/cm,纬密 18.4 根/cm;幅宽 144cm。

织物图片 见彩图 496。

棉麻涤法伊绉

织物组织 提花。

使用原料 涤纶 10%、棉 70%、苎麻 20%。

组织规格

经纱 14.5tex(69 公支)/27.8tex(36 公支)+8.3tex(75 旦,变形丝)+14.5tex×2(69/2 公支 PBT 纤维),纬纱 7.4tex(136 公支)+8.3tex(75 旦 PBT 长丝);经密 25.2 根/cm,纬密 18.9 根/cm;幅宽 144.7cm。

织物图片 见彩图 497。

麻涤棉特丽绉

织物组织 提花。

使用原料 经纱:涤纶 65%、棉 35%;纬纱:苎麻 100%。

组织规格

经纱 13.2tex(76 公支),纬纱 16.7tex(60 公支);经密 38.0 根/cm,纬密 28.0 根/cm;幅宽 86cm。

织物图片 见彩图 498。

丝麻交织绉

织物组织 提花。

使用原料 经纱:苎麻 100%,纬纱:绢丝 100%。

组织规格

经纱 16.7tex(60 公支),纬纱 8.3tex(120 公支);经密 27.0 根/cm,纬密 62.0 根/cm;幅宽 114cm。

织物图片 见彩图 499。

纯麻香香绉

风格及用途 细薄,树皮绉提花,手感爽滑,花纹文雅大方,适宜作衬衣、时装。

织物组织 提花。

使用原料 苎麻 100%。

组织规格

纱线细度 20.8tex(48 公支);经密 27.7 根/cm,纬密 23.7 根/cm;幅宽 91cm。

织物图片 见彩图 500。

棉麻强捻绉

织物组织 平纹。

使用原料 苎麻 35%、棉 65%。

组织规格

纱线细度 18.2tex(54.9 公支);经密 30.0 根/cm,纬密 23.0 根/cm;幅宽 100cm。

织物图片 见彩图 501。

麻涤棉绉

织物组织 提花。

使用原料 经纱:涤纶 65%、棉 35%,涤纶长丝 100%;纬纱:涤纶 70%、苎麻 30%。

组织规格

纱线细度 13tex(77.2 公支)×14.7tex(68 公支)+16.7tex(150 旦涤纶长丝);经密 36.6 根/cm,纬密 26.8 根/cm;幅宽 82cm。

织物图片 见彩图 502。

18 绸 缎

涤麻影帘绸

织物组织 提花。

使用原料 经纱:涤纶有光丝;纬纱:苎麻 55%、涤纶 45%。

组织规格

经纱 12.8tex(115 旦),纬纱 12.5tex(80 公支);经密 42.0 根/cm,纬密 27.0 根/cm;幅宽 123cm。

织物图片 见彩图 503。

涤麻透孔绸

织物组织 提花(图 151)。

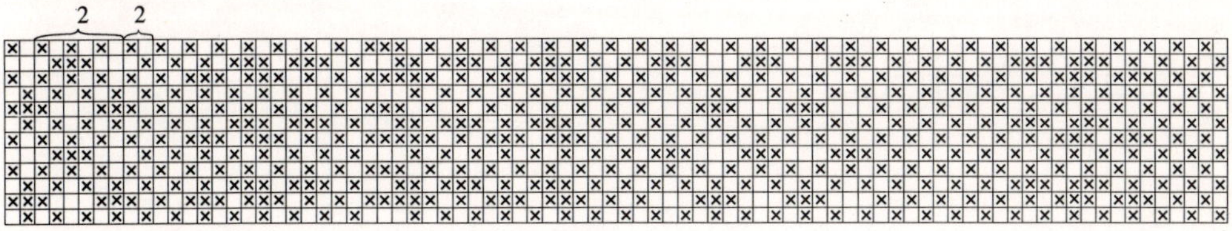

图 151

使用原料 苎麻 40%、涤纶 60%。

组织规格

纱线细度 16.7tex(60 公支);经密 30.5 根/cm,纬密 26.0 根/cm;幅宽 107cm。

纱线 A:白色 纱线 B:驼色 纱线 C:黄色 纱线 D:黑色

纱线排列:

经纱　18A1C15A2B35A1C14A1D3A/90 根

纬纱　40A2B/42 根

织物图片　见彩图 504。

丝麻棉凸花绸

织物组织　大提花。

使用原料　经纱:甲经 13.3tex(120 旦)有光粘胶丝,乙经 6.7tex(60 旦)锦纶丝,纬纱:苎麻 65%、绢 35%。

组织规格

经纱 13.3tex(120 旦)+6.7tex(60 旦),纬纱 34.3tex(29.2 公支);经密 117.5 根/cm,纬密 26.0 根/cm;幅宽 143cm。

织物图片　见彩图 505。

麻涤交织绸

织物组织　提花。

使用原料　经纱:涤纶丝 100%;纬纱:苎麻 100%。

组织规格

经纱 2.3tex(20/22 旦),纬纱 18.5tex(54 公支);经密 192.0 根/cm,纬密 26.0 根/cm;幅宽 114cm。

织物图片　见彩图 506。

丝麻交织绸〔1〕

织物组织　平纹

使用原料　经纱:桑蚕丝 100%,纬纱:改性苎麻纱 100%。

组织规格

经纱 2.3tex×2(21/2 旦),纬纱 18.5tex(54 公支);经密 61.5 根/cm,纬密 31.5 根/cm;幅

宽 122cm。

织物图片 见彩图 507。

丝麻交织绸〔2〕

织物组织 平纹。

使用原料 经纱:绢丝 100%,纬纱:苎麻 100%。

组织规格

经纱 8.33tex×2(120/2 公支),纬纱 20.8tex(48 公支);经密 29.0 根/cm,纬密 24.2 根/cm;幅宽 113cm。

织物图片 见彩图 508。

丝麻交织绸〔3〕

织物组织 平纹。

使用原料 经纱:桑蚕丝 100%,纬纱:苎麻 100%。

组织规格

经纱 2.3tex×2(21/2 旦),纬纱 12.5tex(80 公支),16.7tex(60 公支);经密 49.0 根/cm、60.0 根/cm,纬密 33.4 根/cm、26.0 根/cm;幅宽 123cm。

织物图片 见彩图 509。

丝麻天宫绸

织物组织 大提花。

使用原料 经纱:桑蚕丝 100%,纬纱:苎麻 100%。

组织规格

经纱 13.5tex(122.9 旦),纬纱 20.8tex(48 公支);经密 55.0 根/cm,纬密 32.0 根/cm;幅宽 114cm。

织物图片 见彩图 510。

粘麻舒美绸

织物组织 提花。

使用原料 苎麻 10%、粘胶纤维 90%。

组织规格

经纱 20tex(50 公支),纬纱 33.3tex(30 公支);经密 23.1 根/cm,纬密 22.8 根/cm;幅宽 127cm。

织物图片 见彩图 511。

涤麻棉凉爽绸

织物组织 提花(图 152)。

使用原料 经纱:涤纶 65%、棉 35%;纬纱:苎麻 100%。

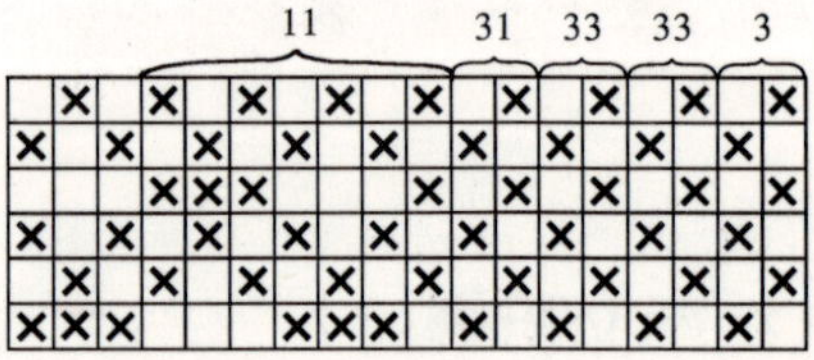

图 152

组织规格

经纱 13tex(77 公支),纬纱 27.8tex(36 公支);经密 39.37 根/cm,纬密 22.44 根/cm;幅宽 113cm。

纱线 A:白色　纱线 B:蓝色　纱线 C:绿色　纱线 D:灰色

纱线排列:

经纱　132A66D66B6C/270 根

纬纱　A

织物图片 见彩图 512。

丝麻印花绸

织物组织 平纹。

使用原料 经纱:真丝 100%,纬纱:苎麻 100%。

组织规格

经纱 4.9tex×2(2/44 旦),纬纱 27.8tex(36 公支);经密 41.8 根/cm,纬密 26.0 根/cm;幅宽 112cm。

织物图片 见彩图 513。

丝麻绸

织物组织 提花。

使用原料 经纱:桑蚕丝 100%,纬纱:苎麻 100%。

组织规格

经纱 2.42tex(22 旦),纬纱 18.5tex(54 公支);经密 68.0 根/cm,纬密 44.0 根/cm;幅宽 114cm。

织物图片 见彩图 514。

丝麻棉绸

风格及用途 风格粗犷,织物厚实、新颖,手感丰满,既有丝的柔,又有麻的挺,柔中有刚。

织物组织 平纹。

使用原料 经纱:桑蚕丝 100%,纬纱:苎麻 55%、棉 45%。

组织规格

经纱 2.2tex(20 旦),纬纱 32.4tex(30.9 英支);经密 14.4 根/cm,纬密 7.1 根/cm;幅宽 115.5cm。

织物图片 见彩图 515。

涤麻清新绸

织物组织 提花。

使用原料 经纱:涤纶 100%,纬纱:涤纶 50%、苎麻 50%。

组织规格

经纱 8.3tex(120 公支),纬纱 16.7tex(60 公支) + 16.7tex(60 公支);经密 18.5 根/cm,纬密 21.0 根/cm;幅宽 114cm。

织物图片 见彩图 516。

丝麻棉疙瘩绸

风格及用途 具有典雅的真丝光泽。织物厚实，有均匀、自然的疙瘩。既有苎麻的挺括，又有真丝的柔软，风格新颖，穿着舒适、透气，富有趣味性。

织物组织 平纹。

使用原料 经纱：桑蚕丝 100%，纬纱：苎麻 55%、棉 45%。

组织规格

经纱 2.3tex×3(21/3 旦)，纬纱 29.2tex(20 英支)；经密 22.4 根/cm，纬密 8.7 根/cm；幅宽 115.5cm。

织物图片 见彩图 517。

丝麻棉四季缎

风格及用途 风格独特，外观粗犷、挺括，光泽柔和自然，手感柔软，悬垂性好。

织物组织 缎纹。

使用原料 经纱：桑蚕丝，纬纱：苎麻、棉、绢混纺。

组织规格

经纱 2.33tex×2(21/2 旦)，纬纱 58.8tex(17 公支)；经密 54.0 根/cm，纬密 26.0 根/cm；幅宽 113cm。

织物图片 见彩图 518。

丝麻四季缎〔1〕

织物组织 大提花。

使用原料 经纱：绢丝 100%，纬纱：苎麻 100%。

组织规格

经纱 2.33tex×2(21/2 旦)，纬纱 27.8tex(36 公支)+27.8tex(36 公支)；经密 87.0 根/cm，纬密 24.5 根/cm；幅宽 114cm。

织物图片 见彩图 519。

丝麻四季缎〔2〕

织物组织 缎纹。

使用原料 桑蚕丝 100%,苎麻 100%。

组织规格

经纱 2.33tex×2(21/2 旦),纬纱 27.8tex(36 公支);经密 36.0 根/cm,纬密 27.0 根/cm;幅宽 116cm。

织物图片 见彩图 520。

19 扎染类

纯麻扎染布〔1〕

织物组织 平纹。

使用原料 苎麻 100%。

组织规格

纱线细度 27.8tex(36 公支);经密 22.8 根/cm,纬密 22.0 根/cm;幅宽 86cm。

织物图片 见彩图 521。

纯麻扎染布〔2〕

织物组织 平纹。

使用原料 苎麻 100%。

组织规格

纱线细度 27.8tex(36 公支);经密 22.8 根/cm,纬密 22.0 根/cm;幅宽 86cm。

织物图片 见彩图 522。

20 其 他

麻棉印花府绸

织物组织 平纹。

使用原料 经纱:棉 100%,纬纱:苎麻 55%、棉 45%。

组织规格

经纱 13.9tex(42 英支),纬纱 20tex(50 公支);经密 58.0 根/cm,纬密 29.0 根/cm;幅宽 114cm。

织物图片 见彩图 523。

棉麻高支交织府绸

织物组织 平纹。

使用原料 经纱:棉 100%;纬纱:苎麻 100%。

组织规格

经纱 7.4tex × 2(78.7/2 英支),纬纱 16.7tex(60 公支);经密 44.0 根/cm,纬密 28.3 根/cm;幅宽 152.4cm。

织物图片 见彩图 524。

涤麻棉色织交织府绸〔1〕

织物组织 平纹。

使用原料 经纱:涤纶 65%、棉 35%;纬纱:苎麻 100%。

组织规格

经纱 13tex(77 公支),纬纱 17.9tex(56 公支);经密 36.22 根/cm,纬密 23.62 根/cm;幅宽 147.3cm。

织物图片 见彩图 525。

涤麻棉色织交织府绸〔2〕

织物组织 平纹。

使用原料 经纱:涤纶 65%、棉 35%;纬纱:苎麻 100%。

组织规格

经纱 13tex×2(77/2 公支),纬纱 12.2tex(82 公支);经密 36.22 根/cm,纬密 26.77 根/cm;幅宽 147.3cm。

织物图片 见彩图 526。

涤麻色织府绸

织物组织 提花(图 153)。

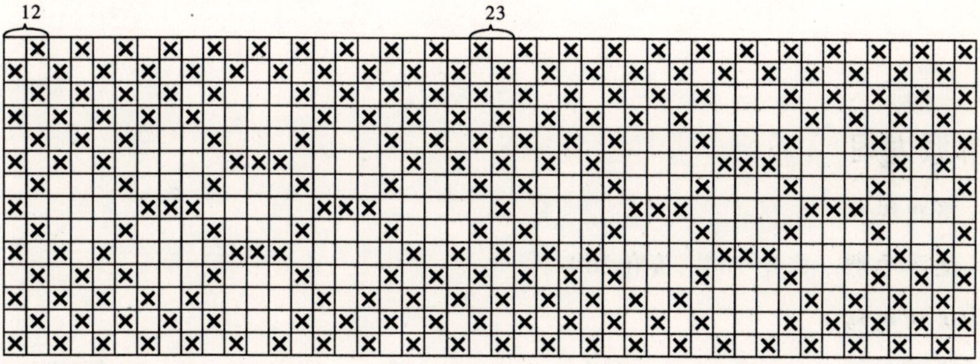

图 153

使用原料 涤纶、苎麻。

纱线 A:白色 纱线 B:黑色

纱线排列:

经纱 11A1B1A1B43A1B19A1B32A/110 根

纬纱 A

织物图片 见彩图 527。

麻涤粘三合一派力司

织物组织 平纹。

使用原料 苎麻40%、涤纶和粘胶纤维60%。

组织规格

纱线细度27.76tex(36公支);密度23.6根/cm;幅宽86cm。

织物图片 见彩图528。

毛麻涤派力司

织物组织 平纹。

使用原料 苎麻15%、毛15%、涤纶70%。

组织规格

纱线细度12.5tex×2(80/2公支);经密24.5根/cm,纬密25.0根/cm;幅宽145cm。

织物图片 见彩图529。

涤麻派力司

织物组织 平纹。

使用原料 涤纶70%、苎麻30%。

组织规格

纱线细度13.9tex×2(72/2公支);经密23.5根/cm,纬密18.3根/cm;幅宽114cm。

织物图片 见彩图530。

毛麻哔叽

织物组织 斜纹。

使用原料 毛55%、苎麻45%。

组织规格

经纱13.9tex×2(72/2公支),纬纱21.7tex(46公支);经密25.2根/cm,纬密26.0根/cm;

幅宽 154cm。

织物图片 见彩图 531。

麻棉印花结子布

织物组织 平纹。

使用原料 苎麻 55%、棉 45%。

组织规格

经纱 22.5tex(45 公支),纬纱 47.6tex(21 公支);经密 26.4 根/cm,纬密 20.5 根/cm;幅宽 85cm。

织物图片 见彩图 532。

纯麻结子布

风格及用途 表面有许多不规则的有色结子,独具风格。

织物组织 平纹。

使用原料 苎麻 100%。

组织规格

纱线细度 20.8tex(48 公支)×27.8tex(36 公支)/27.8tex(36 公支);经密 20.4 根/cm,纬密 14.2 根/cm;幅宽 94cm。

织物图片 见彩图 533。

麻棉结子布

织物组织 平纹。

使用原料 苎麻 55%、棉 45%。

组织规格

经纱 20tex(50 公支),纬纱 27.8tex(36 公支);经密 24.0 根/cm,纬密 19.0 根/cm;幅宽 107cm。

织物图片 见彩图 534。

纯麻双层提花漂白布

织物组织 提花。

使用原料 苎麻 100%。

组织规格

纱线细度 27.8tex(36 公支);经密 22.0 根/cm,纬密 20.4 根/cm;幅宽 110cm。

织物图片 见彩图 535。

纯麻漂白布

织物组织 平纹。

使用原料 苎麻 100%。

组织规格

纱线细度 20.8tex(48 公支);经密 33.4 根/cm,纬密 29.0 根/cm;幅宽 90cm。

织物图片 见彩图 536。

纯麻竹节布

织物组织 平纹。

使用原料 苎麻 100%。

组织规格

经纱 41.7tex(24 公支),纬纱 66.7tex(15 公支);经密 16.0 根/cm,纬密 13.0 根/cm;幅宽 113cm。

织物图片 见彩图 537。

纯麻印花油光布

织物组织 平纹。

使用原料 苎麻 100%。

组织规格

纱线细度 27.8tex(36 公支);经密 19.8 根/cm,纬密 18.0 根/cm;幅宽 140cm。

织物图片 见彩图 538。

麻棉泡泡珠光布

织物组织 平纹。

使用原料 苎麻 55%、棉 45%。

组织规格

经纱 40.2tex(24.9 公支),纬纱 27.8tex(36 公支);经密 29.9 根/cm,纬密 25.2 根/cm;幅宽 91cm。

织物图片 见彩图 539。

麻棉交织提花青年布

织物组织 提花(图 154)。

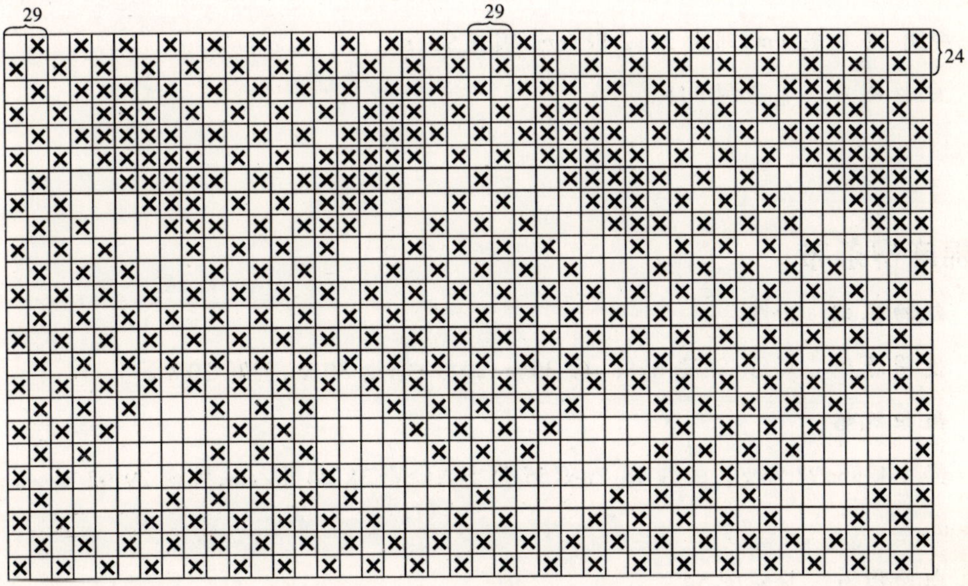

图 154

使用原料 经纱:棉 100%,纬纱:苎麻 100%。

组织规格

经纱 27.8tex(21 英支),纬纱 30.7tex(33 公支);经密 20.0 根/cm,纬密 22.8 根/cm;幅宽 89cm。

纱线 A:白色　纱线 B:黑色

纱线排列:

经纱　B

纬纱　A

织物图片　见彩图 540。

麻棉花式布

风格及用途　采用麻棉混纺交织,用花式线做纬纱织物,更显得高雅,是夏季服装的理想面料。

织物组织　提花。

使用原料　苎麻 55%、棉 45%。

组织规格

经纱 27.8tex(36 公支),纬纱 27.8tex(36 公支)+18.2tex(55 公支)/18.2tex(55 公支);经密 22.0 根/cm,纬密 21.2 根/cm;幅宽 98cm。

织物图片　见彩图 541。

涤棉麻柳条布

织物组织　平纹。

使用原料　经纱:涤纶 65%、棉 35%;纬纱:涤纶 80%、苎麻 20%。

组织规格

经纱 13tex(77 公支),纬纱 18.2tex(55 公支);经密 38.24 根/cm,纬密 29.92 根/cm;幅宽 91.4cm。

织物图片　见彩图 542。

涤棉麻麻纱布

织物组织　平纹。

使用原料　经纱:涤纶 65%、棉 35%;纬纱:涤纶 65%、苎麻 35%。

组织规格

纱线细度 23.8tex(42 公支);经密 36.0 根/cm,纬密 27.2 根/cm;幅宽 98cm。

织物图片　见彩图 543。

麻棉印花绉纹布

织物组织　平纹。

使用原料　苎麻、棉。

组织规格

经纱 19.6tex(51 公支),纬纱 23.8tex(42 公支);经密 21.27 根/cm,纬密 26.1 根/cm;幅宽 91.5cm。

织物图片　见彩图 544。

纯麻斜纹布

织物组织　斜纹。

使用原料　苎麻 100%。

组织规格

纱线细度 105.3tex(9.5 公支);经密 13.5 根/cm,纬密 17.2 根/cm;幅宽 115cm。

织物图片　见彩图 545。

涤麻烂花布

织物组织　异经平纹。

使用原料　涤纶 65%、苎麻 35%。

组织规格

经纱 12.5tex×2(80/2 公支),纬纱 20tex(50 公支);经密 29.6 根/cm,纬密 27.6 根/cm;幅宽 91.2cm。

织物图片 见彩图 546。

棉麻防缩布

织物组织 平纹。

使用原料 苎麻 30%、棉 70%。

组织规格

经纱 20.8tex(48 公支),纬纱 19.2tex(52 公支);经密 28.35 根/cm,纬密 22.05 根/cm;幅宽 91.4cm。

织物图片 见彩图 547。

麻棉防缩布

织物组织 平纹。

使用原料 苎麻 30%、棉 70%。

组织规格

纱线细度 20.8tex(48 公支);经密 28.4 根/cm,纬密 19.7 根/cm;幅宽 91.4cm。

织物图片 见彩图 548。

毛麻粘火姆斯本

织物组织 提花(图 155)。

使用原料 毛 25%、苎麻 20%、回丝 25%、粘胶纤维 30%。

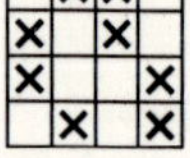

图 155

组织规格

纱线细度 82.3tex(12 公支);经密 9.8 根/cm,纬密 8.6 根/cm;幅宽 143cm。

织物图片 见彩图 549。

纯麻高支织物〔1〕

织物组织　平纹。

使用原料　苎麻 100%。

组织规格

纱线细度 11.9tex(84 公支);经密 32.0 根/cm,纬密 28.6 根/cm;幅宽 113cm。

织物图片　见彩图 550。

纯麻高支织物〔2〕

风格及用途　经过液氨处理。

织物组织　平纹。

使用原料　苎麻 100%。

组织规格

纱线细度 10tex(100 公支);经密 33.9 根/cm,纬密 31.5 根/cm;幅宽 114cm。

织物图片　见彩图 551。

涤麻墨竹叶织物

织物组织　平纹。

使用原料　涤纶 65%、苎麻 35%。

组织规格

纱线细度 18.5tex(54 公支);经密 32.28 根/cm,纬密 28.34 根/cm;幅宽 91.7cm。

织物图片　见彩图 552。

麻粘丝织物

织物组织　斜纹(图 156)。

使用原料　苎麻 55%、粘胶丝 45%。

组织规格

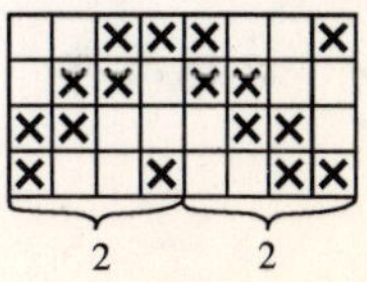

图 156

纱线细度 100tex(10 公支,竹节纱);经密 14.0 根/cm,纬密 12.0 根/cm;幅宽 114cm。

织物图片 见彩图 553。

涤麻舒爽乐织物〔1〕

织物组织 平纹。

使用原料 苎麻 35%、涤纶 65%。

组织规格

纱线细度 41.7tex(24 公支);经密 26.0 根/cm,纬密 22.3 根/cm;幅宽 144cm。

织物图片 见彩图 554。

涤麻舒爽乐织物〔2〕

织物组织 平纹。

使用原料 苎麻 35%、涤纶 65%。

组织规格

纱线细度 41.7tex(24 公支);经密 24.5 根/cm,纬密 22.1 根/cm;幅宽 150cm。

织物图片 见彩图 555。

涤麻舒爽乐织物〔3〕

织物组织 平纹。

使用原料 涤纶 65%、苎麻 35%。

组织规格

纱线细度 41.7tex(24 公支);经密 24.5 根/cm,纬密 22.1 根/cm;幅宽 150cm。

织物图片 见彩图 556。

麻粘棉喃咪司织物

风格及用途　既有粘胶纤维的柔软性，又有麻棉的粗犷感，布面平整、光滑，手感柔软，悬垂性好，散湿快，是夏季衣着的理想面料。

织物组织　平纹。

使用原料　经纱：粘胶纤维 100%，纬纱：苎麻 55%、棉 45%。

组织规格

经纱 50tex（20 公支），纬纱 90.9tex（11 公支）；经密 27.0 根/cm，纬密 19.0 根/cm；幅宽 120cm。

织物图片　见彩图 557。

纯麻丽蓓尔织物

织物组织　提花。

使用原料　苎麻 100%。

组织规格

纱线细度 27.8tex × 2（36/2 公支）；经密 22.047 根/cm，纬密 14.173 根/cm；幅宽 141.23cm。

织物图片　见彩图 558。

麻腈毛考特尔织物

织物组织　斜纹。

使用原料　经纱：苎麻 55%、腈纶 35%、毛 10%，纬纱：膨体腈纶 100%。

组织规格

经纱 125tex（8 公支），纬纱 38.5tex × 2（26/2 公支）；经密 18.0 根/cm，纬密 8.0 根/cm；幅宽 130cm。

织物图片　见彩图 559。

纯麻蓓蓓尔织物

织物组织 平纹。

使用原料 苎麻100%。

组织规格

纱线细度27.8tex×2(36/2公支);经密18.11根/cm,纬密13.38根/cm;幅宽114cm。

织物图片 见彩图560。

麻棉交捻方平织物

织物组织 双经双纬。

使用原料 27.8tex棉100%,129.9tex苎麻80%、棉20%。

组织规格

纱线细度27.8tex(36公支)/129.9tex(7.7公支);经密13.5根/cm,纬密15.9根/cm;幅宽90.5cm。

织物图片 见彩图561。

纯麻花色织物

织物组织 提花(图157)。

使用原料 苎麻98%以上。

组织规格

经纱41.7tex(24公支)+66.7tex(15公支),纬纱41.7tex(24公支)+66.7tex(15公支)+125tex(8公支,花式纱);经密11.2根/cm,纬密9.5根/cm;幅宽114cm。

纱线A:橘黄色　纱线B:黄绿色　纱线C:红色　纱线D:青蓝色　纱线E:三股花式纱　纱线G:乳白色

纱线排列:

经纱　G

纬纱　nA2E38B2E10C16D2FnF

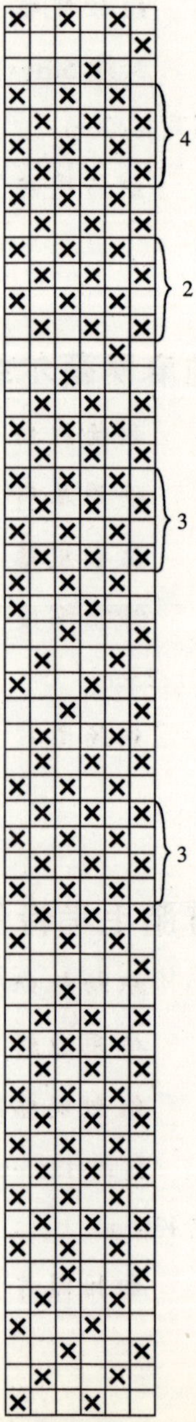

图157

织物图片 见彩图 562。

涤麻、涤棉摩力克织物

织物组织 平纹。

使用原料 经纱:涤纶 70%、苎麻 30%;纬纱:涤纶 65%、棉 35%。

组织规格

纱线细度 62.5tex(16 公支)/14.5tex(69 公支);经密 17.25 根/cm,纬密 15.75 根/cm;幅宽 144cm。

织物图片 见彩图 563。

涤麻条织物

织物组织 平纹。

使用原料 经纱:涤纶 65%、苎麻 35%;纬纱:涤纶 100%。

组织规格

经纱 10tex×2(100/2 公支),纬纱 16.7tex(60 公支);经密 28.6 根/cm,纬密 24.8 根/cm;幅宽 90cm。

织物图片 见彩图 564。

涤麻电脑绣花织物

织物组织 平纹。

使用原料 涤纶 65%、苎麻 35%。

组织规格

纱线细度 18.5tex(54 公支);经密 31.4 根/cm,纬密 26.9 根/cm;幅宽 114cm。

织物图片 见彩图 565。

涤麻棉美司林织物

织物组织 提花(图 158)。

图 158

使用原料 经纱:17tex 棉纱、7.8tex 涤纶长丝;纬纱:18tex 棉纱、腈纶花式线、30tex 麻纱。

组织规格

经纱 17tex(34.3 英支)+7.8tex(70 旦),纬纱:18tex(32.4 英支)+花式线+30tex(33.3 公支)/30tex(33.3 公支);经密 24.0 根/cm,纬密 8.0 根/cm;幅宽 123cm。

纱线 A:黑色　纱线 B:驼色　纱线 C:花式纱(细)　纱线 D:花式纱(粗)

纱线排列:

经纱 $\underset{\times 2}{\underline{1B1A}}\underset{\times 2}{\underline{1A1B}}\underset{\times 2}{\underline{2A1B}}\underset{\times 2}{\underline{1A1B}}2A1B1A1B\underset{\times 3}{\underline{2A1B}}1A2B2A2B1A1B2A1B1A1B2A2B2A$ 1B2A/55 根

纬纱 1D2C1D/4 根

织物图片 见彩图 566。

涤麻棉水帘波织物

织物组织　提花。

使用原料　经纱:13tex 涤纶 65%、棉 35%;纬纱:13tex 涤纶 65%、棉 35%,55.6tex 苎麻 30%、棉 70%,37tex 棉 100%。

组织规格

经纱 13tex(77 公支),纬纱 55.6tex(18 公支)+37tex(15.7 英支)+13tex(77 公支);经密 40.0 根/cm,纬密 31.5 根/cm;幅宽 91.4cm。

织物图片　见彩图 567。

麻棉粗纺双经织物

织物组织　平纹。

使用原料　经纱:苎麻 55%、棉 45%;纬纱:苎麻 100%。

组织规格

经纱 55.5tex×2(18/2 公支),纬纱 133.3tex(7.5 公支);经密 22.6 根/cm,纬密 11.6 根/cm;幅宽 105cm。

织物图片　见彩图 568。

麻棉提花彩罗织物

织物组织　提花。

使用原料　经纱:棉 100%,纬纱:苎麻 45%、粘胶纤维 55%。

组织规格

经纱 58.3tex×2(10/2 英支),纬纱 97.2tex(10.3 公支);经密 9.6 根/cm,纬密 9.5 根/cm;幅宽 140cm。

织物图片　见彩图 569。

麻棉爱尔姿织物〔1〕

织物组织　提花(图 159)。

使用原料　经纱:苎麻 100%,纬纱:18.2tex 苎麻 55%、棉 45%,8.25texPBT 纤维 100%。

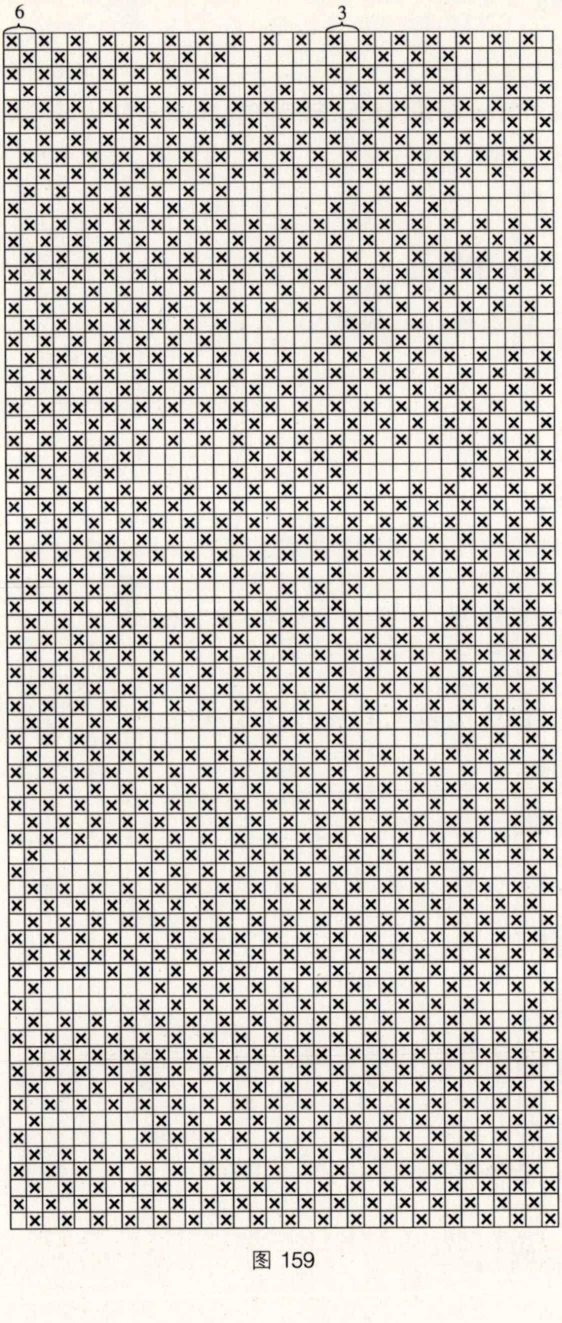

图 159

组织规格

经纱 18.2tex(55 公支),纬纱 18.2tex(54.9 公支) + 8.25tex(75 旦);经密 29.7 根/cm,纬密 24.4 根/cm;幅宽 104cm。

纱线 A:白色　纱线 B:灰色　纱线 C:白色丝

纱线排列:

经纱　30B18A/48 根

纬纱　5A2C1A/8 根

织物图片　见彩图 570。

麻棉爱尔姿织物〔2〕

风格及用途　凸凹分明，立体感强，收缩率近于氨纶，卷曲弹性、恢复性好，耐皱，挺而不硬，轻而不飘，是理想的夏季衣料。

织物组织　提花(图 160)。

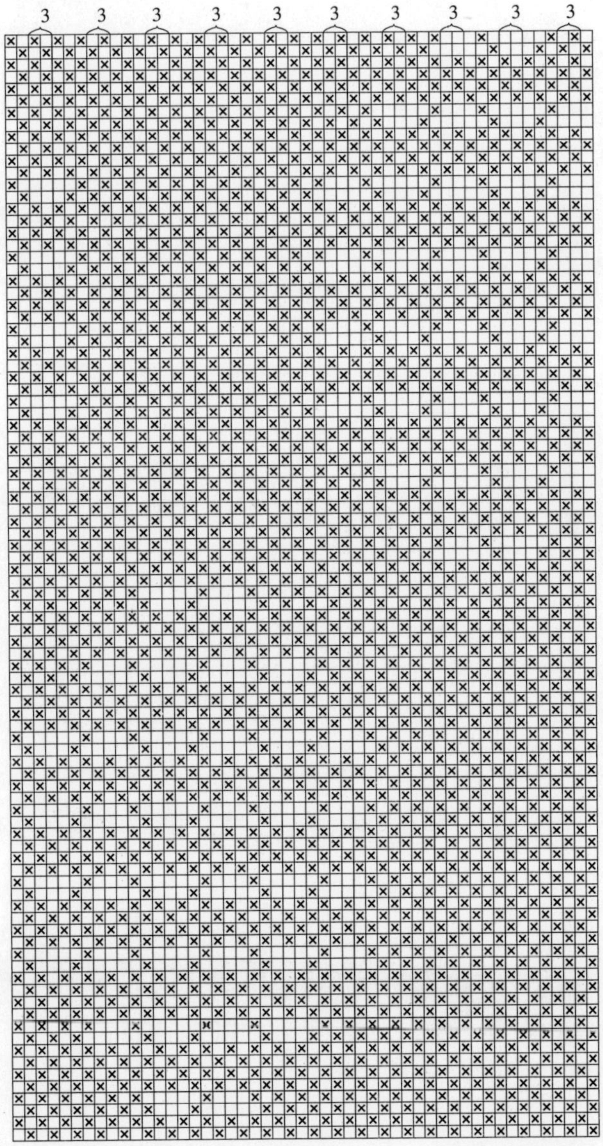

图 160

使用原料 经纱：苎麻 100%，纬纱：18.2tex 苎麻 55%、棉 45%，8.3texPBT 纤维 100%。

组织规格

经纱 18.2tex(55 公支)，纬纱 18.2tex(55 公支)+8.3tex(75 旦)；经密 27.56 根/cm，纬密 21.26 根/cm；幅宽 91.4cm。

纱线 A：白色 纱线 B：白丝线

纱线排列：

经纱 A

纬纱 2A2B$\underset{\times 7}{\underline{4A2B}}$2A2B$\underset{\times 7}{\underline{4A2B}}$/92 根

织物图片 见彩图 571。

涤麻棉柔姿织物

织物组织 平纹。

使用原料 16.7tex 涤纶丝 100%，27.8tex 苎麻 55%、棉 45%。

组织规格

纱线细度 16.7tex(150 旦)×27.8tex(36 公支)；密度 19.7 根/cm；幅宽 114cm。

织物图片 见彩图 572。

麻棉玲兰绒织物

织物组织 提花(图 161)。

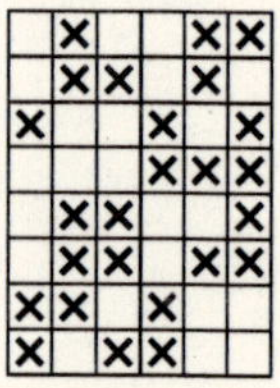

图 161

使用原料 97.2tex 苎麻 55%、棉 45% 混纺疙瘩纱，18.2tex 棉 100%，58.3tex 棉 100%。

组织规格

纱线细度 97.2tex(10.3 公支)/18.2tex(32 英支)+58.3tex×2(10/2 英支)；经密 13.8 根/cm，纬密 12.2 根/cm；幅宽 144cm。

纱线 A：黑白花纱 纱线 B：黑色

纱线排列：

经纱 20A1B1A1B10A1B1A1B/36 根

纬纱　22A2B6A2B/32 根

织物图片　见彩图 573。

涤麻可立特织物

织物组织　提花。

使用原料　经纱:低弹网络丝,纬纱:涤纶 65%、苎麻 35%。

组织规格

经纱 16.7tex×2(2/150 旦),纬纱 27.8tex×2(36/2 公支);经密 27.0 根/cm,纬密 22.0 根/cm;幅宽 115cm。

织物图片　见彩图 574。

麻涤棉色织哈斯特织物

织物组织　提花(图 162)。

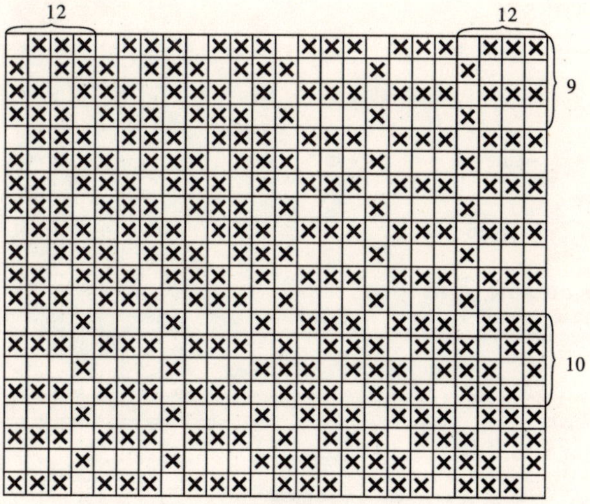

图 162

使用原料　经纱:涤纶 65%、棉 35%;纬纱:苎麻 100%。

组织规格

经纱 13tex(77 公支),纬纱 27.8tex(36 公支);经密 36.22 根/cm,纬密 21.26 根/cm;幅宽 114cm。

纱线 A:白色　纱线 B:灰色

纱线排列:

经纱　1A1B/2 根

纬纱　A

织物图片　见彩图 575。

棉麻美雅莎织物

织物组织　提花(图 163)。

使用原料　经纱:棉 100%,纬纱:苎麻 55%、棉 45%。

组织规格

经纱 56.2tex(10.4 英支),纬纱 55.5tex(18 公支);经密 27.56 根/cm,纬密 15.75 根/cm;幅宽 140cm。

织物图片　见彩图 576。

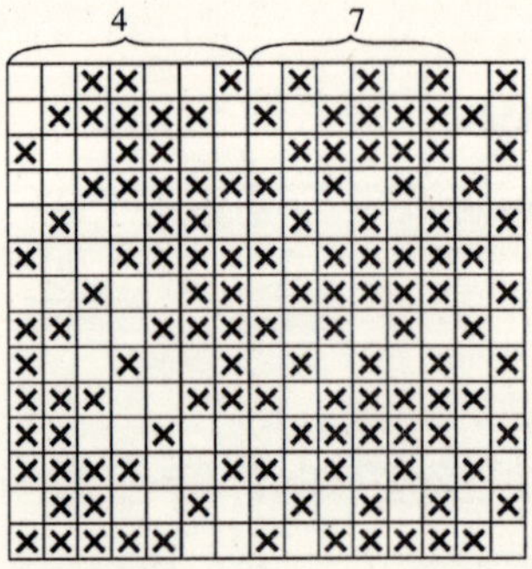

图 163

麻涤麻丽爽织物

织物组织　提花(图 164)。

使用原料　12.8tex 有光网络丝 100%、14.3tex 变性苎麻 100%。

组织规格

纱线细度 12.8tex(115 旦)× 14.3tex(70 公支);经密 39.4 根/cm,纬密 27.6 根/cm;幅宽 91.5cm。

织物图片　见彩图 577。

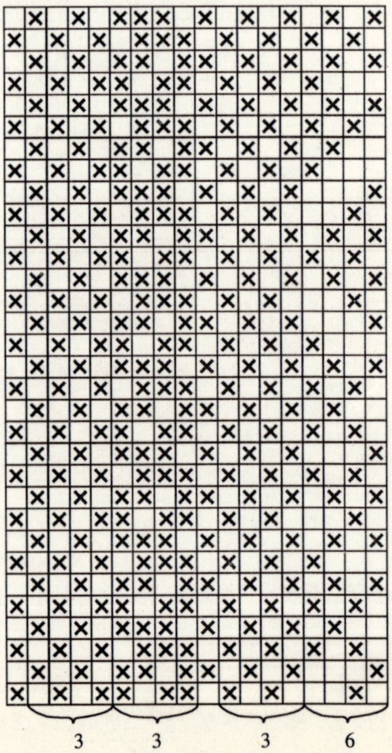

图 164

麻涤棉麻丽爽织物

织物组织　提花(图 165)。

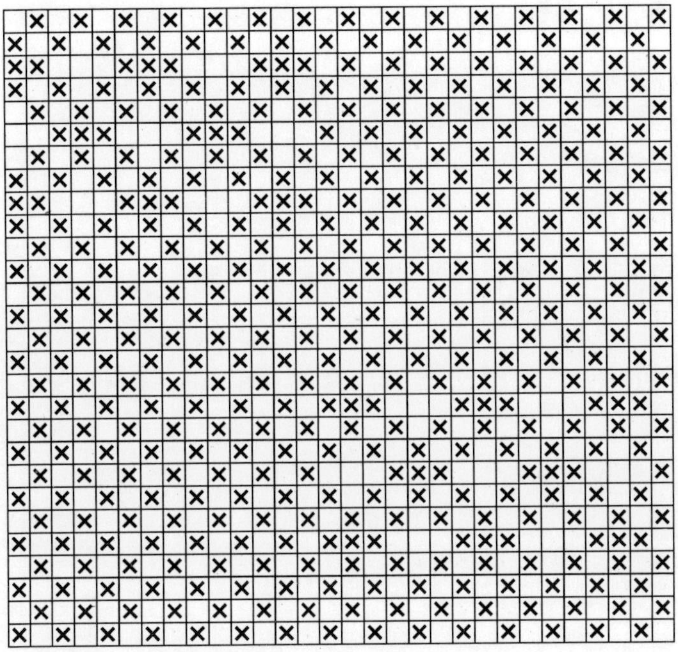

图 165

使用原料　经纱:涤纶 65%、棉 35%;纬纱:苎麻 100%。

组织规格

经纱 13tex(77 公支),纬纱 27.8tex(36 公支);经密 33.07 根/cm,纬密 21.26 根/cm;幅宽 107cm。

纱线 A:白色　纱线 B:蓝色

纱线排列:

经纱　13A2B/15 根

纬纱　2B12A/14 根

织物图片　见彩图 578。

麻涤波尔斯织物

织物组织　平纹。

使用原料　苎麻 60%、涤纶长丝 40%。

组织规格

纱线细度 20.8tex × 2(48/2 公支);经密 18.8 根/cm,纬密 16.4 根/cm;幅宽 144cm。

织物图片 见彩图 579。

毛麻粘巴罗斯织物

织物组织 斜纹(图 166)。

使用原料 苎麻 50%、粘胶纤维 20%、毛粘回丝 30%。

组织规格

纱线细度 82.3tex × 2(12/2 公支);经密 8.0 根/cm,纬密 7.7 根/cm;幅宽 150cm。

纱线 A:白色 纱线 B:灰色

织物图片 见彩图 580。

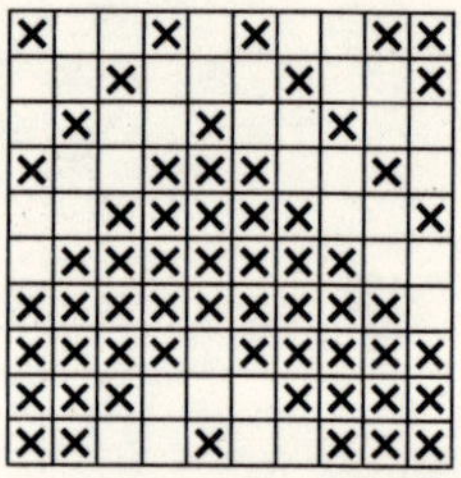

图 166

麻棉骆美登织物

织物组织 异经异纬。

使用原料 53tex 苎麻 55%、棉 45%,16.7tex 空气变形丝。

组织规格

纱线细度 53tex × 2(18.9/2 公支) + 16.7tex(150 旦);经密 20.6 根/cm,纬密 19.7 根/cm;幅宽 152.4cm。

织物图片 见彩图 581。

麻棉蓓斯蕾织物

织物组织 斜纹。

使用原料 苎麻 55%、棉 45%。

组织规格

纱线细度 55.5tex × 2(18/2 公支);经密 11.54 根/cm,纬密 11.02 根/cm;幅宽 144cm。

织物图片 见彩图582。

毛麻涤雪克斯金

织物组织 斜纹(图167)。

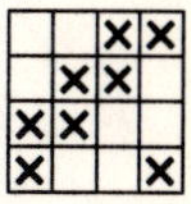

图167

使用原料 毛40%、苎麻25%、涤纶35%。

组织规格

纱线细度20.8tex(48公支);经密27.0根/cm,纬密23.5根/cm;幅宽144cm。

纱线A:黑色 纱线B:灰色 纱线C:蓝色

纱线排列:

经纱 1A1B 1C1B/60根
×28 ×2

纬纱 1A1B 1C1B/64根
×30 ×2

织物图片 见彩图583。

毛麻粘法兰绒

织物组织 平纹。

使用原料 毛50%、苎麻20%、粘胶纤维30%。

组织规格

纱线细度135.5tex(7.38公支);经密14.5根/cm,纬密14.3根/cm;幅宽144cm。

织物图片 见彩图584。

毛麻粘海力斯

织物组织 提花(图168)。

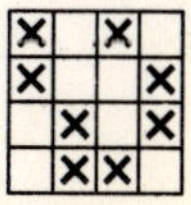

图168

使用原料 毛50%、苎麻20%、粘胶纤维30%。

组织规格

纱线细度82.3tex(12公支);经密14.4根/cm,纬密12.6根/cm;幅宽

144cm。

织物图片 见彩图 585。

毛麻海力斯

织物组织 提花(图 169)。

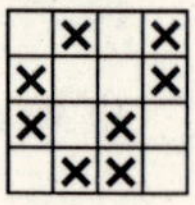
图 169

使用原料 毛 65%、苎麻 35%。

组织规格

纱线细度 90.9tex(11 公支);经密 8.1 根/cm,纬密 8.4 根/cm;幅宽 143cm。

织物图片 见彩图 586。

亚麻部分

亚麻是天然纤维中较高贵的纤维，是人类最早发现和使用的纺织纤维之一，经考古发掘证明，在公元前的太古时代的古埃及人就采用亚麻纤维织物裹体，从那时起亚麻纤维就已成为非洲和欧洲最古老的衣着原料，到新石器时期，欧洲就已广泛种植亚麻纤维，同时出现了亚麻纺织业，并得到迅速发展；到公元前纤维用亚麻的纺织品加工已占天然纤维的首位，从那时起直到19世纪初叶，亚麻始终是人类最重要的纺织原料来源。直到今日，欧美各国仍有喜穿亚麻纤维服装的嗜好。由于19世纪中叶后期棉纺织工业和公元20世纪化学纤维工业的迅猛发展，亚麻原料种植面积大，加工业用人多，产品产出量少等原因，亚麻产量逐渐降到占世界纺织品总量的2%左右。

随着世界20世纪80年代兴起的回归大自然潮流，亚麻热在世界纺织业重新崛起，这主要是因为亚麻纤维纺织品具有特有的凉爽感，它洁净、挺括、结实、耐用、服用舒适、织物吸放湿性好、耐霉、耐蛀、保健功能好，具有优良的服用性能，这是其他纺织纤维无法比拟和取代的。世界亚麻纺织品复兴至今虽有起伏，但总的发展趋势是上升的。

进入20世纪90年代以来，国内亚麻纺织工业有了较大的发展，已由过去生产单一纯麻品种发展到与绢、毛、棉混纺和用于针织、经编等领域。

1 帆布

亚麻帆布系列产品是采用亚麻干纺或湿纺低支纱生产的粗厚型织物类纺织品。

亚麻帆布经过防水、防腐、防霉等工艺处理后，即有较高的防水和透气性能。由于亚麻纤维散湿快及耐霉烂变质性好，用它苫盖钢铁类金属设备能不生锈，特别适合作阴雨潮湿地区的军用设备、粮食储存、铁路运输、海港设施的苫盖布等。

亚麻帆布系列产品主要作苫盖布、帐篷布、地毯布、包装布等。

亚麻帆布〔1〕

织物组织 平纹。

使用原料 亚麻。

组织规格

纱线细度 82.3tex(12 公支);经密 25.1 根/cm,纬密 10.6 根/cm。

织物图片 见彩图 587。

亚麻帆布〔2〕

织物组织 平纹。

使用原料 亚麻。

组织规格

纱线细度 285.7tex(3.5 公支);经密 21.2 根/cm,纬密 8.6 根/cm。

织物图片 见彩图 588。

2 交织布、混纺布

利用蚕丝纤维柔软、光泽银亮、纤维弹性好的优点,将它与亚麻纤维混纺或交织,既保持了亚麻纤维织物的挺括、结实耐用、洁净的优点,又具有蚕丝纤维质地优良的性能。

蚕丝、亚麻纤维混纺或交织的织物细而不糯,粗而不糙,吸湿透气性好,穿着凉爽舒适,吸汗后不粘身,并具有抗菌功能,属高级纯天然织物。

蚕丝与亚麻纤维混纺或交织的织物适做细薄的夏季男女内、外衣,是制作针织服装的理想面料。

利用粘胶纤维质地柔软、断裂伸长率高、染色鲜艳等优点,将它与亚麻纤维混纺织成粘麻混纺织物,织物具有手感柔软、悬垂性好、抗皱性好、穿着舒适、透气性好等优点。尤其是有光粘胶纤维与亚麻纤维混纺的织物具有色泽光艳的效果。

粘麻混纺织物适作夏季男女时装及各种提花装饰布。

涤麻混纺湿纺纱系列纺织品是采用优质亚麻纤维与涤纶混合后,由湿纺纱工艺纺纱织造的纺织品。

涤麻织物的特点是纱线结构中涤纶作芯部,亚麻纤维包覆在外端。因此,涤麻纺织物保持了亚麻纤维织物良好的吸放湿性,穿着舒适、凉爽,又具有涤纶织物抗皱性好、色泽鲜艳、尺寸稳定、易洗易干的特点。采用涤麻高支纱织成的高薄型织物，产品档次高，以凉、透、爽著称。

涤麻织物适作各种夏季内外衣、家庭装饰布。

涤麻与涤毛交织布

织物组织 平纹。

使用原料 涤纶、毛、亚麻。

组织规格

经纱 18.2tex(55 公支，涤麻)，纬纱 20tex(50 公支，涤毛)；经密 29.5 根/cm，纬密 21.5 根/cm。

织物图片 见彩图 589。

葛、亚麻纱交织布

风格及用途 适于制作高档薄型内、外衣。

使用原料 葛、亚麻。

织物组织 平纹。

组织规格

经纱 118tex(8.5 公支，亚麻)，纬纱 476tex × 4(210/4 公支，葛)；经密 9.3 根/cm，纬密 21.6 根/cm。

织物图片 见彩图 590。

亚麻原色纱与亚麻半漂纱交织布

织物组织 平纹。

使用原料 亚麻。

组织规格

纱线细度 41.7tex(24 公支)；密度 19.7 根/cm。

织物图片 见彩图 591。

麻粘与粘交织布

织物组织 平纹。

使用原料 41.7tex 亚麻、45tex 粘胶纤维。

组织规格

经纱 41.7tex(24 公支) + 45tex(22.2 公支),纬纱 45tex(22.2 公支);密度 20.8 根/cm。

米色纱:亚麻 白纱:粘胶纤维。

织物图片 见彩图 592。

粘亚麻与麻交织布

织物组织 平纹。

使用原料 粘胶纤维、亚麻。

组织规格

经纱 27.8tex(36 公支,粘胶纤维、亚麻混纺),纬纱 50tex(20 公支,亚麻);经密 22.0 根/cm,纬密 14.5 根/cm。

织物图片 见彩图 593。

苎麻亚麻交织布

织物组织 平纹。

使用原料 苎麻、亚麻。

组织规格

经纱 62.5tex(16 公支,苎麻),纬纱 45.5tex(22 公支,亚麻);经密 19.5 根/cm,纬密 20.5 根/cm。

织物图片 见彩图 594。

粘麻与亚麻交织布

织物组织 提花(图 170)。

使用原料 粘胶纤维与亚麻混纺纱、亚麻。

组织规格

经纱 35.7tex(28 公支,混纺纱),纬纱 41.7tex(24 公支,亚麻);经密 28.5 根/cm,纬密 20.0 根/cm。

织物图片 见彩图 595。

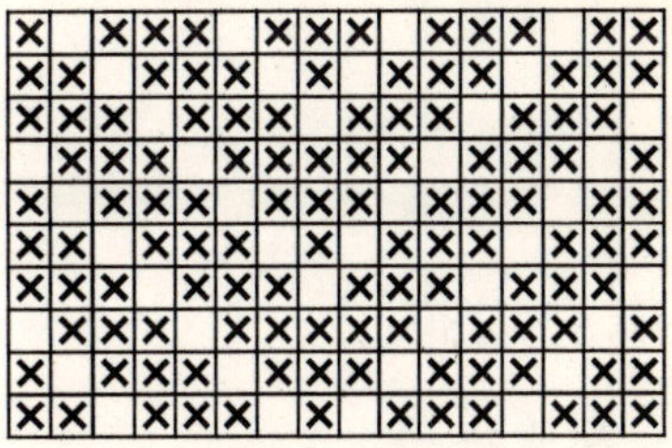

图 170

涤粘与涤麻交织布

织物组织 平纹。

使用原料 涤纶、粘胶纤维、亚麻。

组织规格

经纱 13tex(76 公支,涤粘),纬纱 18.2tex(55 公支,涤麻);经密 22.0 根/cm,纬密 22.5 根/cm。

织物图片 见彩图 596。

涤棉与涤麻交织布

织物组织 平纹。

使用原料 涤纶、棉、亚麻。

组织规格

经纱 13tex(76 公支,涤棉),纬纱 13.9tex(72 公支,涤麻);经密 37.6 根/cm,纬密 28.7 根/cm。

织物图片 见彩图 597。

棉麻交织布〔1〕

织物组织 平纹。

使用原料 棉、亚麻。

组织规格

经纱 18.5tex(31.5 英支,棉),纬纱 58.8tex(17 公支,亚麻);经密 22.0 根/cm,纬密 20.5 根/cm。

织物图片 见彩图598。

棉麻交织布〔2〕

织物组织 平纹。

使用原料 棉、亚麻。

组织规格

经纱28tex×2(20.8/2英支,棉),纬纱147tex(6.8公支,亚麻);经密17.7根/cm,纬密9.05根/cm。

织物图片 见彩图599。

棉麻交织布〔3〕

织物组织 平纹。

使用原料 棉、亚麻。

组织规格

经纱20tex(29.2英支,棉),纬纱33.3tex(30公支,亚麻);经密21.0根/cm,纬密20.4根/cm。

织物图片 见彩图600。

涤麻与涤棉交织布

织物组织 平纹。

使用原料 涤纶、亚麻、棉。

组织规格

经纱13.9tex(72公支,涤麻),纬纱13.1tex(76公支,涤棉);经密33.6根/cm,纬密25.2根/cm。

纱线A:蓝色 纱线B:白色

纱线排列:

经纱:A2B2/4根

纬纱:B

织物图片 见彩图601。

麻棉交织布〔1〕

织物组织 平纹。

使用原料 亚麻、棉。

组织规格

经纱9.8tex(59.5英支,棉),纬纱33.3tex(30公支,亚麻);经密22.8根/cm,纬密20.5根/cm。

纱线A:黄色 纱线B:蓝色

纱线排列:

经纱:41A1B/42根

纬纱:40A2B/42根

织物图片 见彩图602。

麻棉交织布〔2〕

织物组织 平纹。

使用原料 亚麻、棉。

组织规格

经纱27.8tex(36公支,亚麻),纬纱38.4tex(15.2英支,棉);经密22.0根/cm,纬密21.5根/cm。

纱线A:蓝色 纱线B:白色

纱线排列:

经纱:64A4B/68根

纬纱:52A3B/55根

织物图片 见彩图603。

麻棉交织布〔3〕

织物组织 平纹。

使用原料 亚麻、棉。

组织规格

经纱 62.5tex（9.3 英支，棉），纬纱 66.7tex（15 公支，亚麻）；经密 20.0 根/cm，纬密 18.0 根/cm。

织物图片 见彩图 604。

蚕丝亚麻交织布〔1〕

风格及用途 适于制作夏季薄型外衣。

使用原料 蚕丝、亚麻。

织物组织 平纹。

组织规格

经纱 23.8tex(42 公支,蚕丝),纬纱 45.5tex(22 公支,亚麻)。

织物图片 见彩图 605。

蚕丝亚麻交织布〔2〕

织物组织 平纹。

使用原料 蚕丝、亚麻。

组织规格

经纱 13.3tex(100 公支,蚕丝),纬纱 27.8tex(36 公支,亚麻);经密 50.0 根/cm,纬密 32.5 根/cm。

织物图片 见彩图 606。

蚕丝亚麻交织布〔3〕

织物组织 平纹。

使用原料 蚕丝、亚麻。

组织规格

经纱 29.4tex(34 公支,蚕丝),纬纱 29.4tex(34 公支,蚕丝)+41.7tex(24 公支,亚麻);经密 24.5 根/cm,纬密 25.0 根/cm。

织物图片 见彩图 607。

粘胶亚麻混纺布

织物组织 $\frac{2}{2}$斜纹。

使用原料 粘胶纤维、亚麻。

组织规格

经纱 29tex,纬纱 19tex;经密 27.0 根/cm,纬密 20.5 根/cm。

织物图片 见彩图 608。

亚麻、苎麻混纺布

织物组织 小提花。

使用原料 亚麻、苎麻。

组织规格

经纱 31.3tex(32 公支),纬纱 22.2tex(45 公支);经密 21.0 根/cm,纬密 31.0 根/cm。

织物图片 见彩图 609。

涤麻混纺布〔1〕

织物组织 平纹。

使用原料 涤纶、亚麻。

组织规格

纱线细度 66.7tex(15 公支);经密 15.0 根/cm,纬密 26.0 根/cm。

织物图片 见彩图 610。

涤麻混纺布〔2〕

织物组织 平纹。

使用原料 涤纶、亚麻。

组织规格

纱线细度 41.7tex(24 公支);经密 24.0 根/cm,纬密 30.0 根/cm。

织物图片 见彩图 611。

涤麻混纺布〔3〕

织物组织 平纹。

使用原料 涤纶、亚麻。

组织规格

纱线细度 18.2tex(55 公支);经密 20.5 根/cm,纬密 18.4 根/cm。

织物图片 见彩图 612。

涤麻混纺布〔4〕

织物组织 平纹。

使用原料 涤纶、亚麻。

组织规格

纱线细度 27.8tex×2(36 公支/2);经密 19.6 根/cm,纬密 17.6 根/cm。

织物图片 见彩图 613。

涤麻混纺布〔5〕

织物组织 平纹。

使用原料 涤纶、亚麻。

组织规格

纱线细度 20tex×2(50 公支/2);经密 18.1 根/cm,纬密 19.8 根/cm。

纱线 A:米色　纱线 B:白色

纱线排列:

经纱　20A3B2A3B20A4B/52 根

纬纱　B

织物图片　见彩图 614。

涤麻混纺布〔6〕

织物组织　平纹。

使用原料　涤纶、亚麻。

组织规格

经纱 27.8tex(36 公支),纬纱 23.8tex(42 公支);经密 39.4 根/cm,纬密 23.6 根/cm。

织物图片　见彩图 615。

3　细布、平布

亚麻细、平布系列产品是采用亚麻的长、短麻,经湿纺纱工艺生产出来的亚麻半漂白纱和亚麻原色纱织物及麻棉、麻粘交织产品。

亚麻细、平布具有吸、放湿性能好,散湿、散热性高的特点,故织物的透气性好,穿着凉爽、舒适、高雅。亚麻原色布保持了亚麻天然的银灰、银白色,不仅具有亚麻织物服用性能好的优点,而且织物挺括、粗犷,具有自然美的风格。

亚麻细、平布可作服装面料,也可作印花布、扎染布、染色布的坯布。

亚麻色平布系列产品采用直接染料或活性染料将布染成各种不同的颜色。

亚麻色平布不仅保持了纯亚麻织物凉爽、舒适、挺括、不易吸尘、易洗、易烫及布面上的粗节、大肚纱等突出的麻制品的织物风格,而且使亚麻织物的用途更加广泛,亚麻织物经染色处理后,可部分掩盖纯亚麻织物易皱的缺点。

亚麻色平布适作各种服装面料、装饰面料等纺织品。

亚麻平布

风格及用途 适于制作牛仔布。

织物组织 平纹。

使用原料 亚麻。

组织规格

纱线细度 95tex(10.5 公支);经密 16.1 根/cm,纬密 14.2 根/cm。

织物图片 见彩图 616。

亚麻原色布(雨露麻)〔1〕

织物组织 平纹。

使用原料 亚麻。

组织规格

纱线细度 27.8tex(36 公支);密度 19.7 根/cm。

织物图片 见彩图 617。

亚麻原色布(雨露麻)〔2〕

织物组织 小提花。

使用原料 亚麻。

组织规格

经纱 45.5tex(22 公支),纬纱 41.7tex(24 公支);经密 24.2 根/cm,纬密 23.6 根/cm。

织物图片 见彩图 618。

亚麻原色布(雨露麻)〔3〕

织物组织 平纹。

使用原料 亚麻。

组织规格

纱线细度 66.7tex(15 公支);经密 15.0 根/cm,纬密 15.7 根/cm。

织物图片　见彩图 619。

亚麻原色布(雨露麻)〔4〕

织物组织　平纹。

使用原料　亚麻。

组织规格

经纱 35.7tex(28 公支),纬纱 27.8tex(36 公支);密度 19.7 根/cm。

织物图片　见彩图 620。

亚麻原色布(雨露麻)〔5〕

织物组织　平纹。

使用原料　亚麻。

组织规格

经纱 35.7tex(28 公支),纬纱 27.8tex(36 公支);密度 19.7 根/cm。

织物图片　见彩图 621。

亚麻细布〔1〕

织物组织　平纹。

使用原料　亚麻。

组织规格

经纱 35.7tex(28 公支),纬纱 27.8tex(36 公支);经密 15.7 根/cm,纬密 19.7 根/cm。

织物图片　见彩图 622。

亚麻细布〔2〕

织物组织　平纹。

使用原料 亚麻。

组织规格

经纱 35.7tex(28 公支),纬纱 27.8tex(36 公支);经密 20.4 根/cm,纬密 20.8 根/cm。

织物图片 见彩图 623。

亚麻细布〔3〕

织物组织 平纹。

使用原料 亚麻。

组织规格

经纱 45.5tex(22 公支),纬纱 41.7tex(24 公支);经密 19.0 根/cm,纬密 22.0 根/cm。

织物图片 见彩图 624。

亚麻细布〔4〕

织物组织 小提花。

使用原料 亚麻。

组织规格

纱线细度 50tex(20 公支);经密 17.5 根/cm,纬密 18.5 根/cm。

织物图片 见彩图 625。

亚麻细布〔5〕

织物组织 $\frac{2}{2}$斜纹。

使用原料 亚麻。

组织规格

经纱 45.5tex(22 公支),纬纱 41.7tex(24 公支);经密 23.5 根/cm,纬密 25.0 根/cm。

织物图片 见彩图 626。

亚麻细布〔6〕

织物组织　平纹。

使用原料　亚麻。

组织规格

经纱 33.3tex(30 公支),纬纱 35.7tex(28 公支);经密 18.7 根/cm,纬密 21.9 根/cm。

织物图片　见彩图 627。

亚麻细布〔7〕

织物组织　平纹。

使用原料　亚麻。

组织规格

纱线细度 27.8tex(36 公支);经密 19.6 根/cm,纬密 22.4 根/cm。

织物图片　见彩图 628。

亚麻色平布〔1〕

织物组织　平纹。

使用原料　亚麻。

组织规格

经纱 95.2tex(10.5 公支),纬纱 66.7tex(15 公支);经密 14.5 根/cm,纬密 18.0 根/cm。

织物图片　见彩图 629。

亚麻色平布〔2〕

织物组织　平纹。

使用原料　亚麻。

组织规格

纱线细度 27.8tex(36 公支);经密 10.45 根/cm,纬密 24.0 根/cm。

织物图片 见彩图 630。

亚麻色平布〔3〕

织物组织 平纹。

使用原料 亚麻。

组织规格

纱线细度 27.8tex(36 公支);经密 25.0 根/cm,纬密 22.0 根/cm。

织物图片 见彩图 631。

亚麻色平布〔4〕

织物组织 平纹。

使用原料 亚麻。

组织规格

经纱 66.7tex(15 公支),纬纱 74.1tex(13.5 公支);经密 18.0 根/cm,纬密 13.0 根/cm。

织物图片 见彩图 632。

亚麻色平布〔5〕

织物组织 平纹。

使用原料 亚麻。

组织规格

经纱 33.3tex(30 公支),纬纱 27.8tex(36 公支);经密 22.0 根/cm,纬密 25.5 根/cm。

织物图片 见彩图 633。

亚麻色平布〔6〕

织物组织 平纹。

使用原料 亚麻。

组织规格

经纱 35.7tex(28 公支),纬纱 31.3tex(32 公支);经密 26.0 根/cm,纬密 22.0 根/cm。

织物图片 见彩图 634。

亚麻色平布〔7〕

织物组织 平纹。

使用原料 亚麻。

组织规格

经纱 27.8tex(36 公支),纬纱 23.8tex(42 公支);经密 26.0 根/cm,纬密 22.0 根/cm。

织物图片 见彩图 635。

亚麻色平布〔8〕

织物组织 平纹。

使用原料 亚麻。

组织规格

纱线细度 50tex(20 公支);经密 26.5 根/cm,纬密 21.0 根/cm。

织物图片 见彩图 636。

亚麻色平布〔9〕

织物组织 平纹。

使用原料 亚麻。

组织规格

经纱 25tex(40 公支),纬纱 22.2tex(45 公支);经密 24.4 根/cm,纬密 23.0 根/cm。

织物图片 见彩图 637。

亚麻色平布〔10〕

织物组织　平纹。

使用原料　亚麻。

组织规格

经纱 33.3tex(30 公支),纬纱 31.3tex(32 公支);经密 25.0 根/cm,纬密 22.0 根/cm。

织物图片　见彩图 638。

亚麻色平布〔11〕

织物组织　平纹。

使用原料　亚麻。

组织规格

经纱 33.3tex(30 公支),纬纱 31.3tex(32 公支);经密 25.0 根/cm,纬密 22.0 根/cm。

织物图片　见彩图 639。

亚麻色平布〔12〕

织物组织　平纹。

使用原料　亚麻。

组织规格

经纱 50tex(20 公支),纬纱 41.7tex(24 公支);经密 26.0 根/cm,纬密 21.0 根/cm。

织物图片　见彩图 640。

4 印花布

亚麻印花织物是采用直接印花、转移印花、扎染等印染技术将亚麻布印制成不同风格、不同色彩的图案,它增加了纯亚麻织物的审美感和立体感,极大地丰富了亚麻织物的花色品种。

亚麻印花系列产品适作各种夏季纺织品、服装面料及装饰面料。它凉爽、舒适、庄重大方,织物上的印花部分地掩盖了纯亚麻织物易皱的缺点。

涤麻混纺印花布

织物组织 平纹。

使用原料 涤纶、亚麻混纺纱。

组织规格

经纱 22.2tex(45 公支),纬纱 25tex(40 公支);经密 23.2 根/cm,纬密 21.5 根/cm。

织物图片 见彩图 641。

亚麻印花布

织物组织 平纹。

使用原料 亚麻。

组织规格

经纱 27.8tex(36 公支),纬纱 50tex(20 公支);经密 23.0 根/cm,纬密 26.0 根/cm。

织物图片 见彩图 642。

亚麻转移印花布〔1〕

织物组织 平纹。

使用原料 亚麻。

组织规格

经纱 50tex(20 公支),纬纱 55.6tex(18 公支);经密 23.2 根/cm,纬密 16.5 根/cm。

织物图片 见彩图 643。

亚麻转移印花布〔2〕

织物组织 平纹。

使用原料 亚麻。

组织规格

经纱 45.5tex(22 公支),纬纱 50tex(20 公支);经密 23.5 根/cm,纬密 18.0 根/cm。

织物图片 见彩图 644。

亚麻转移印花布〔3〕

织物组织 平纹。

使用原料 亚麻。

组织规格

经纱 55.6tex(18 公支),纬纱 45.5tex(22 公支);经密 23.5 根/cm,纬密 16.5 根/cm。

织物图片 见彩图 645。

亚麻转移印花布〔4〕

织物组织 平纹。

使用原料 亚麻。

组织规格

经纱 55.6tex(18 公支),纬纱 41.7tex(24 公支);经密 23.5 根/cm,纬密 17.0 根/cm。

织物图片 见彩图 646。

亚麻转移印花布〔5〕

织物组织 平纹。

使用原料 亚麻。

组织规格

经纱 50tex(20 公支),纬纱 55.6tex(18 公支);经密 23.5 根/cm,纬密 19.0 根/cm。

织物图片 见彩图 647。

5 色织布

亚麻色织系列产品是采用亚麻半漂纱、原色纱、染色纱、麻粘纱等制成的。

亚麻色织布的特点是色泽纯正、色调明显、花型多变、有较好的自然美,尤其是纯亚麻半漂纱与纯亚麻原色纱交织的色织产品层次清晰,天然纤维感突出,有亚麻粗犷的风格。

亚麻色织布系列产品可做各种夏季内外衣、家庭装饰布。

亚麻提花色织布

织物组织 小提花。

使用原料 亚麻。

组织规格

纱线细度 66.7tex(15 公支);经密 19.0 根/cm,纬密 21.5 根/cm。

织物图片 见彩图 648。

亚麻色织布〔1〕

织物组织 平纹。

使用原料 亚麻。

组织规格

经纱 55.6tex(18 公支),纬纱 66.7tex(15 公支);经密 20.0 根/cm,纬密 16.5 根/cm。

织物图片 见彩图 649。

亚麻色织布〔2〕

织物组织 平纹。

使用原料 亚麻。

组织规格

经纱 74.1tex(13.5 公支),纬纱 55.6tex(18 公支);经密 17.5 根/cm,纬密 21.0 根/cm。

织物图片 见彩图 650。

亚麻色织布〔3〕

织物组织 平纹。

使用原料 亚麻、粘胶纤维。

组织规格

经纱 41.7tex(24 公支,亚麻),纬纱 35.7tex(28 公支,粘胶纤维);经密 19.5 根/cm,纬密 15.0 根/cm。

织物图片 见彩图 651。

亚麻色织布〔4〕

织物组织 平纹。

使用原料 亚麻。

组织规格

经纱 41.7tex(24 公支),纬纱 50tex(20 公支);经密 16.0 根/cm,纬密 21.0 根/cm。

织物图片 见彩图 652。

亚麻色织布〔5〕

织物组织 平纹。

使用原料 亚麻。

组织规格

纱线细度 50tex(20 公支);经密 10.15 根/cm,纬密 7.3 根/cm。

织物图片 见彩图 653。

亚麻色织布〔6〕

织物组织 平纹。

使用原料 亚麻。

组织规格

经纱 50tex(20 公支),纬纱 66.7tex(15 公支);经密 15.5 根/cm,纬密 9.0 根/cm。

纱线 A:黑色 纱线 B:红色 纱线 C:棕色 纱线 D:白色

纱线排列:

经纱 32A4B32A32C4D32C/136 根

纬纱 38C5D38C38A5B38A/162 根

织物图片 见彩图 654。

亚麻色织布〔7〕

织物组织 平纹。

使用原料 亚麻。

组织规格

经纱 35.7tex(28 公支),纬纱 31.3tex(32 公支);经密 18.5 根/cm,纬密 21.0 根/cm。

织物图片 见彩图 655。

亚麻色织布〔8〕

织物组织 平纹。

使用原料 亚麻。

组织规格

经纱 41.7tex(24 公支),纬纱 25tex(40 公支);经密 21.0 根/cm,纬密 19.5 根/cm。

纱线 A:绿色 纱线 B:白色

纱线排列：

经纱：55A3B/58 根

纬纱：64A4B/68 根

织物图片 见彩图 656。

亚麻色织布〔9〕

织物组织 平纹。

使用原料 亚麻。

组织规格

经纱 23.8tex(42 公支)，纬纱 38.5tex(26 公支)；经密 21.5 根/cm，纬密 19.5 根/cm。

织物图片 见彩图 657。

亚麻色织布〔10〕

织物组织 平纹。

使用原料 亚麻。

组织规格

经纱 35.7tex(28 公支)，纬纱 27.8tex(36 公支)；密度 21.2 根/cm。

纱线 A：原色　纱线 B：白色

纱线排列：

经纱　4A4B16A2B16A4B4A/50 根

纬纱　B

织物图片 见彩图 658。

亚麻色织布〔11〕

织物组织 平纹。

使用原料 亚麻。

组织规格

经纱 35.7tex(28 公支)，纬纱 27.8tex(36 公支)；密度 21.2 根/cm。

纱线 A：原色　纱线 B：白色

纱线排列:

经纱　3B3A3B28A7B28A/72 根

纬纱　B

织物图片　见彩图 659。

亚麻色织布〔12〕

织物组织　平纹。

使用原料　亚麻。

组织规格

经纱 35.7tex(28 公支),纬纱 27.8tex(36 公支);密度 21.2 根/cm。

纱线 A:原色　纱线 B:白色

纱线排列:

经纱　23A6B1A22B/52 根

纬纱　B

织物图片　见彩图 660。

亚麻色织布〔13〕

织物组织　平纹。

使用原料　亚麻。

组织规格

经纱 35.7tex(28 公支),纬纱 27.8tex(36 公支);密度 21.2 根/cm。

纱线 A:原色　纱线 B:白色

纱线排列:

经纱　2A2B4A2B2A23B1A1B1A/38 根

纬纱　B

织物图片　见彩图 661。

亚麻色织布〔14〕

织物组织 平纹。

使用原料 亚麻。

组织规格

纱线细度 35.7tex(28 公支);密度 20.8 根/cm。

纱线 A:原色 纱线 B:白色

纱线排列:

经纱 4A4B15A4B4A/31 根

纬纱 $\underline{34B1A}$/140 根
×4

织物图片 见彩图 662。

亚麻色织布〔15〕

织物组织 平纹。

使用原料 亚麻。

组织规格

纱线细度 35.7tex(28 公支);密度 20.8 根/cm。

纱线 A:白色 纱线 B:蓝色

纱线排列:

经纱 34A1B/35 根

纬纱 A

织物图片 见彩图 663。

亚麻色织布〔16〕

织物组织 平纹。

使用原料 亚麻。

组织规格

纱线细度 41.7tex(24 公支);密度 20.8 根/cm。

纱线 A:原色 纱线 B:白色

纱线排列:

经纱　$\underbrace{2A2B}_{\times 5}$4A4B6A6B46A4B4A64B/158 根

纬纱　A

织物图片　见彩图 664。

亚麻色织布〔17〕

织物组织　平纹。

使用原料　亚麻。

组织规格

经纱 35.7tex(28 公支),纬纱 27.8tex(36 公支);密度 21.2 根/cm。

纱线 A:红色　纱线 B:白色　纱线 C:绿色

纱线排列:

经纱　1A2B1C2B1C2B1A26B/36 根

纬纱　B

织物图片　见彩图 665。

亚麻色织布〔18〕

织物组织　平纹。

使用原料　亚麻。

组织规格

经纱 35.7tex(28 公支),纬纱 27.8tex(36 公支);密度 20.8 根/cm。

织物图片　见彩图 666。

亚麻色织布〔19〕

织物组织　平纹。

使用原料　亚麻。

组织规格

经纱 35.7tex(28 公支),纬纱 27.8tex(36 公支);密度 20.8 根/cm。

纱线 A:原色　纱线 B:白色

纱线排列:

经纱　12A2B12A1B1A1B1A2B1A1B1A1B/36 根

纬纱　A

织物图片　见彩图 667。

亚麻色织布〔20〕

织物组织　平纹。

使用原料　亚麻。

组织规格

经纱 35.7tex(28 公支),纬纱 27.8tex(36 公支);密度 20.8 根/cm。

纱线 A:原色　纱线 B:白色

纱线排列:

经纱　4B11A/15 根

纬纱　B

织物图片　见彩图 668。

亚麻色织布〔21〕

织物组织　提花。

使用原料　亚麻。

组织规格

经纱 45.5tex(22 公支),纬纱 33.3tex(30 公支);经密 18.5 根/cm,纬密 20.0 根/cm。

织物图片　见彩图 669。

亚麻色织布〔22〕

织物组织 平纹。

使用原料 亚麻。

组织规格

经纱 23.8tex(42 公支),纬纱 38.5tex(26 公支);经密 22.0 根/cm,纬密 20.0 根/cm。

织物图片 见彩图 670。

麻粘色织布

织物组织 平纹。

使用原料 亚麻、粘胶纤维。

组织规格

纱线细度 33.3tex(30 公支,亚麻)+45.5tex(22 公支,粘胶纤维);经密 21.2 根/cm,纬密 18.8 根/cm。

织物图片 见彩图 671。

6 提花布

亚麻提花系列织物是亚麻染色纱、漂白纱与粘胶纤维纱、棉纱、苎麻纱等采用提花及色织提花工艺生产出的国内新型亚麻系列纺织品。

亚麻提花织物具有手感柔软、色泽鲜艳、弹性好、织物悬垂性好、花型丰满、立体感强、花色品种繁多的特点,它可根据不同用途的需求设计出不同质地、不同厚度的织物品种。

亚麻提花系列织物可作家庭、宾馆的装饰布,也可作服装面料。

粘胶纤维与亚麻混纺提花布

织物组织 提花。

使用原料 粘胶纤维、亚麻混纺纱。

组织规格

经纱 22.5tex(45 公支),纬纱 27.8tex(36 公支);经密 40.0 根/cm,纬密 30.0 根/cm。

织物图片 见彩图 672。

涤麻混纺提花布〔1〕

织物组织 小提花(图 171)。

使用原料 涤纶、亚麻。

组织规格

纱线细度 27.8tex(36 公支);经密 20.8 根/cm,纬密 18.2 根/cm。

织物图片 见彩图 673。

图 171

涤麻混纺提花布〔2〕

织物组织 小提花。

使用原料 涤纶、亚麻。

组织规格

纱线细度 27.8tex × 2(36/2 公支);经密 17.2 根/cm,纬密 19.0 根/cm。

织物图片 见彩图 674。

粘麻与亚麻交织提花布〔1〕

织物组织 小提花。

使用原料 亚麻、粘胶纤维。

组织规格

经纱 35.7tex × 2(28/2 公支,粘麻),纬纱 35.7tex × 2(28/2 公支,亚麻);经密 18.0 根/cm,纬密 15.0 根/cm。

织物图片 见彩图 675。

粘麻与亚麻交织提花布〔2〕

织物组织 小提花。

使用原料 粘胶纤维、亚麻。

组织规格

经纱 41.7tex(24 公支,粘麻),纬纱 38.5tex(26 公支,亚麻);经密 27.0 根/cm,纬密 24.5 根/cm。

织物图片 见彩图 676。

粘麻与亚麻交织提花布〔3〕

织物组织 小提花(图 172)。

使用原料 粘胶纤维、亚麻。

组织规格

经纱 62.5tex(16 公支,粘麻),纬纱 38.5tex(26 公支,亚麻);经密 19.0 根/cm,纬密 15.0 根/cm。

织物图片 见彩图 677。

图 172

粘麻与亚麻交织提花布〔4〕

织物组织 小提花。

使用原料 粘胶纤维、亚麻。

组织规格

经纱 55.6tex(18 公支,粘麻),纬纱 55.6tex(18 公支,亚麻);经密 21.0 根/cm,纬密 18.0 根/cm。

织物图片 见彩图 678。

粘胶纤维亚麻交织提花布〔1〕

织物组织 小提花。

使用原料 粘胶纤维、亚麻。

组织规格

经纱 45tex(22.2 公支,粘纤),纬纱 55.6tex(18 公支,亚麻);经密 22.2 根/cm,纬密 18.0 根/cm。

织物图片 见彩图 679。

粘胶纤维亚麻交织提花布〔2〕

织物组织 小提花。

使用原料 粘胶纤维、亚麻。

组织规格

经纱 33.3tex(30 公支,亚麻),纬纱 27.8tex(36 公支,粘纤);经密 22.5 根/cm,纬密 18.8 根/cm。

织物图片 见彩图 680。

粘胶纤维亚麻交织提花布〔3〕

织物组织 小提花(图 173)。

使用原料 粘胶纤维、亚麻。

组织规格

经纱 24tex(41.7 公支,粘纤),纬纱 45.5tex(22 公支,亚麻);经密 25.5 根/cm,纬密 24.0 根/cm。

织物图片 见彩图 681。

图 173

粘胶纤维亚麻交织提花布〔4〕

织物组织 小提花。

使用原料 粘胶纤维、亚麻。

组织规格

经纱 50tex(20 公支,亚麻),纬纱 24tex(41.7 公支,粘纤);经密 18.0 根/cm,纬密 21.0 根/cm。

织物图片 见彩图 682。

亚麻、苎麻与粘胶纤维交织提花布

织物组织 小提花。

使用原料 粘胶纤维、亚麻、苎麻。

组织规格

经纱 117.6tex(8.5 公支,亚麻)+27.8tex(36 公支,苎麻),纬纱 28tex×2(35.7/2 公支,粘胶纤维);经密 19.5 根/cm,纬密 22.0 根/cm。

织物图片 见彩图 683。

粘胶纤维与涤麻交织提花布

织物组织 小提花。

使用原料 粘胶纤维、涤纶、亚麻。

组织规格

经纱 27.8tex(36 公支,粘纤),纬纱 18.2tex(55 公支,涤麻);经密 28.0 根/cm,纬密 21.0 根/cm。

织物图片 见彩图 684。

粘麻交织提花布〔1〕

织物组织 小提花(图 174)。

使用原料 粘胶纤维、亚麻。

组织规格

经纱 18.5tex(54 公支,粘纤),纬纱 41.7tex(24 公支,亚麻);经密 16.0 根/cm,纬密 11.0 根/cm。

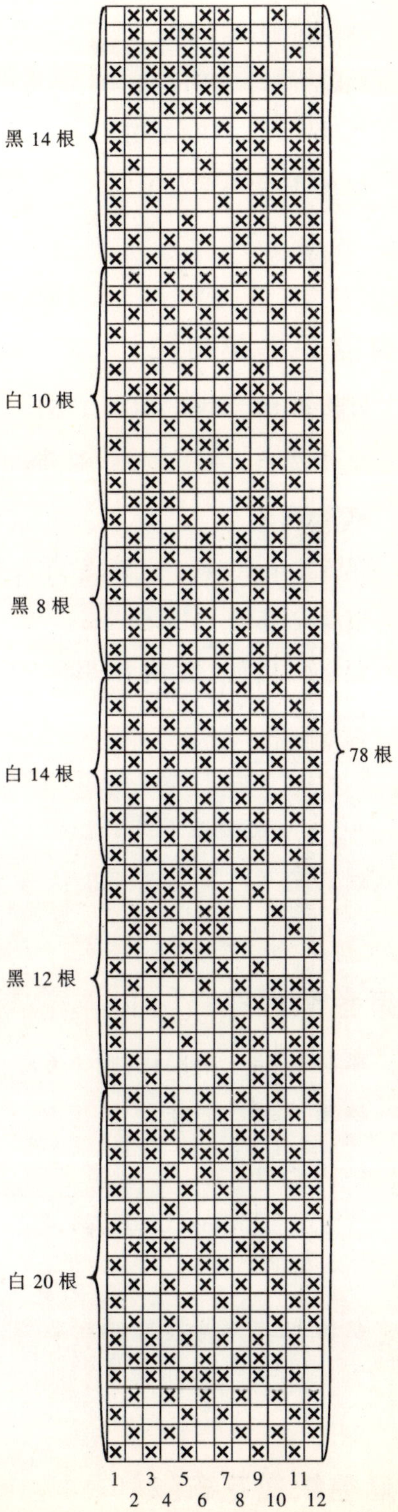

图 174

纱线 A:黑色　纱线 B:白色

纱线排列:

经纱　12A20B12A10B8A/62 根

纬纱　14A14B8A10B12A20B/78 根

织物图片　见彩图 685。

粘麻交织提花布〔2〕

织物组织　小提花(图 175)。

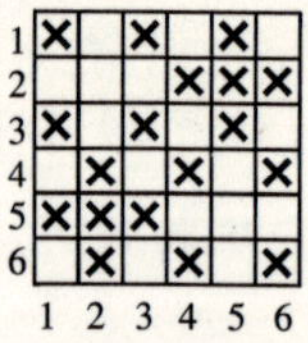

图 175

使用原料　粘胶纤维、亚麻。

组织规格

经纱 24tex(41.7 公支,粘纤),纬纱 45.5tex(22 公支,亚麻);经密 19.6 根/cm,纬密 13.4 根/cm。

纱线 A:白色　纱线 B:黑色

纱线排列:

经纱　6A6B/12 根

纬纱　6A6B/12 根

织物图片　见彩图 686。

亚麻色织提花布〔1〕

织物组织　小提花(图 176)。

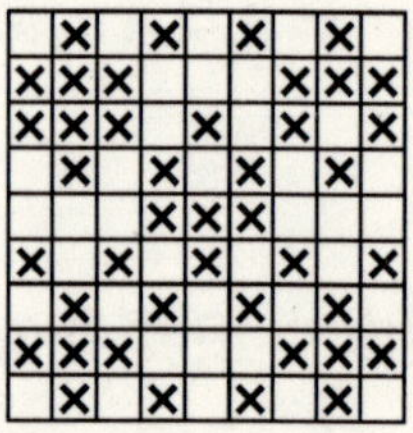

图 176

使用原料　亚麻。

组织规格

纱线细度 50tex(20 公支);经密 18.0 根/cm,纬密 20.0 根/cm。

织物图片　见彩图 687。

亚麻色织提花布〔2〕

织物组织　小提花。

使用原料　亚麻。

组织规格

经纱35.7tex(28公支),纬纱50tex(20公支);经密19.5根/cm,纬密17.3根/cm。

织物图片　见彩图688。

亚麻提花布〔1〕

织物组织　小提花(图177)。

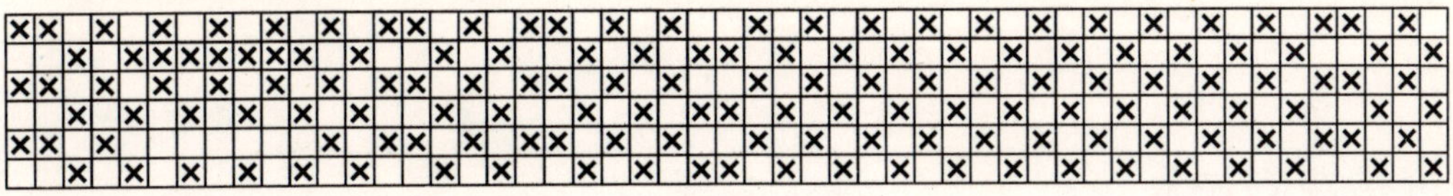

图177

使用原料　亚麻。

组织规格

纱线细度41.7tex(24公支);经密22.0根/cm,纬密17.5根/cm。

纱线A:红色　纱线B:白色　纱线C:蓝色

纱线排列:

经纱　16A2B1A1B1A1C1B1C1B1C1A1B1A2B16A14B/61根

纬纱　B

织物图片　见彩图689。

亚麻提花布〔2〕

织物组织　小提花(图178)。

使用原料　亚麻。

组织规格

经纱31.3tex(32公支),纬纱5.6tex(180公支);经密21.0根/cm,纬密18.0根/cm。

织物图片　见彩图690。

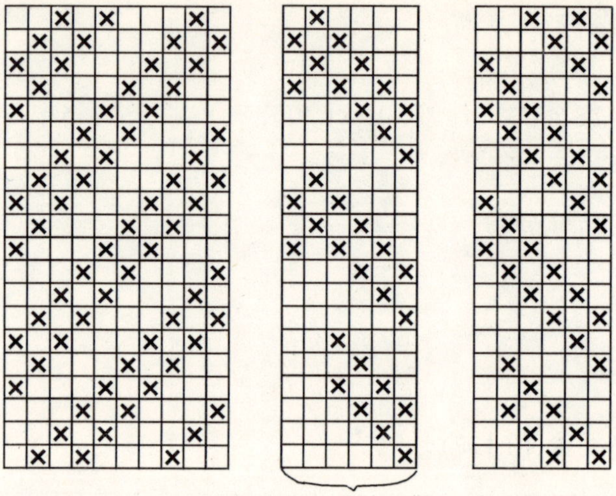

图 178

亚麻提花布〔3〕

织物组织 小提花。

使用原料 亚麻。

组织规格

纱线细度 35.7tex(28 公支);经密 22.0 根/cm,纬密 25.7 根/cm。

织物图片 见彩图 691。

亚麻提花布〔4〕

织物组织 小提花(图 179)。

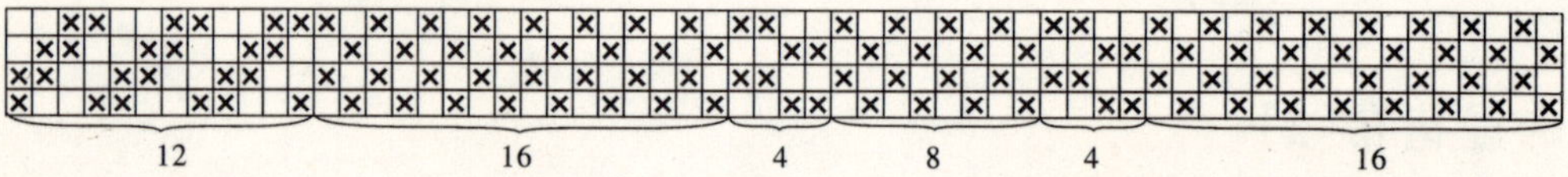

图 179

使用原料 亚麻。

组织规格

经纱 45.5tex(22 公支),纬纱 35.7tex(28 公支);经密 21.5 根/cm,纬密 19.0 根/cm。

织物图片 见彩图 692。

7 其 他

亚麻哔叽

织物组织 斜纹(图 180)。

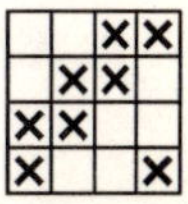

图 180

使用原料 亚麻。

组织规格

经纱 74.1tex(13.5 公支),纬纱 66.7tex(15 公支);经密 20.5 根/cm,纬密 21.0 根/cm。

织物图片 见彩图 693。

亚麻圆机针织布

织物组织 针织。

使用原料 亚麻。

组织规格

纱线细度 23.8tex(42 公支)。

织物图片 见彩图 694。

蚕丝亚麻混纺针织布(湿纺纱)

织物组织 针织。

使用原料 亚麻 55%、柞绢 45%。

织物图片 见彩图 695。

涤麻混纺针织布

风格及用途 适于制作春秋季针织服装,具有保温、吸汗、穿着舒适的特点,具有粗犷的风格。

织物组织 针织。

使用原料 涤纶、亚麻。

组织规格

纱线细度 38.9tex(25.7 公支);经密 15.0 根/cm,纬密 26.0 根/cm。

织物图片 见彩图 696。

湿纺毛麻针织布

织物组织 针织。

使用原料 毛 55%、苎麻 45%。

组织规格

纱线细度 50tex(20 公支)。

织物图片 见彩图 697。

亚麻提花装饰布〔1〕

织物组织 $\frac{3}{1}$斜纹(图 181)。

使用原料 亚麻。

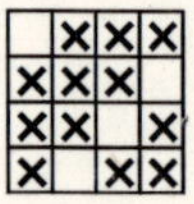

图 181

组织规格

纱线细度 41.7tex(24 公支);经密 22.0 根/cm,纬密 21.2 根/cm。

纱线 A:原色　纱线 B:白色

纱线排列:

经纱　8A26B/34 根

纬纱　B

织物图片 见彩图 698。

亚麻提花装饰布〔2〕

织物组织 $\frac{3}{1}$斜纹(图 182)。

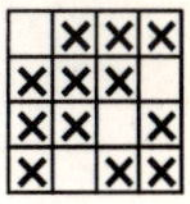

图 182

使用原料 亚麻。

组织规格

纱线细度 41.7tex(24 公支);密度 21.2 根/cm。

纱线 A:原色　纱线 B:白色

纱线排列:

经纱　22A22B/44 根

纬纱　B

织物图片 见彩图 699。

亚麻提花装饰布〔3〕

织物组织 小提花(图 183)。

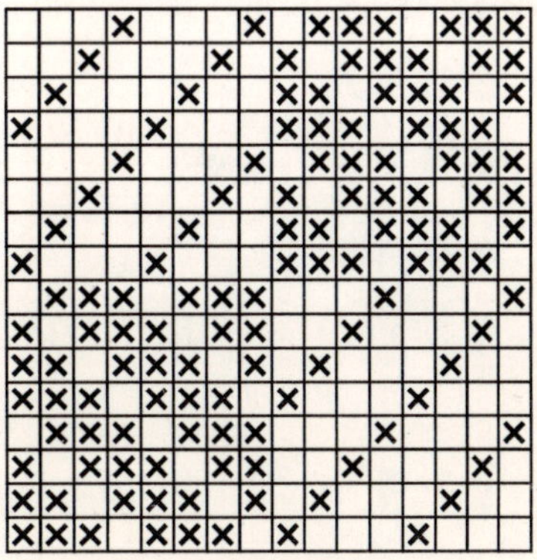

图 183

使用原料 亚麻。

组织规格

纱线细度 41.7tex(24 公支);经密 24.3 根/cm,纬密 23.6 根/cm。

织物图片 见彩图 700。

亚麻提花装饰布〔4〕

织物组织 小提花(图 184)。

使用原料 亚麻。

组织规格

纱线细度 27.8tex(36 公支);经密 20.5 根/cm,纬密 16.5 根/cm。

织物图片 见彩图 701。

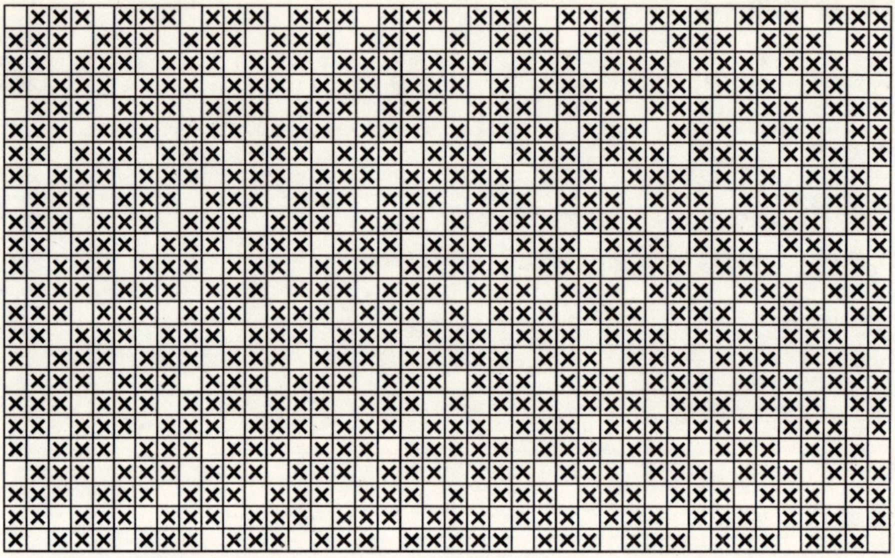

图 184

亚麻提花装饰布〔5〕

织物组织 小提花。

使用原料 亚麻。

组织规格

经纱33.3tex(30公支),纬纱25tex(40公支);经密21.0根/cm,纬密27.5根/cm。

织物图片 见彩图 702。

粘麻交织提花装饰布〔1〕

织物组织 小提花(图 185)。

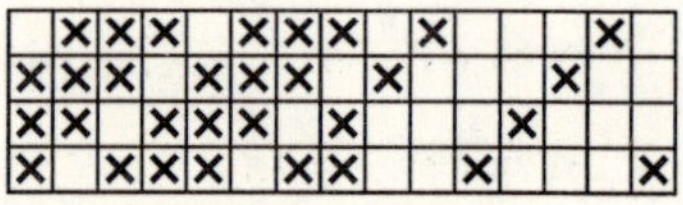

图 185

使用原料 粘胶纤维、亚麻。

组织规格

经纱 27.8tex×2(36/2 公支,粘纤),纬纱 31.3tex(32 公支,亚麻);经密 28.0 根/cm,纬密 23.2 根/cm。

织物图片 见彩图 703。

粘麻交织提花装饰布〔2〕

织物组织　小提花(图 186)。

使用原料　粘胶纤维、亚麻。

组织规格

经纱 25tex × 2(40/2 公支,粘纤),纬纱 45.5tex(22 公支,亚麻);经密 20.0 根/cm,纬密 26.0 根/cm。

织物图片　见彩图 704。

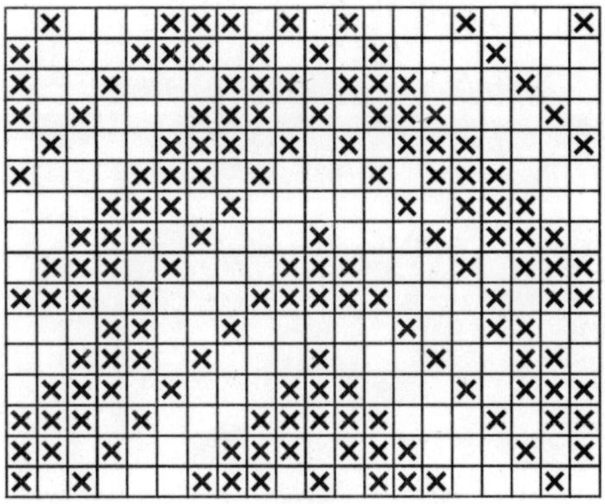

图 186

棉麻交织提花装饰布〔1〕

织物组织　小提花(图 187)。

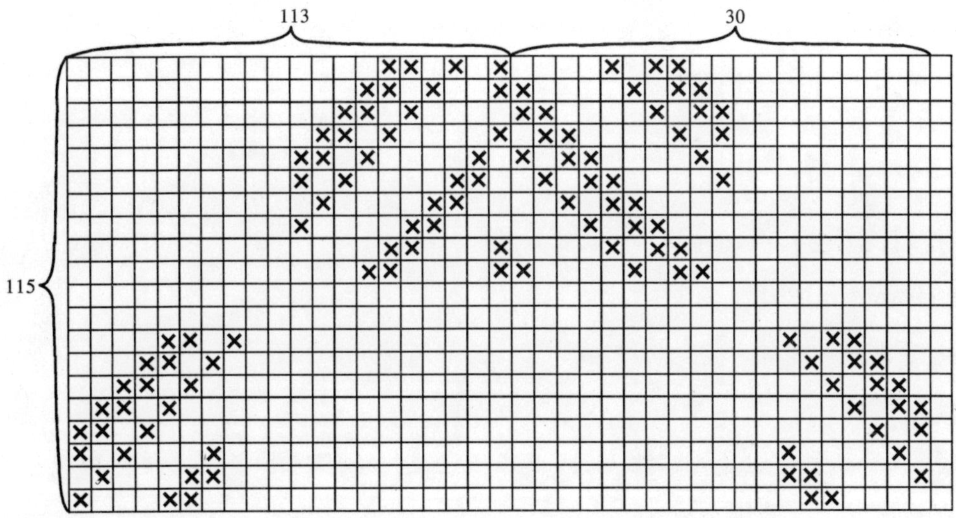

图 187

使用原料　亚麻、棉。

组织规格

经纱 55.6tex(18 公支,亚麻),纬纱 27.8tex(21 英支,棉);经密 41.5 根/cm,纬密 26.2 根/cm。

织物图片　见彩图 705。

棉麻交织提花装饰布〔2〕

织物组织　小提花(图 188)。

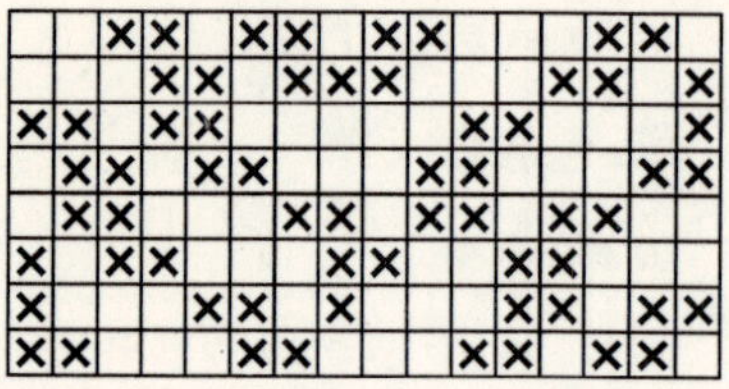

图 188

使用原料　亚麻、棉。

组织规格

经纱 35.7tex×2(28/2 公支,亚麻),纬纱 29tex(20 英支,棉);经密 21.0 根/cm,纬密 25.0 根/cm。

织物图片　见彩图 706。

亚麻扎染布〔1〕

织物组织　平纹。

使用原料　亚麻。

组织规格

纱线细度 74.1tex(13.5 公支);经密 16.5 根/cm,纬密 14.2 根/cm。

织物图片　见彩图 707。

亚麻扎染布〔2〕

织物组织　平纹。

使用原料　亚麻。

组织规格

经纱 66.7tex(15 公支),纬纱 74.1tex(13.5 公支);经密 16.5 根/cm,纬密 14.2 根/cm。

织物图片　见彩图 708。

大麻部分

大麻(HEMP),别名线麻、魁麻、火麻、汉麻等,俗称线麻。属一年生草本植物,是人类用作纺织的最早纤维之一,也是中华民族最早种植并赖以裹体御寒的纤维作物。过去,民间常用于搓麻绳、纳鞋底、密封管道口以及建筑物包梁裹柱等。现代科技的发展,更拓宽了它的应用领域,尤其是在当今人们追求绿色自然、返璞归真的时代潮流下,大麻纺织品以其特有的风韵和天然保健的功能受到专家们的肯定以及广大消费者的青睐。

现代研究表明:大麻韧皮含纤维素(约 57%)、半纤维素(约 17%)、木质素(约 7%)、果胶(约 6%)、脂蜡质(约 2%)以及含氮化合物、微量元素。大麻纤维分子的聚合度较小(约为亚麻的 7/10、棉的 1/2、苎麻的 1/8),纤维中腔较大(约占横截面积的 1/3 ~ 1/2,比苎麻、亚麻、棉都大得多)。大麻纤维表面很粗糙,纵向有许多裂隙和孔洞,并与中腔相连。因此,大麻纤维具有卓越的吸湿透气性能。以大麻帆布为例,其吸湿透气速率达 7.43mg/min,散湿速率更高达 12.6mg/min;大麻夏布比大麻/棉(55/45)布的吸湿速率高 27%、散湿速度快 32%。大麻纤维截面的形状比苎麻、亚麻、棉、毛都复杂(有三角形、四到六边形、扁圆形、腰圆形等),中腔常与外形不一。光线照射过来,一部分形成多层折射或被吸收,大量形成了漫反射,使大麻织物不仅看上去光泽柔和,而且具有良好的防紫外线辐射功能。大麻单纤维的细度约为苎麻的 2 ~ 3 倍,接近于棉,纤维顶端呈钝圆形,没有苎麻、亚麻那样尖锐的顶端。因此,大麻纺织品较易避免麻制品的粗硬感与刺痒感。同时,大麻韧皮纤维虽经脱胶和纺织染整加工,仍然存留和吸收了微量的大麻酚类物质。科学实验和大量日常使用证明:大麻织物对大肠杆菌、金黄色葡萄球菌、绿脓杆菌、白色念珠菌和石膏样毛癣菌、青霉、曲霉等有明显的杀灭、抑制作用,护肤、爽身之效明显。

大麻生长迅速,在全世界范围内都可以种植,其纤维好,强度高,耐腐蚀,也可取代木浆用于造纸,保护森林环境。大麻易种植,无病虫害,不需施用化肥、农药,是典型的绿色产品。

据国家纺织产品质量监督检测中心等单位的测试分析结果及有关检验报告,大麻纤维及其制品具有以下特性:

1. 大麻纤维吸湿性能优良,且散湿速率大于吸湿速率,因而吸汗快,舒适爽身;

2. 大麻纺织品具有较好的抗静电性能,对人体无不良影响;

3. 大麻纤维截面呈圆形,单纤维极细,大麻与其他纤维纺织品相比,手感滑爽、柔软、无刺痒感;

4. 大麻纺织品未经任何药物处理,水洗后,按美国《AATCC 90—1982 定性抑菌法》测试,结果表明,大麻布对金黄色葡萄球菌、绿脓杆菌、大肠杆菌等均有明显的抑菌效果;

5. 大麻织物无需特别整理,即可有效地屏蔽紫外线;

6. 大麻纤维的耐热性极佳，在370℃时仍保持不变；

7. 大麻纤维不仅含有麻甾醇等有益物质，经高频等离子发射分析测定，它还含有10多种对人体健康十分有益的微量元素。

大麻虽然有以上特性，但由于大麻脱胶未能攻克，我国大麻一直停留在大麻的初加工上，20世纪80年代末我国攻克了大麻脱胶，相继开发出了大麻纺织品，走出了一条干纺、湿纺、长纺、短纺并进的路子，现已开发出20.8~200tex(5~48公支)的纯大麻纱及大麻高档机织面料、针织面料、床上用品，为进一步提高其服用性能，取长补短，使人们在追求大麻的古朴、自然、保健的同时，更体现其时尚性。

工艺流程：

1. 大麻干纺纱：

大麻原麻→脱胶→精干麻→梳理→麻条→并条→粗纱→细纱→络筒

2. 大麻湿纺纱：

大麻打成麻→梳理→并条→粗纱→粗纱脱胶→细纱→络筒

3. 大麻织物后整理：

坯布→烧毛→退浆→煮练→漂白→柔软→预缩→拉幅→定形

大麻产品由纯纺逐渐走向混纺，已开发出大麻与棉、羊毛、丝、牦牛绒、Tencel纤维、莫代尔(Modal)纤维、莱卡(Lycra)纤维、粘胶纤维等的混纺及交织产品。使得大麻产品在具有大麻抗霉抑菌、吸湿透气、抗静电、屏蔽紫外线的同时，更具其他纤维的手感滑爽、光泽柔和、抗皱性能优良、悬垂性好的特点。拓宽了大麻产品的应用领域。

1 牛仔布

大麻染色牛仔布

织物组织 斜纹。

使用原料 大麻100%。

组织规格

经纱62.5tex×2(16/2公支)，纬纱117.7tex(8.5公支)；经密20.05根/cm，纬密12.55根/cm。

织物图片 见彩图709。

大麻棉染色牛仔布

织物组织 斜纹。

使用原料 大麻55%、棉45%。

组织规格

纱线细度83.9tex(7英支);经密27.15根/cm,纬密13.75根/cm。

织物图片 见彩图710。

大麻靛蓝牛仔布

织物组织 斜纹。

使用原料 大麻100%。

组织规格

经纱62.5tex×2(16/2公支),纬纱117.7tex(8.5公支);经密20.05根/cm,纬密12.55根/cm。

织物图片 见彩图711。

大麻棉靛蓝牛仔布

织物组织 斜纹。

使用原料 大麻55%、棉45%。

组织规格

经纱41.9tex×2(14/2英支),纬纱83.9tex(7英支);经密29.1根/cm,纬密16.5根/cm。

织物图片 见彩图712。

2 帆 布

大麻长纤染色帆布

织物组织 方平。

使用原料 大麻 100%。

组织规格

纱线细度 100tex×2(10/2 公支);经密 16.15 根/cm,纬密 7.85 根/cm。

织物图片 见彩图 713。

大麻棉混纺帆布

织物组织 平纹。

使用原料 大麻 100%。

使用原料 大麻 55%、棉 45%。

组织规格

经纱 54tex×2(11/2 英支),纬纱 83.9tex(7 英支);经密 16.15 根/cm,纬密 11.8 根/cm。

织物图片 见彩图 714。

3 染色布

大麻长纤染色布

织物组织 平纹。

使用原料 大麻 100%。

组织规格

纱线细度 55.6tex(18 公支);经密 17.7 根/cm,纬密 16.5 根/cm。

织物图片 见彩图 715。

大麻短纺染色布

织物组织 平纹。

使用原料 大麻 100%。

组织规格

纱线细度 55.6tex(18 公支);经密 19.65 根/cm,纬密 17.3 根/cm。

织物图片 见彩图 716。

4 混纺布

大麻、棉混纺布

织物组织 平纹。

使用原料 大麻 55%、棉 45%。

组织规格

纱线细度 28tex(21 英支);经密 22.8 根/cm,纬密 22.8 根/cm。

织物图片 见彩图 717。

大麻涤纶混纺布〔1〕

织物组织 平纹。

使用原料 大麻 55%、涤纶 45%。

组织规格

纱线细度 28tex(21 英支);经密 25.95 根/cm,纬密 25.15 根/cm。

织物图片 见彩图 718。

大麻涤纶混纺布〔2〕

织物组织 变化组织。

使用原料 大麻55%、涤纶45%。

组织规格

纱线细度28tex×2(21/2英支);经密27.15根/cm,纬密18.85根/cm。

织物图片 见彩图719。

大麻牦牛绒混纺布

织物组织 重平。

使用原料 大麻80%、牦牛绒20%。

组织规格

纱线细度62.5tex×2(16/2公支);经密16.15根/cm,纬密10.6根/cm。

织物图片 见彩图720。

三成分大麻混纺布〔1〕

织物组织 斜纹。

使用原料 大麻45%、Tencel纤维30%、涤纶25%。

组织规格

纱线细度16.3tex(36英支);经密29.5根/cm,纬密33.45根/cm。

织物图片 见彩图721。

三成分大麻混纺布〔2〕

织物组织 凸条组织。

使用原料 大麻40%、涤纶35%、莫代尔纤维25%。

组织规格

纱线细度28tex×2(21/2英支);经密29.5根/cm,纬密18.5根/cm。

织物图片 见彩图722。

三成分大麻混纺布〔3〕

织物组织 平纹。

使用原料 大麻30%、涤纶45%、莫代尔纤维25%。

组织规格

纱线细度28tex(21英支);经密25.95根/cm,纬密25.15根/cm。

织物图片 见彩图723。

三成分大麻混纺布〔4〕

织物组织 平纹。

使用原料 大麻30%、莫代尔纤维45%、涤纶25%。

组织规格

经纱19.6tex×2(30/2英支),纬纱28tex×2(21/2英支);经密29.5根/cm,纬密19.65根/cm。

织物图片 见彩图724。

三成分大麻混纺布〔5〕

织物组织 斜纹。

使用原料 大麻35%、莫代尔纤维20%、涤纶45%。

组织规格

经纱19.6tex×2(30/2英支),纬纱28tex×2(21/2英支);经密38.15根/cm,纬密18.85根/cm。

织物图片 见彩图725。

三成分大麻混纺布〔6〕

织物组织 变化组织。

使用原料 大麻45%、Tencel纤维35%、涤纶25%。

组织规格

纱线细度28tex×2(21/2英支);经密29.5根/cm,纬密19.65根/cm。

织物图片 见彩图726。

三成分大麻混纺布(7)

织物组织 平纹。

使用原料 大麻40%、涤纶35%、Tencel纤维25%。

组织规格

纱线细度28tex(21英支);经密25.95根/cm,纬密25.15根/cm。

织物图片 见彩图727。

四成分大麻混纺布〔1〕

织物组织 平纹。

使用原料 大麻40%、涤纶35%、Tencel纤维20%、牦牛绒5%。

组织规格

纱线细度53.4tex(11英支);经密20.05根/cm,纬密18.5根/cm。

织物图片 见彩图728。

四成分大麻混纺布〔2〕

织物组织 蜂巢组织。

使用原料 大麻30%、涤纶40%、Tencel纤维25%、牦牛绒5%。

组织规格

纱线细度53.4tex(11英支);经密20.05根/cm,纬密18.5根/cm。

织物图片 见彩图729。

大麻棉混纺布〔1〕

织物组织 平纹。

使用原料 大麻55%、棉45%。

组织规格

纱线细度28tex(21英支);经密22.8根/cm,纬密22.0根/cm。

织物图片 见彩图730。

大麻棉混纺布〔2〕

织物组织 平纹。

使用原料 大麻80%、棉20%。

组织规格

经纱55.6tex(18公支),纬纱28tex×2(21/2英支);经密17.7根/cm,纬密16.5根/cm。

织物图片 见彩图731。

5 印花布

大麻短纺印花布〔1〕

织物组织 平纹。

使用原料 大麻100%。

组织规格

纱线细度55.6tex(18公支);经密19.65根/cm,纬密17.3根/cm。

织物图片 见彩图732。

大麻短纺印花布〔2〕

织物组织 平纹。

使用原料 大麻100%。

组织规格

纱线细度55.6tex(18公支);经密19.65根/cm,纬密17.3根/cm。

织物图片 见彩图733。

6 交织布

大麻丝交织布

织物组织 变化组织。

使用原料 大麻80%、丝20%。

组织规格

经纱55.6tex(18公支),纬纱55.6tex(18公支)、37tex(27公支);经密17.7根/cm,纬密16.5根/cm。

织物图片 见彩图734。

绢丝大麻交织布〔1〕

织物组织 变化组织。

使用原料 大麻80%、绢丝20%。

组织规格

经纱7.1tex×4(140/4公支),纬纱55.6tex(18公支);经密34.25根/cm,纬密18.5根/cm。

织物图片 见彩图735。

绢丝大麻交织布〔2〕

织物组织 变化组织。

使用原料 大麻 80%、绢丝 20%。

组织规格

经纱 7.1tex×4(140/4 公支),纬纱 55.6tex(18 公支);经密 34.25 根/cm,纬密 18.5 根/cm。

织物图片 见彩图 736。

粘胶大麻交织布

织物组织 变化组织。

使用原料 大麻 65%、粘胶纤维 35%。

组织规格

经纱 19.4tex×2(30/2 英支),纬纱 55.6tex(18 公支);经密 25.6 根/cm,纬密 18.5 根/cm。

织物图片 见彩图 737。

7 色织布

大麻莫代尔混纺色织布

织物组织 山形斜纹。

使用原料 大麻 55%、莫代尔纤维 45%。

组织规格

纱线细度 28tex(21 英支);经密 25.95 根/cm,纬密 26.75 根/cm。

织物图片 见彩图 738。

大麻混纺色织布

织物组织 变化组织。

使用原料 大麻 80%、棉 20%。

组织规格

经纱 83.9tex×2(7/2 英支),纬纱 53tex(11 英支);经密 16.15 根/cm,纬密 18.85 根/cm。

织物图片 见彩图 739。

大麻棉混纺色织布〔1〕

织物组织 平纹。

使用原料 大麻 55%、棉 45%。

组织规格

纱线细度 28tex(21 英支);经密 25.95 根/cm,纬密 24.4 根/cm。

织物图片 见彩图 740。

大麻棉混纺色织布〔2〕

织物组织 变化斜纹。

使用原料 大麻 55%、棉 45%。

组织规格

纱线细度 28tex×2(21/2 英支);密度 19.25 根/cm。

织物图片 见彩图 741。

大麻棉混纺色织布〔3〕

织物组织 变化组织。

使用原料 大麻 55%、棉 45%。

组织规格

纱线细度 28tex×2(21/2 英支);经密 29.5 根/cm,纬密 18.5 根/cm。

织物图片 见彩图 742。

大麻棉混纺色织布〔4〕

织物组织 变化组织。

使用原料 大麻 75%、棉 25%。

组织规格

经纱 28tex(21 英支),纬纱 32.6tex(18 公支)、28tex(21 英支);经密 27.15 根/cm,纬密 22.8 根/cm。

织物图片 见彩图 743。

大麻棉混纺色织布〔5〕

织物组织 平纹。

使用原料 大麻 80%、棉 20%。

组织规格

经纱 55.6tex(18 英支),纬纱 27.8tex×2(21/2 英支);经密 17.7 根/cm,纬密 14.95 根/cm。

织物图片 见彩图 744。

大麻棉混纺色织布〔6〕

织物组织 破斜纹。

使用原料 大麻 55%、棉 45%。

组织规格

纱线细度 28tex×2(21/2 英支);经密 27.15 根/cm,纬密 18.5 根/cm。

织物图片 见彩图 745。

大麻色织布〔1〕

织物组织 变化斜纹。

使用原料 大麻 100%。

组织规格

纱线细度 100tex×2(10/2 公支);经密 14.55 根/cm,纬密 9.85 根/cm。

织物图片 见彩图 746。

大麻色织布〔2〕

织物组织 小提花。

使用原料 大麻 100%。

组织规格

纱线细度 100tex×2(10/2 公支);经密 14.55 根/cm,纬密 9.85 根/cm。

织物图片 见彩图 747。

大麻色织布〔3〕

织物组织 提花。

使用原料 大麻 100%。

组织规格

纱线细度 100tex×2(100/2 公支);经密 11.8 根/cm,纬密 11.8 根/cm。

织物图片 见彩图 748。

精梳大麻色织布〔1〕

织物组织 平纹。

使用原料 大麻 100%。

组织规格

纱线细度 41.6tex(24 公支);经密 21.25 根/cm,纬密 21.25 根/cm。

织物图片 见彩图 749。

精梳大麻色织布〔2〕

织物组织 平纹。

使用原料 大麻 100%。

组织规格

纱线细度 41.6tex(24 公支);经密 21.25 根/cm,纬密 21.25 根/cm。

织物图片 见彩图 750。

8 其 他

大麻涂层布

织物组织 平纹。

使用原料 大麻 100%。

组织规格

纱线细度 55.6tex(18 公支);经密 17.7 根/cm,纬密 16.5 根/cm。

织物图片 见彩图 751。

大麻棉涂层布

织物组织 变化组织。

使用原料 大麻 55%、棉 45%。

组织规格

纱线细度 83.9tex(7 英支);经密 16.1 根/cm,纬密 13.75 根/cm。

织物图片 见彩图 752。

大麻棉混纺斜纹布

织物组织 变化组织。

使用原料 大麻 55%、Tencel 纤维 45%。

组织规格

纱线细度 28tex×2(21/2 英支);经密 20.05 根/cm,纬密 18.5 根/cm。

织物图片 见彩图 753。

精梳大麻湿纺平布〔1〕

织物组织 平纹。

使用原料 大麻 100%。

组织规格

纱线细度 41.6tex(24 公支);经密 21.25 根/cm,纬密 21.25 根/cm。

织物图片 见彩图 754。

精梳大麻湿纺平布〔2〕

织物组织 平纹。

使用原料 大麻 100%。

组织规格

纱线细度 27.8tex(36 公支);经密 22.8 根/cm,纬密 22.0 根/cm。

织物图片 见彩图 755。

精梳大麻湿纺平布〔3〕

织物组织 平纹。

使用原料 大麻 100%。

组织规格

纱线细度 55.6tex(18 公支);经密 17.7 根/cm,纬密 16.5 根/cm。

织物图片 见彩图 756。

提花麻丝

织物组织 提花。

使用原料 大麻 84%、丝 16%。

组织规格

经纱 2.3tex×2(2/21 旦),纬纱 55.6tex(18 公支);经密 51.0 根/cm,纬密 24.8 根/cm。

织物图片 见彩图 757。

大麻涤纶弹力布

织物组织 变化组织。

使用原料 大麻 55%、涤纶 45%、莱卡 5%。

组织规格

纱线细度 28tex×2(21/2 英支);经密 27.15 根/cm,纬密 18.5 根/cm。

织物图片 见彩图 758。

大麻弹力布

织物组织 平纹。

使用原料 大麻 55%、涤纶 45%、莱卡 5%。

组织规格

纱线细度 28tex(21 英支);经密 25.95 根/cm,纬密 25.15 根/cm。

织物图片 见彩图 759。

麻丝纺

织物组织 平纹。

使用原料 大麻 84%、丝 16%。

组织规格

经纱 2.3tex×2(2/21 旦),纬纱 55.6tex(18 公支);经密 4.8 根/cm,纬密 22.0 根/cm。

织物图片 见彩图 760。

麻丝缎

织物组织 缎纹。

使用原料 大麻 70%、丝 30%。

组织规格

经纱 2.3tex×2(2/21 旦),纬纱 55.6tex(18 公支);经密 99.0 根/cm,纬密 22.8 根/cm。

织物图片 见彩图 761。

黄麻部分

(一)黄麻纺织的原料

黄麻纺织工业是以黄麻、洋麻和苘麻等韧皮纤维为主要原料，通过纺织机械的加工，将麻制成麻袋、麻布和麻纱线的工业。

黄麻又名绿麻、络麻、草麻、苦麻、红麻等。它有两个主要品种：一种是圆果种，在国际市场上又称白麻；另一种是长果种，在国际市场上又称红麻。

洋麻又名槿麻，在国际市场上又称米斯太，它也有两个主要品种：一种是南方型洋麻，称安倍利；另一种是北方型洋麻，称凯纳夫。苘麻又称青麻、白麻、芙蓉麻等。

除黄麻外的其他上述原料，在国际市场上都称为黄麻代替品或其类似纤维。

(二)麻袋、麻布的织物组织

根据盛装物资的不同要求，麻袋、麻布常用的织物组织有单经平纹、双经平纹、双纬平纹、单经斜纹和双经斜纹 5 种。

1. 单经平纹组织(见图 189)：这一组织国内常用于打包麻布，它的经密和纬密比较接近，一般用 555.56～286.53tex(1.80～3.49 公制干支数)的中支纱或 285.71tex 以下(3.5 公制干支数以上)的高支纱作经纱和纬纱，其织物断裂强度较低。在国家标准 GB 736—87《黄麻麻布》中根据经密、纬密和纱支不同分为重型麻布、中型麻布和轻型麻布 3 种。

2. 双经平纹组织(见图 190)：又称纬重平组织，它是在沿纬纱方向增加经组织点的一种织物组织。GB731—87《黄麻麻袋》中所列的 7135 小粒袋，6635 中粒袋，5728 大粒袋和 6630 专用袋，都采用这一组织。其主要用途是盛装粮食、糖、盐、豆类、花生、枣子等物资。其尺寸由于盛装容量的不同而异。

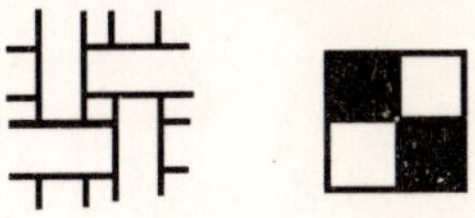

图 189

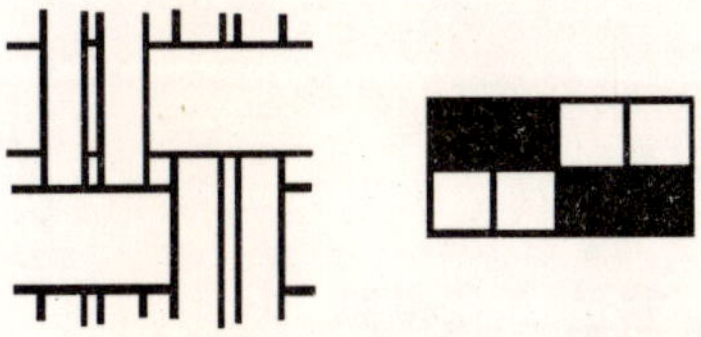

图 190

3. 双纬平纹组织：又称经重平组织，它是在沿经纱方向增加纬组织点的一种织物组织。

4. 单经斜纹组织(见图 191)：单经斜纹组织的麻袋、麻布，目前已很少使用，其主要品种是滤糖布，它的经、纬密度比较高，经密是 9.85 根/cm(英制 15 号筘)，纬密是 5.9 根/cm(15 根/英寸)，经、纬纱均用高支纱。斜纹分左、右两种。

5. 双经斜纹组织(见图 192):一般用于包装颗粒较小的物资,如糖、菜籽等。GB 731—87《黄麻麻袋》中的 10232 斜纹袋和 8031 斜纹袋,都是双经斜纹组织,主要用来盛装糖,10232 斜纹袋还适用于盛装粉末状的物资,如纯碱等。在国外市场上,双经斜纹组织的麻袋应用比较广,其标准尺寸是宽 67.3cm(26.5 英寸)、长 111.8cm(44 英寸)。常用的有 A 斜纹袋、B 斜纹袋、利物浦斜纹袋、2 号斜纹袋等。

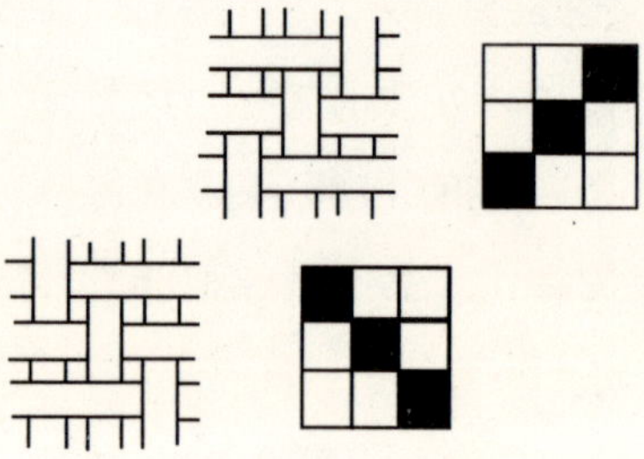

图 191

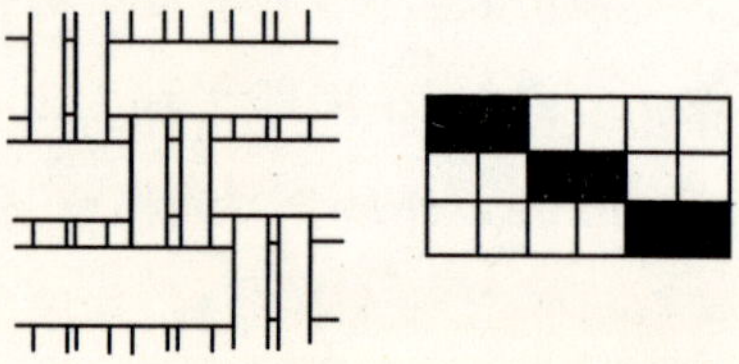

图 192

现将国外市场上一些麻袋嵌色线的颜色、形式介绍如下,供生产出口麻袋时的参考。

1. A 斜纹袋:3 条蓝线。中间 1 条宽 1.3cm(0.5 英寸),两边各间隔 2.5cm(1 英寸)原纱后,再各嵌 1 条蓝线(2 根蓝纱)。

2. 利物浦斜纹袋:3 条蓝线。

3. 2 号斜纹袋:3 条蓝线。

4. B 斜纹袋:3 条蓝线。中间 1 条宽 9mm(0.375 英寸),两边各间隔 2.9cm(1.125 英寸)原纱后,再各嵌 1 条蓝线(2 根蓝线)。

5. 古巴糖袋:宽 51mm(2 英寸)蓝线 1 条。

6. 咖啡斜纹袋:宽 51mm(2 英寸)蓝线 1 条或 2 条狭红线和 1 条狭蓝线。

7. 面粉袋:3 条蓝线。1 条在中间,另 2 条在离边约 1/4 处。

8. 斜纹面粉袋:2 条 25mm(1 英寸)蓝线,间隔 152.4mm(6 英寸)。

9. 斜纹谷物袋:3 条蓝线。

10. 澳大利亚羊毛包:1 条红线,宽 13mm(0.5 英寸)或 3 条蓝线。

11. 糖包:3 条蓝线。

12. 埃及谷物袋:1 条品红线,宽 51mm(2 英寸)。

13. 调整 A 斜纹或 B 斜纹袋:3 条狭的红线和蓝线。

14. 重型“C”字袋:宽 51mm(2 英寸)蓝线。销售于东南亚等地区的 H.C.29 英寸袋则嵌宽 51mm(2 英寸)绿线。

15. 轻型“C”字袋:宽 51mm(2 英寸)蓝线。

16. 双经平纹面粉袋：中间 1 条红线，两边各嵌 1 条蓝线。

17. 日本大米袋：中间 2 根红线，其间隔是 6mm(0.25 英寸)或中间 1 根蓝线，离边 9mm(0.375 英寸)，左右各嵌 1 根红线。

(三)麻袋、麻布的工艺流程

1. 麻袋的工艺流程：

原麻→拣选→软麻→堆仓→梳麻→并条→细纱→络经(络纬)→整经→织造→量验→轧光→折切→缝边→缝口→验袋→打包

2. 麻布的工艺流程：

原麻→拣选→软麻→堆仓→梳麻→并条→细纱→络经(络纬)→整经→织造→量验→轧光→折布→打包

(四)麻袋、麻布的技术条件与主要用途

1. 麻袋的技术条件与主要用途：

编　号		7135	6635	6632		6630	5725	8031
品　名		1 号袋	2 号袋	3 号袋		4 号袋	5 号袋	6 号袋
				1	2			
组　织	地 边	双经平纹 加密布边	双经平纹 加密布边	双经平纹 加密布边		双经平纹 加密布边	双经平纹 加密布边	双经斜纹
经纬密度/根·cm^{-1}	经 纬	7.1 3.5	6.6 3.5	6.6 3.2		6.6 3.0	5.5 2.3	8.0 3.1
缝针密度/针·cm^{-1}	边 口	1.0 0.6	1.0 0.6	1.0 0.6		1.0 0.6	1.0 0.6	1.0 0.6
断裂强度/kg	经 纬 边	9.5 11.0 8.0	9.0 11.0 8.0	9.0 10.5 7.5		8.5 9.5 7.0	7.0 7.0 4.8	10.5 9.0 6.0
尺寸/cm	长 宽	107 74	107 74	107 74	90 58	90 58	105 74	112 68
公定回潮率时的重量/g		1000	980	960	648	595	740	1000
主要用途		盛装 纯碱等	盛装糖、 谷物等	盛装谷物		盛装出口 大米	盛装颗粒 大的物资	盛装颗粒 小的物资

2. 麻布的技术条件与主要用途：

编　号	4743	4343	4339	3939	3935	3535
品　名	1 号 麻布	2 号 麻布	3 号 麻布	4 号 麻布	5 号 麻布	6 号 麻布
组　织	单　经　平　纹					

续表

编号		4743	4343	4339	3939	3935	3535
经纬密度/根·cm^{-1}	经	4.7	4.3	4.3	3.9	3.9	3.5
	纬	4.3	4.3	3.9	3.9	3.5	3.5
断裂强度/kg	经	58	52	50	44	42	36
	纬	54	52	46	44	32	36
公定回潮率时的重量/g·m^{-2}		345	330	315	300	285	270
主要用途		包装纸、毛毯，制作坐垫等	包装羽兽毛、烤烟等		包装金属制品及干辣椒等土产品		包装皮棉等

(五)黄麻纱线的工艺流程

原麻→拣选→软麻→堆仓→头梳→二梳→头并→二并→三并→细纱→络筒→捻线→络筒→摇纱→成包

(六)黄麻纱线的技术条件

1. 电缆麻纱、线的技术条件：

品　　名	公制干支数	断裂强度/kg·m^{-1}	支数不匀率/%	含杂率/%	捻度/捻·cm^{-1}
0.34公支电缆麻纱	0.34	40	9	1.8	0.45
0.51公支电缆麻纱	0.51	30	9	1.8	0.55
0.68公支电缆麻纱	0.68	24	9	1.8	0.65
1.6公支电缆麻纱	1.60	10	9	1.8	1
1.6/3公支电缆麻纱	0.51～0.53	38	8.5	1.5	0.75
3.2/3公支电缆麻纱	1.03～1.68	18	8.5	1.5	1

注　Tt = 1000/公制支数

2. 钢丝绳芯麻纱的技术条件：

品　　名	断裂强度/kg·m^{-1}	支数不匀率/%	含杂率/%	捻度/捻·cm^{-1}
1.08公支钢丝绳芯纱	15	8.5	1.5	0.8
1.50公支钢丝绳芯纱	12	8.5	1.5	1.1
1.63公支钢丝绳芯纱	10	8.5	1.5	1.15
2.16公支钢丝绳芯纱	9	8.5	1.5	1.25
2.40公支钢丝绳芯纱	8	8.5	1.5	1.25

3. 绞包麻线的技术条件：

品　　名	公制干支数	断裂强度/kg·m^{-1}	支数不匀率/%	含杂率/%	捻度/捻·cm^{-1}
1.33 公支电缆麻纱	0.430~0.415	48	8.5	1.5	9.5
1.453 公支电缆麻纱	0.480~0.460	44	8.5	1.5	10
1.63 公支电缆麻纱	0.530~0.510	40	8.5	1.5	10.5
3.03 公支电缆麻纱	0.990~0.950	20	8.5	1.5	12.5

(七)黄麻纺织产品的发展趋势

1. 黄麻高密布:

(1)黄麻高密布:经纬密度均高于 Hossian cloth – Heavy 的一种装饰面料,有纯黄麻和麻棉交织之分,纯黄麻高密布通常用高支黄麻单纱或股线织造,采用单经平纹(见图189)组织,色彩为灰色基调略泛金黄,光泽柔和中不乏亮艳,呈古朴风格,布面织纹立体感强,厚实挺括,经染整处理,施以淡彩,更是家庭装饰的妙品。纱的纬密为 222~125tex(4.5~8 公制干支数)或 200tex×2~124tex×2(5/2~8/2 公制干支数),一般单位质量在 270~340g/m^2。

(2)麻棉交织布,通常纬纱用高支黄麻纱 222~125tex 单纱、经纱用 31.2tex×2~47.6tex×2 棉纱,也可和苎麻纱线交织,经纬纱均为天然纤维,具有可降解性,棉纱可用原色和染色纱,如棉纱经丝光等整理工艺,色泽更显亮艳,以淡黄色为基调的麻纱配上棉纱的淡彩,成为一种具有韵味的灰色,可谓赏心悦目。

黄麻高密布的工艺流程如下:

拣麻→软麻→梳麻→精梳→并条→细纱→络经(络纬)→整经(浆纱)→织造→量验→退浆→烧毛→脱油→漂洗→染色→漂洗→脱水(烘干)

黄麻高密布一般用黄麻高支纱织造,所有原料均为孟加拉国 D 级以上黄麻,黄麻纤维支数(2.5tex 左右)比国产洋麻(3.3tex 左右)高且柔软,可纺性好,毛羽少,织造效率高。

黄麻高密布主要用于手袋、箱包、鞋业、皮革加工、包装、工艺品、油画底布和复合布、注塑配件填充料、工业帆布等。

黄麻产品的织物图片见彩图 762~793。

5050 布〔1〕

纱线细度:200tex(5.0 公制干支数)

经密:5 根/cm

纬密:5 根/cm

单位质量:280g/m^2

经紧度:62.6

纬紧度:62.6

总紧度:86.01

5050 布〔2〕

纱线细度:222tex(4.5 公制干支数)

经密:5 根/cm

纬密:5 根/cm

单位质量:310g/m^2

经紧度:66

纬紧度:66

总紧度:88.44

5050 布〔3〕

纱线细度:250tex(4.0 公制干支数)

经密:5 根/cm

纬密:5 根/cm

单位质量:340g/m^2

经紧度:70

纬紧度:70

总紧度:91

6060 布〔1〕

纱线细度:250tex(4.0 公制干支数)

经密:6 根/cm

纬密:6 根/cm

单位质量:378g/m^2

经紧度:70

纬紧度:70

总紧度:91

6060 布〔2〕

纱线细度:222tex(4.5 公制干支数)

经密:6 根/cm

纬密:6 根/cm

单位质量:336g/m^2

经紧度:66

纬紧度:66

总紧度:88.44

6060 布〔3〕

纱线细度:200tex(5.0 公制干支数)

经密:6 根/cm

纬密:6 根/cm

单位质量:302g/m^2

经紧度:62.6

纬紧度:62.6

总紧度:86.01

6060 布〔4〕

纱线细度:167tex(6.0 公制干支数)

经密:6 根/cm

纬密:6 根/cm

单位质量:252g/m^2

经紧度:57.2

纬紧度:57.2

总紧度:81.7

棉麻交织布

经纱:47.6tex×2(21/2 公制干支数)棉纱或苎麻纱

纬纱:167tex(6.0 公制干支数)黄麻纱

经密:24 根/cm

纬密:6 根/cm

单位质量:385g/m^2

经紧度:43.7

纬紧度:57.2

总紧度:75.9

2. 黄麻高支纱(混纺纱):

(1)黄麻高支纱:目前国内低于 250tex(高于 4 公制干支数)的纱称为高支纱,少数几个厂家可以生产到 125tex(8 公制干支数)左右,有的科研所麻棉混纺支数已达到了 83~67tex(12~15 公制干支数),接近印度、孟加拉国的先进水平,当前具有一定销售市场的似乎是 250~167tex(4~6 公制干支数)的系列产品。

(2)由于纱支支数较高,要求相应的纤维支数要较高,所以纺高支纱通常用孟加拉国 C 级及 C 级以上黄麻,纤维细度在 2~2.5tex(400~500 公制干支数)之间。

古朴的光泽是黄麻高支纱特有的风格,如经浆纱,即经无毛羽化处理,产品就更上档次,黄麻高支纱系列产品通常作为一种半成品用于地毯底布、海生布、提花装饰布、棉麻交织布、色织布、高密度纯麻布、工艺品,通过捻接的无结头高支纱常用于高档电缆填充料,黄麻的吸湿程度远远大于其他类纤维,防潮、防霉性能很好,它在家用纺织品行业发展潜力很大。

高支纱的工艺流程：

拣麻→软麻→堆仓→头梳→二梳→精梳→头并→二并→三并→(四并)→细纱→络筒→包装

4.5 支纱

配麻比:100%的 C 级黄麻

捻度:1.8～1.9 捻/cm

喂入麻条重量:3.2g/m

支数不匀:低于 5%

5.0 支纱

配麻比:100%的 C 级黄麻

捻度:1.9～2.1 捻/cm

喂入麻条重量:3.0g/m

6.0 支纱

配麻比:100%的 C 级黄麻

捻度:2.1～2.3 捻/cm

喂入麻条重量:3.0g/m

支数不匀:低于 5%

7.0 支纱

配麻比:100%的 C 级黄麻

捻度:2.3～2.5 捻/cm

喂入麻条重量:3.0g/m

支数不匀:低于 5%

麻纺织品织物图片

彩图 1
纯麻布〔1〕

彩图 2
纯麻布〔2〕

彩图 3
纯麻布〔3〕(香港地区)

彩图 4
纯麻布〔4〕(日本)

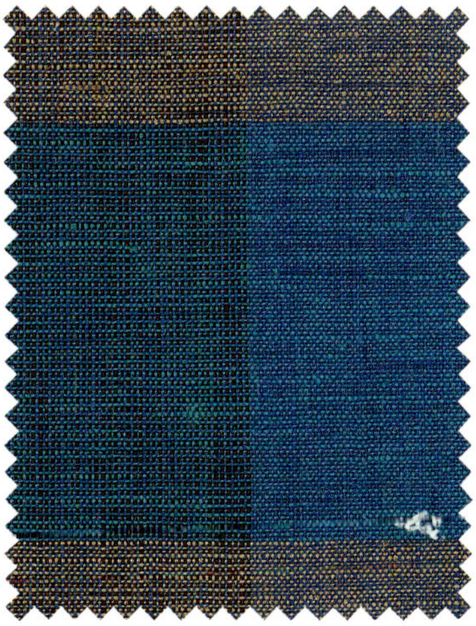

彩图 5
纯麻布〔5〕(韩国)

彩图 6
纯麻布〔6〕(日本)

彩图 7
纯麻布〔7〕(意大利)

彩图 8
纯麻布〔8〕(日本)

彩图 9
纯麻布〔9〕(意大利)

彩图 10
纯麻布〔10〕(台湾地区)

彩图 11
毛麻涤凡立丁〔1〕

彩图 12
毛麻涤凡立丁〔2〕

彩图 13
涤麻凡立丁〔1〕

彩图 14
涤麻凡立丁〔2〕

彩图 15
涤麻与涤棉混纺半线卡其

彩图 16
纯麻彩色蜡染布〔1〕

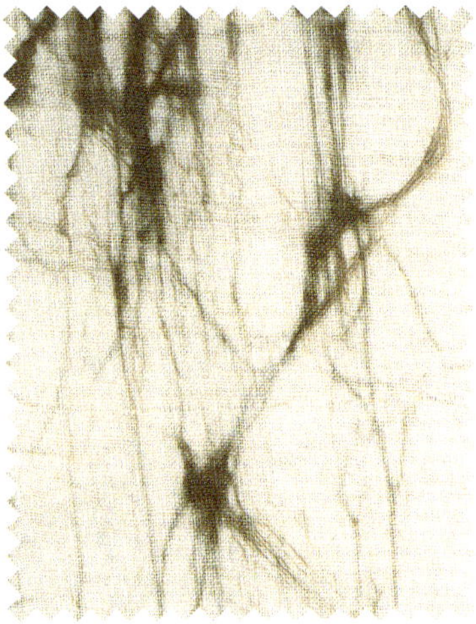
彩图 17
纯麻彩色蜡染布〔2〕

彩图 18
纯麻蜡染布〔1〕

彩图 19
纯麻蜡染布〔2〕

彩图 20
纯麻仿蜡染印花布

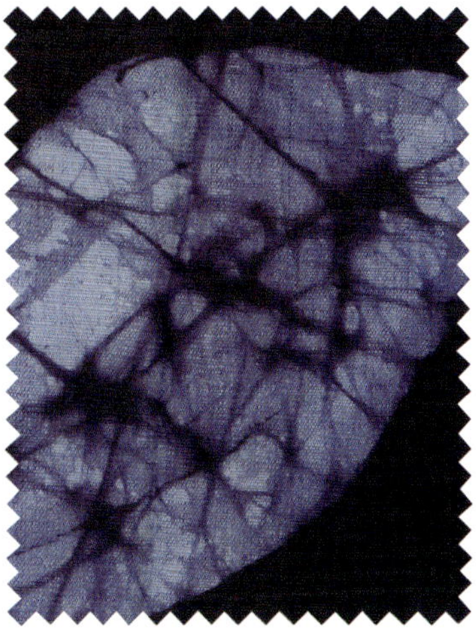
彩图 21
纯麻仿蜡染布

彩图 22
亚麻、苎麻混纺布

彩图 23
Tencel 纤维、麻混纺布〔1〕

彩图 24
Tencel 纤维、麻混纺布〔2〕

彩图 25
Tencel 纤维、麻、棉混纺布〔1〕

彩图 26
Tencel 纤维、麻、棉混纺布〔2〕

彩图 27
麻棉混纺布〔1〕

彩图 28
麻棉混纺布〔2〕

彩图 29
麻棉混纺布〔3〕

彩图 30
麻棉混纺布〔4〕

彩图 31
麻棉混纺布〔5〕

彩图 32
涤棉、麻腈混纺布(台湾地区)

彩图 33
麻棉布〔1〕

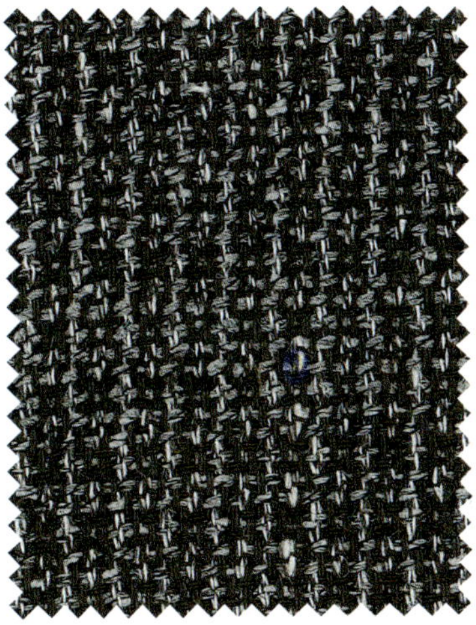
彩图 34
麻棉布〔2〕

彩图 35
麻棉布〔3〕

彩图 36
麻棉布〔4〕

彩图 37
麻毛布(日本)

彩图 38
麻棉金粉彩色印花布

彩图 39
麻棉混纺印花布〔1〕

彩图 40
麻棉混纺印花布〔2〕

彩图 41
麻棉混纺印花布〔3〕

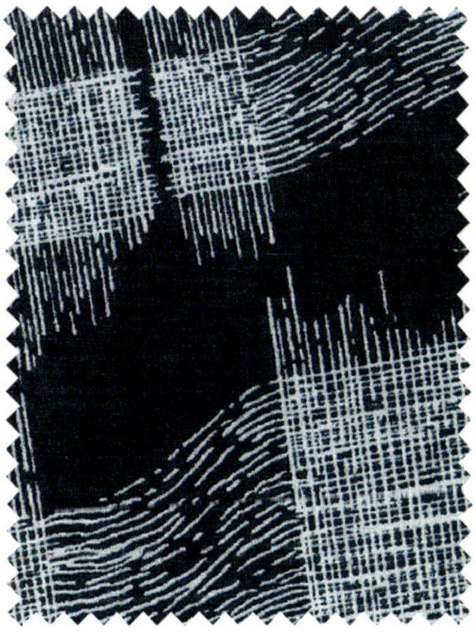
彩图 42
麻棉混纺印花布〔4〕

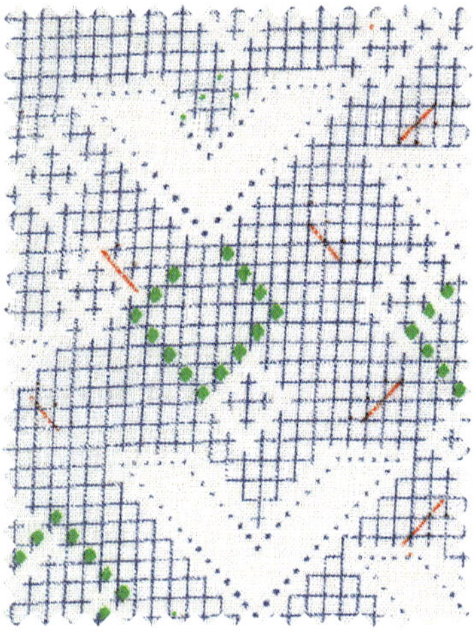

彩图 43
涤麻小提花印花布

彩图 44
涤麻棉小提花印花布

彩图 45
涤麻棉色织提花印花布

彩图 46
棉麻粗细支色织印花布

彩图 47
丝麻交织印花布〔1〕

彩图 48
丝麻交织印花布〔2〕

彩图 49
麻棉交织印花布〔1〕

彩图 50
麻棉交织印花布〔2〕

彩图 51
麻棉交织印花布〔3〕

彩图 52
丝麻涤绉印花布

彩图 53
涤麻瑞米特印花布

彩图 54
麻涤棉凉爽印花布

彩图 55
麻棉粘印花布(意大利)

彩图 56
纯麻印花布〔1〕

彩图 57
纯麻印花布〔2〕

彩图 58
纯麻印花布〔3〕

彩图 59
纯麻印花布〔4〕

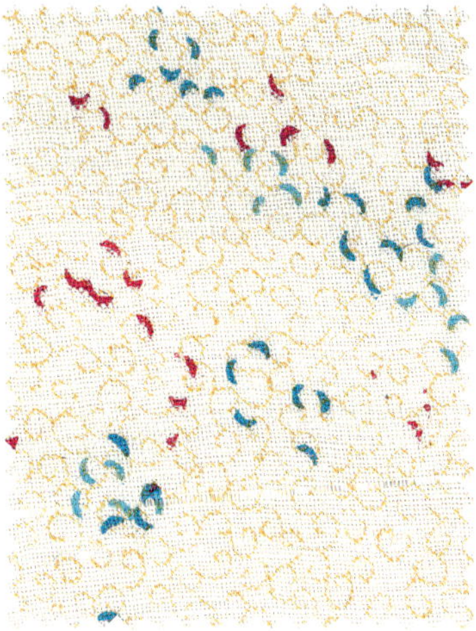

彩图 60
纯麻印花布〔5〕

彩图 61
纯麻印花布〔6〕

彩图 62
纯麻印花布〔7〕

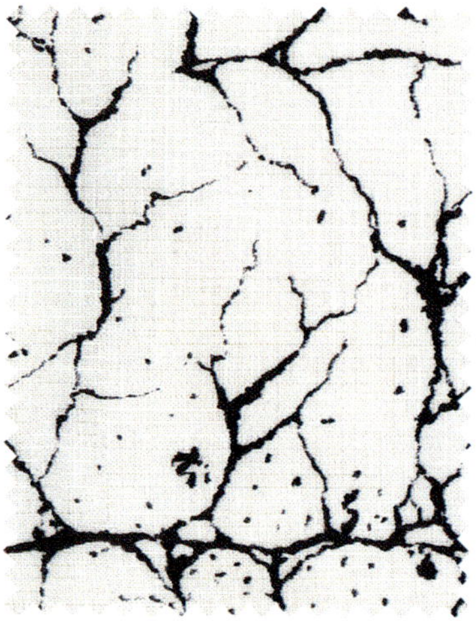

彩图 63
纯麻印花布〔8〕

彩图 64
纯麻印花布〔9〕

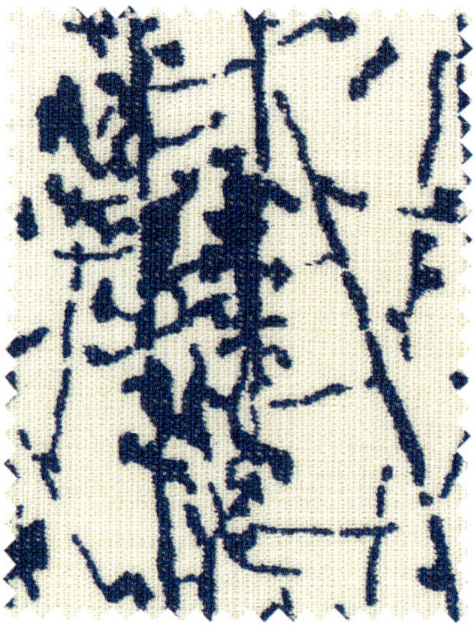

彩图 65
纯麻印花布〔10〕

彩图 66
纯麻印花布〔11〕

彩图 67
纯麻印花布〔12〕

彩图 68
纯麻印花布〔13〕

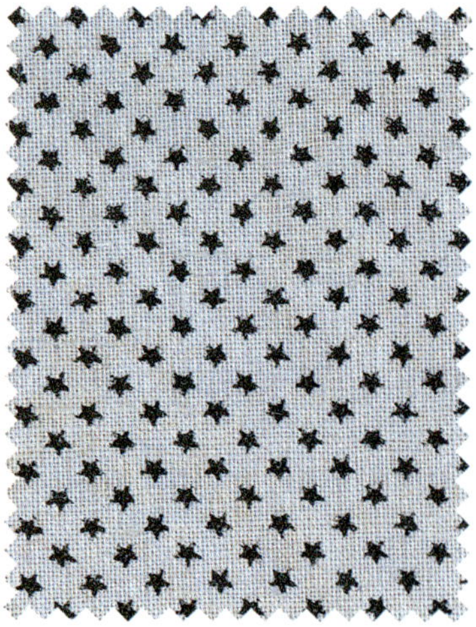

彩图 69
纯麻印花布〔14〕

彩图 70
纯麻印花布〔15〕(瑞士)

彩图 71
纯麻印花布〔16〕(日本)

彩图 72
涤麻印花布〔1〕

彩图 73
涤麻印花布〔2〕

彩图 74
涤麻印花布〔3〕

彩图 75
涤麻印花布〔4〕

彩图 76
涤麻印花布〔5〕

彩图 77
涤麻印花布〔6〕

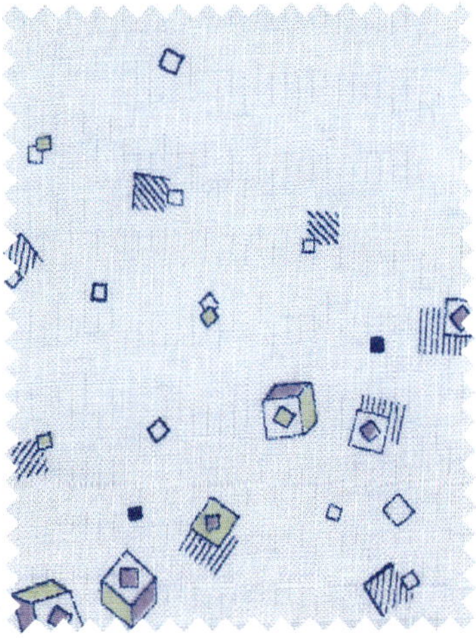

彩图 78
涤麻印花布〔7〕

彩图 79
涤麻印花布〔8〕

彩图 80
涤麻印花布〔9〕

彩图 81
涤麻印花布〔10〕

彩图 82
涤麻印花布〔11〕

彩图 83
涤麻印花布〔12〕

彩图 84
涤麻印花布〔13〕

彩图 85
涤麻印花布〔14〕

彩图 86
涤麻印花布〔15〕

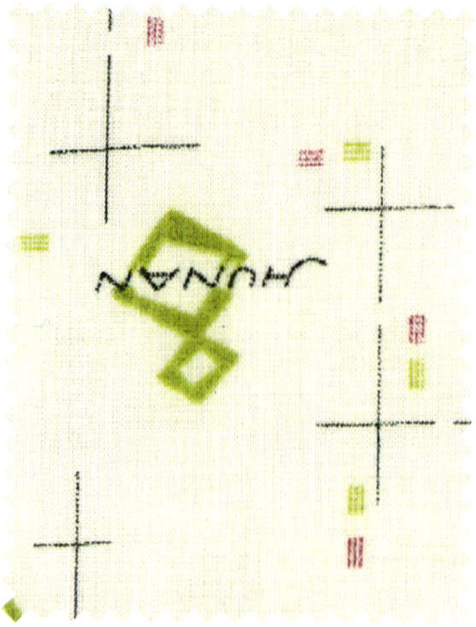
彩图 87
涤麻印花布〔16〕

彩图 88
涤麻印花布〔17〕

彩图 89
涤麻印花布〔18〕

彩图 90
涤麻印花布〔19〕

彩图 91
涤麻印花布〔20〕

彩图 92
涤麻印花布〔21〕

彩图 93
涤麻印花布〔22〕

彩图 94
涤麻印花布〔23〕

彩图 95
涤麻印花布〔24〕

彩图 96
涤麻印花布〔25〕

彩图 97
涤麻印花布〔26〕

彩图 98
涤麻印花布〔27〕

彩图 99
涤麻印花布〔28〕

彩图 100
涤麻印花布〔29〕

彩图 101
涤麻印花布〔30〕

彩图 102
涤麻印花布〔31〕

彩图 103
涤麻印花布〔32〕

彩图 104
涤麻印花布〔33〕

彩图 105
涤麻印花布〔34〕

彩图 106
涤麻印花布〔35〕

彩图 107
涤麻印花布〔36〕

彩图 108
涤麻印花布〔37〕

彩图 109
涤麻印花布〔38〕

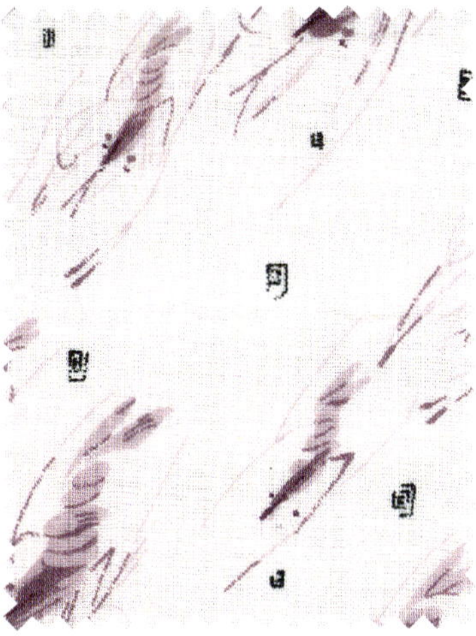

彩图 110
涤麻印花布〔39〕

彩图 111
涤麻印花布〔40〕(德国)

彩图 112
涤麻印花布〔41〕(日本)

彩图 113
涤麻印花布〔42〕(瑞士)

彩图 114
涤麻印花布〔43〕

彩图 115
麻涤棉印花布

彩图 116
麻棉印花布〔1〕

彩图 117
麻棉印花布〔2〕

彩图 118
麻棉印花布〔3〕

彩图 119
麻棉印花布〔4〕

彩图 120
麻棉印花布〔5〕(香港地区)

彩图 121
麻棉印花布〔6〕(香港地区)

彩图 122
麻棉印花布〔7〕(瑞士)

彩图 123
麻棉印花布〔8〕(日本)

彩图 124
麻棉印花布〔9〕(意大利)

彩图 125
麻棉印花布〔10〕(瑞士)

彩图 126
麻棉印花布〔11〕(香港地区)

彩图 127
麻棉印花布〔12〕(日本)

彩图 128
麻棉印花布〔13〕(瑞士)

彩图 129
麻棉印花布〔14〕(日本)

彩图 130
麻棉印花布〔15〕(瑞士)

彩图 131
麻棉印花布〔16〕(瑞士)

彩图 132
涤麻细薄印花布〔1〕

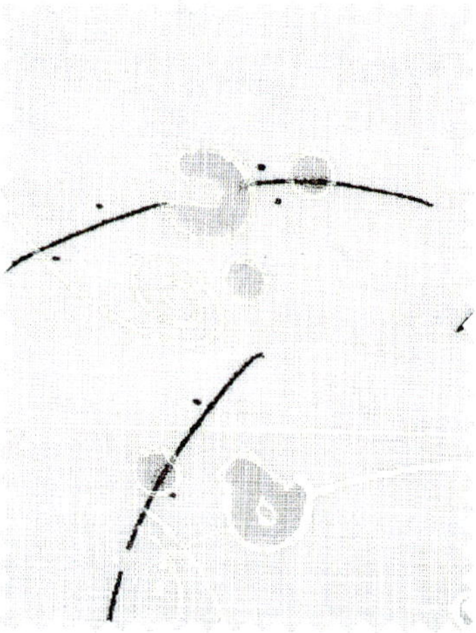

彩图 133
涤麻细薄印花布〔2〕

彩图 134
涤麻细薄印花布〔3〕

彩图 135
涤麻细薄印花布〔4〕

彩图 136
纯麻粗纺色布

彩图 137
亚麻色布(意大利)

彩图 138
纯麻色布〔1〕

彩图 139
纯麻色布〔2〕

彩图 140
纯麻色布〔3〕(英国)

彩图 141
纯麻色布〔4〕(英国)

彩图 142
纯麻色布〔5〕(日本)

彩图 143
纯麻色布〔6〕(日本)

彩图 144
麻棉交织提花条布

彩图 145
纯麻小提花布

彩图 146
涤麻小提花布

彩图 147
纯麻色织双层提花布

彩图 148
麻涤、麻棉交织提花布(瑞士)

彩图 149
麻棉色织提花布〔1〕

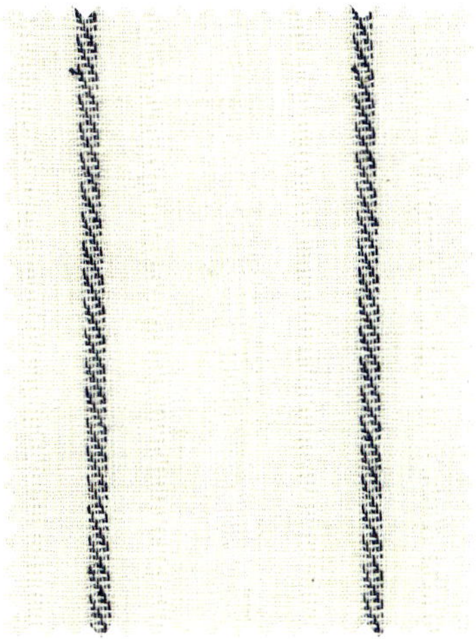

彩图 150
麻棉色织提花布〔2〕

彩图 151
丝麻提花布(意大利)

彩图 152
纯麻提花布〔1〕

彩图 153
纯麻提花布〔2〕(台湾地区)

彩图 154
涤麻提花布

彩图 155
涤麻棉提花布〔1〕

彩图 156
涤麻棉提花布〔2〕

彩图 157
涤麻棉提花布〔3〕

彩图 158
粘麻提花布(日本)

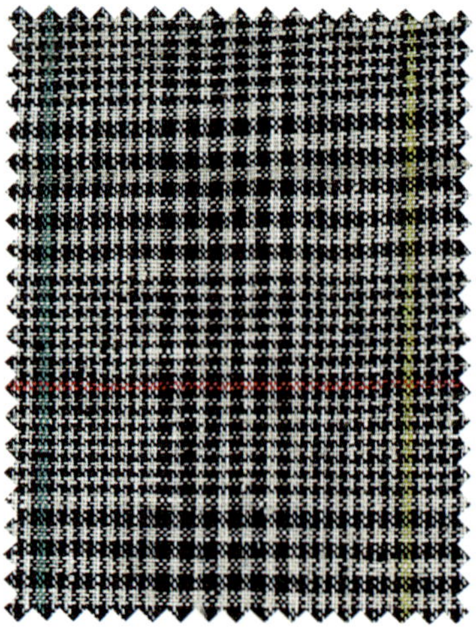

彩图 159
麻棉混纺色织布〔1〕

彩图 160
麻棉混纺色织布〔2〕

彩图 161
麻棉混纺色织布〔3〕

彩图 162
麻棉提花色织布

彩图 163
麻棉交织色织布〔1〕

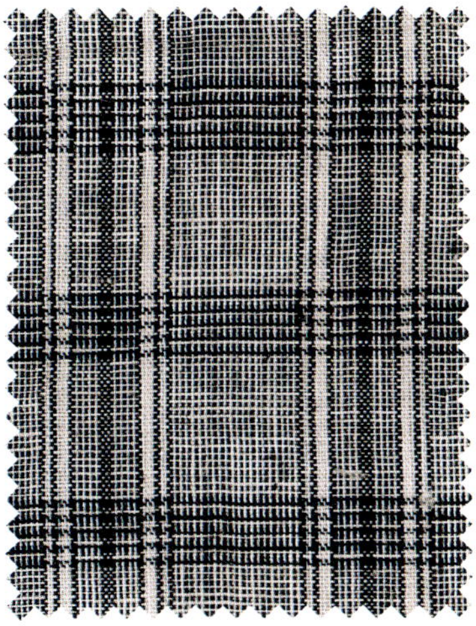

彩图 164
麻棉交织色织布〔2〕

彩图 165
麻棉交织色织布〔3〕

彩图 166
麻棉交织色织布〔4〕

彩图 167
麻涤色织布〔1〕

彩图 168
麻涤色织布〔2〕(意大利)

彩图 169
麻涤色织布〔3〕(意大利)

彩图 170
麻涤色织布〔4〕(意大利)

彩图 171
纯麻色织布〔1〕(瑞士)

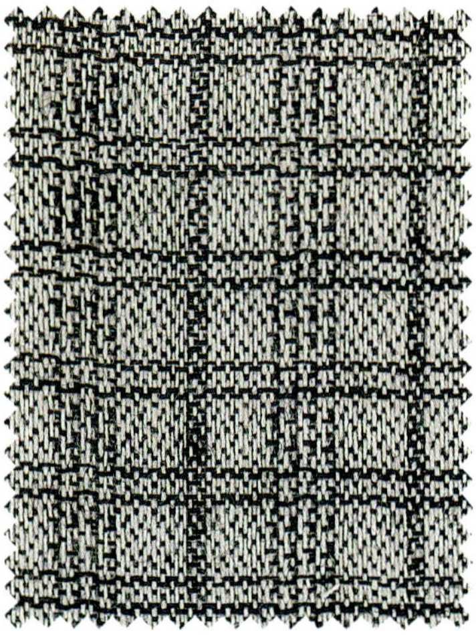

彩图 172
纯麻色织布〔2〕

彩图 173
粘麻色织布

彩图 174
棉麻色织布〔1〕

彩图 175
棉麻色织布〔2〕(香港地区)

彩图 176
棉麻色织布〔3〕(瑞士)

彩图 177
棉麻色织布〔4〕(日本)

彩图 178
棉麻色织布〔5〕(意大利)

彩图 179
丝麻棉色织布(瑞士)

彩图 180
麻棉色织布〔1〕

彩图 181
麻棉色织布〔2〕

彩图 182
麻棉色织布〔3〕

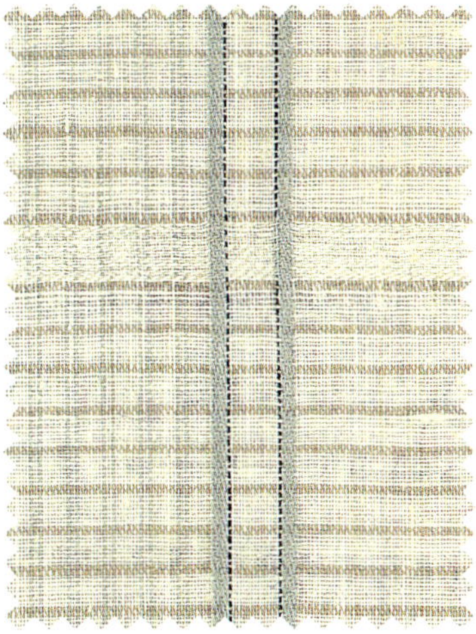
彩图 183
麻棉色织布〔4〕

彩图 184
麻棉色织布〔5〕

彩图 185
麻棉色织布〔6〕

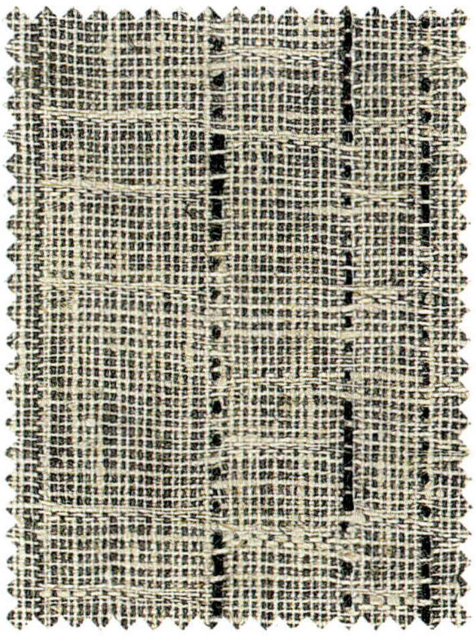
彩图 186
麻棉色织布〔7〕

彩图 187
麻棉色织布〔8〕

彩图 188
麻棉色织布〔9〕

彩图 189
麻棉色织布〔10〕

彩图 190
麻棉色织布〔11〕

彩图 191
麻棉色织布〔12〕(瑞士)

彩图 192
麻棉色织布〔13〕(日本)

彩图 193
麻棉色织布〔14〕(瑞士)

彩图 194
麻棉色织布〔15〕(意大利)

彩图 195
麻棉色织布〔16〕(意大利)

彩图 196
麻棉色织布〔17〕(香港地区)

彩图 197
麻棉色织布〔18〕(意大利)

彩图 198
麻棉色织布〔19〕(意大利)

彩图 199
麻棉色织布〔20〕(意大利)

彩图 200
麻棉色织布〔21〕(意大利)

彩图 201
麻棉色织布〔22〕(日本)

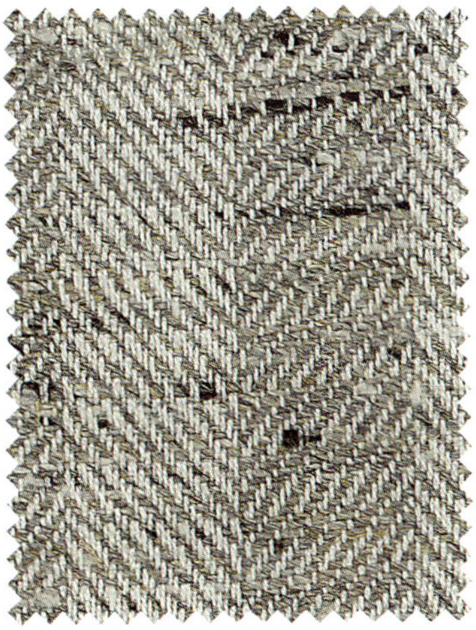
彩图 202
麻棉色织布〔23〕(意大利)

彩图 203
麻棉色织布〔24〕(香港地区)

彩图 204
麻棉色织布〔25〕(香港地区)

彩图 205
麻棉色织布〔26〕(意大利)

彩图 206
麻棉交织印花牛仔布

彩图 207
纯麻仿牛仔布

彩图 208
麻棉条子布

彩图 209
麻涤色织黑白条布(日本)

彩图 210
麻棉混纺色条布

彩图 211
麻棉提花条布

彩图 212
麻棉交织条布

彩图 213
麻棉色织条布

彩图 214
麻涤色织彩条布(香港地区)

彩图 215
麻棉彩条布

彩图 216
麻涤粘三合一格布(意大利)

彩图 217
麻棉花式格布

彩图 218
麻棉交织色格布

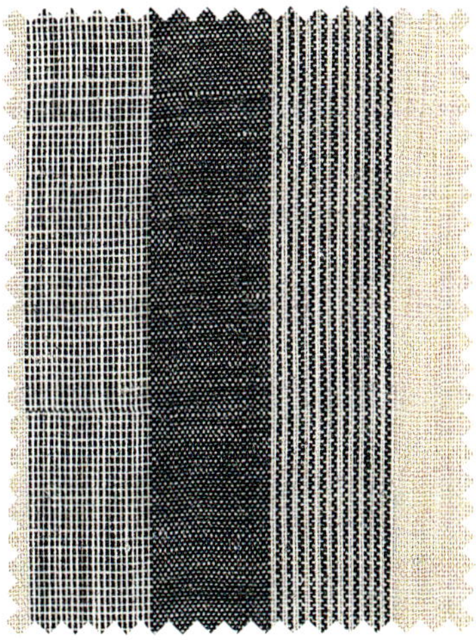

彩图 219
纯麻条格布

彩图 220
麻棉混纺色织格布〔1〕

彩图 221
麻棉混纺色织格布〔2〕

彩图 222
Tencel 纤维、麻混纺格布

彩图 223
粘麻色织格布〔1〕

彩图 224
粘麻色织格布〔2〕(意大利)

彩图 225
粘麻色织格布〔3〕(意大利)

彩图 226
纯麻色织格布

彩图 227
麻棉色织格布〔1〕

彩图 228
麻棉色织格布〔2〕(意大利)

彩图 229
麻棉色织格布〔3〕(意大利)

彩图 230
麻棉色织格布〔4〕(意大利)

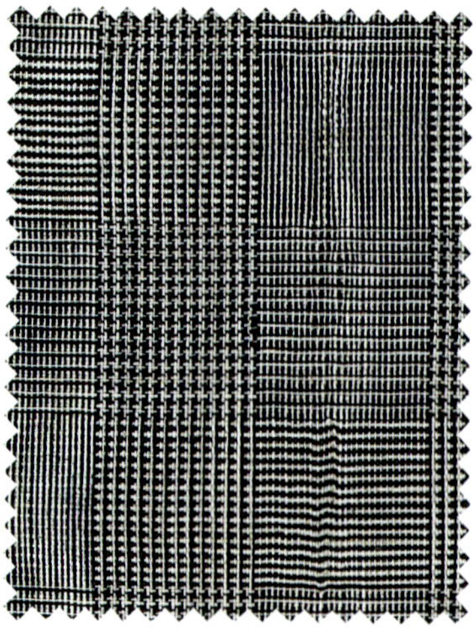

彩图 231
麻棉交织提花格布

彩图 232
麻棉交织彩格布

彩图 233
麻棉凉爽格布

彩图 234
纯麻格布

彩图 235
麻涤棉格布

彩图 236
麻棉格布

彩图 237
麻棉混纺色织条布〔1〕

彩图 238
麻棉混纺色织条布〔2〕

彩图 239
纯麻色织条布

彩图 240
棉麻色织条布〔1〕(香港地区)

彩图 241
棉麻色织条布〔2〕(瑞士)

彩图 242
麻棉色织条布〔1〕(香港地区)

彩图 243
麻棉色织条布〔2〕(香港地区)

彩图 244
纯麻色条布(意大利)

彩图 245
麻棉涤钩边装饰布

彩图 246
麻棉混纺装饰布〔1〕

彩图 247
麻棉混纺装饰布〔2〕

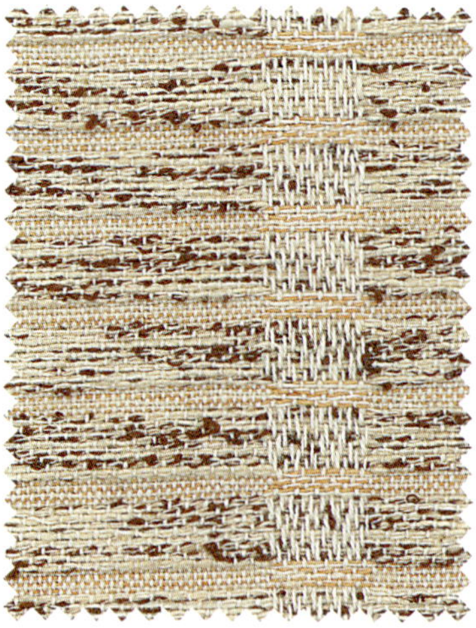
彩图 248
麻棉混纺装饰布〔3〕

彩图 249
色织印花装饰布

彩图 250
麻棉混纺提花装饰布

彩图 251
麻棉丙色织装饰布

彩图 252
麻棉威力斯装饰布

彩图 253
麻棉装饰布〔1〕

彩图 254
麻棉装饰布〔2〕

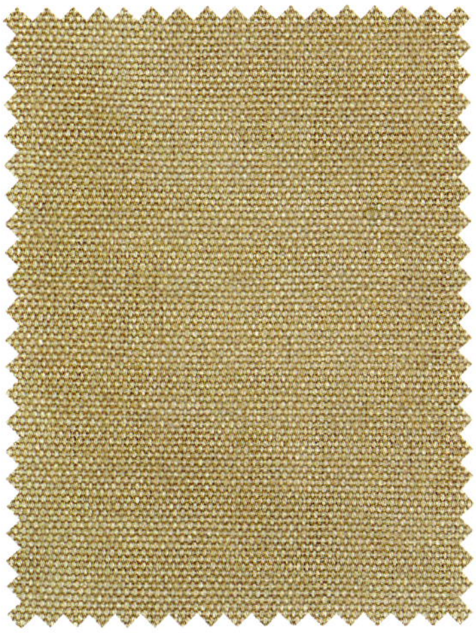

彩图 255
麻棉漂染帆布

彩图 256
丝棉毛麻混纺交织布

彩图 257
涤棉麻混纺交织布(日本)

彩图 258
纯麻黑白交织布

彩图 259
涤棉、涤麻交织布

彩图 260
Tencel 纤维、麻交织布

彩图 261
麻棉交织布〔1〕

彩图 262
麻棉交织布〔2〕

彩图 263
麻棉交织布〔3〕

彩图 264
麻棉交织布〔4〕

彩图 265
麻棉交织布〔5〕

彩图 266
麻棉交织布〔6〕

彩图 267
麻棉交织布〔7〕

彩图 268
棉与棉麻交织布

彩图 269
麻与涤棉交织布(罗马尼亚)

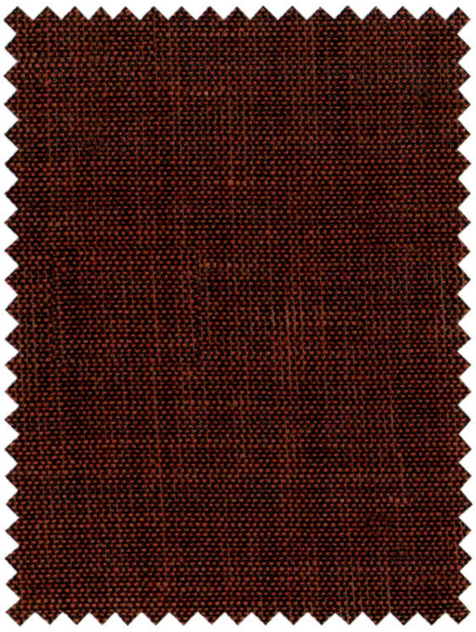

彩图 270
粘与麻棉交织布(日本)

彩图 271
纯麻美丽纱

彩图 272
纯麻印花爽丽纱

彩图 273
纯麻爽丽纱〔1〕

彩图 274
纯麻爽丽纱〔2〕

彩图 275
纯麻爽丽纱〔3〕

彩图 276
涤麻印花巴里纱

彩图 277
纯麻仿水洗巴里纱

彩图 278
涤麻巴里纱〔1〕

彩图 279
涤麻巴里纱〔2〕

彩图 280
麻棉巴里纱

彩图 281
涤麻色织泡泡纱

彩图 282
涤麻棉色织泡泡纱

彩图 283
麻棉泡泡纱〔1〕

彩图 284
麻棉泡泡纱〔2〕

彩图 285
棉麻泡泡纱〔3〕

彩图 286
纯麻克秋纱

彩图 287
涤麻粘舒麻纱

彩图 288
麻粘棉柔颖纱

彩图 289
毛麻涤纱罗〔1〕

彩图 290
毛麻涤纱罗〔2〕

彩图 291
涤麻棉粘纱罗

彩图 292
涤麻纱罗

彩图 293
涤麻棉纱罗

彩图 294
麻涤提花纱罗

彩图 295
毛麻粘精纺彩星纱罗

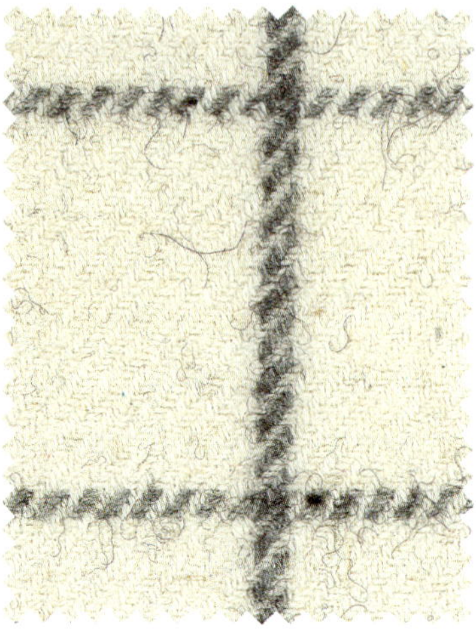

彩图 296
毛麻腈粘黄氏呢

彩图 297
毛麻粘涤波兰呢

彩图 298
毛麻粘涤克罗兰呢

彩图 299
纯麻板司呢

彩图 300
毛麻涤竹节呢〔1〕

彩图 301
毛麻涤竹节呢〔2〕

彩图 302
涤麻竹节呢

彩图 303
麻棉竹节呢(英国)

彩图 304
涤麻彩点闪光呢

彩图 305
麻棉腈色织珠光呢

彩图 306
麻棉丝人字呢

彩图 307
纯麻人字呢

彩图 308
毛麻粘格子女式呢

彩图 309
毛麻涤苏格兰女式呢

彩图 310
毛麻涤女式呢〔1〕

彩图 311
毛麻涤女式呢〔2〕

彩图 312
毛麻粘涤女式呢

彩图 313
毛麻丝粘女式呢

彩图 314
毛麻涤粘女式呢

彩图 315
毛麻粘女式呢

彩图 316
毛麻女式呢

彩图 317
毛麻粘纬顺毛大衣呢

彩图 318
毛麻粘顺毛大衣呢

彩图 319
毛麻粘顺毛大衣呢

彩图 320
毛麻粘腈仿马海毛大衣呢

彩图 321
毛麻粘仿兽皮大衣呢

彩图 322
毛麻粘花式大衣呢

彩图 323
毛麻花式大衣呢

彩图 324
毛麻粘锦大衣呢

彩图 325
毛麻粘大方格大衣呢

彩图 326
毛麻腈粘达顿大衣呢

彩图 327
毛麻粘大衣呢

彩图 328
毛麻大衣呢

彩图 329
麻涤色织女衣呢(意大利)

彩图 330
麻棉女衣呢

彩图 331
毛麻涤衬衣呢

彩图 332
涤粘麻华丽呢

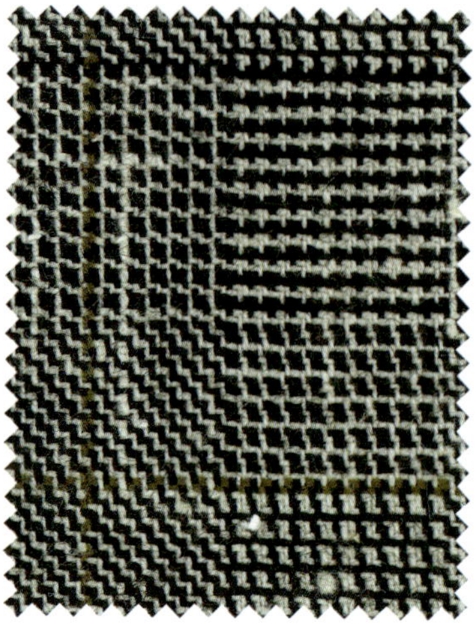

彩图 333
毛麻粘切克呢

彩图 334
毛麻腈粘凸条呢

彩图 335
毛麻条呢

彩图 336
麻腈毛威纹呢〔1〕

彩图 337
麻腈毛威纹呢〔2〕

彩图 338
落麻毛粘涤精梳混纺呢

彩图 339
毛麻涤三合一花呢

彩图 340
毛麻粘三合一花呢

彩图 341
麻涤腈三合一花呢

彩图 342
毛麻粘透孔花呢

彩图 343
毛麻粘粗纺印花呢

彩图 344
涤麻色织条花呢

彩图 345
毛麻涤粘混纺花呢

彩图 346
毛麻涤粘松结构花呢

彩图 347
毛麻松结构花呢

彩图 348
毛麻腈松结构花呢

彩图 349
毛麻花呢

彩图 350
毛涤麻中厚花呢〔1〕

彩图 351
毛涤麻中厚花呢〔2〕

彩图 352
毛麻拷花呢

彩图 353
毛麻粘涤花呢

彩图 354
毛麻涤花呢〔1〕

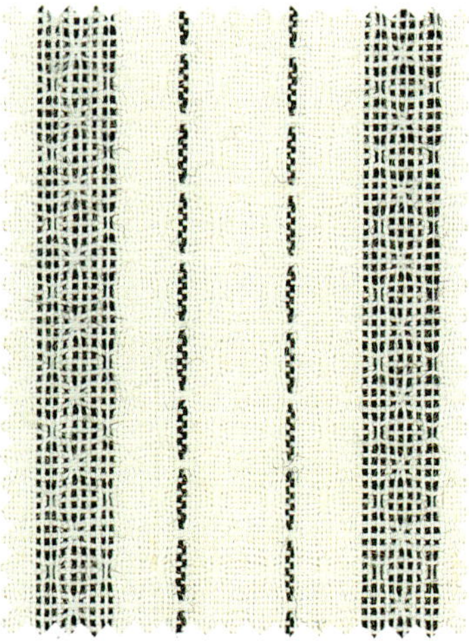

彩图 355
毛麻涤花呢〔2〕

彩图 356
毛麻涤花呢〔3〕

彩图 357
毛麻涤花呢〔4〕

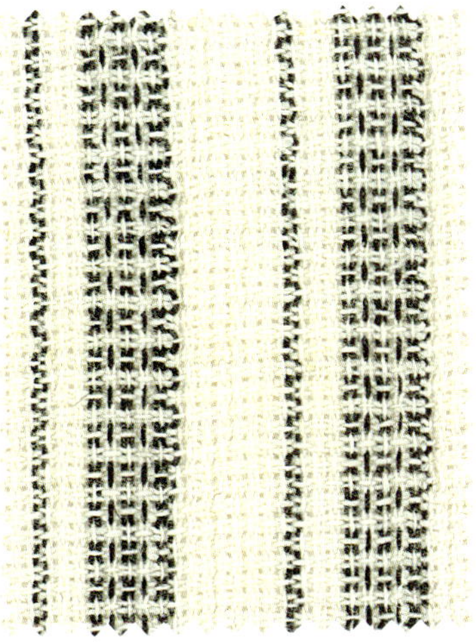

彩图 358
毛麻涤花呢〔5〕

彩图 359
毛麻涤花呢〔6〕

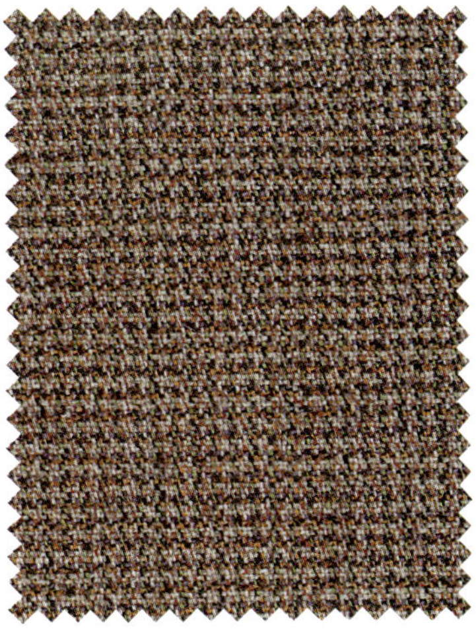

彩图 360
毛麻涤花呢〔7〕

彩图 361
毛麻涤花呢〔8〕

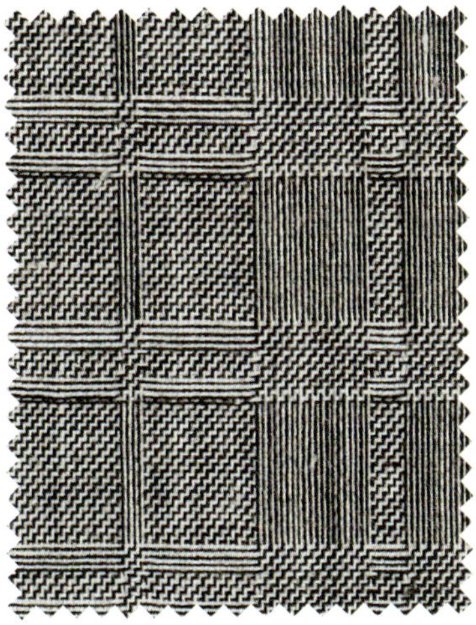

彩图 362
毛麻涤花呢〔9〕

彩图 363
毛麻涤花呢〔10〕

彩图 364
毛麻涤花呢〔11〕

彩图 365
毛麻涤花呢〔12〕

彩图 366
毛麻涤花呢〔13〕

彩图 367
毛麻涤花呢〔14〕

彩图 368
毛麻涤花呢〔15〕

彩图 369
毛麻涤花呢〔16〕

彩图 370
毛麻涤花呢〔17〕

彩图 371
毛麻涤花呢〔18〕

彩图 372
亚麻涤花呢〔1〕

彩图 373
亚麻涤花呢〔2〕

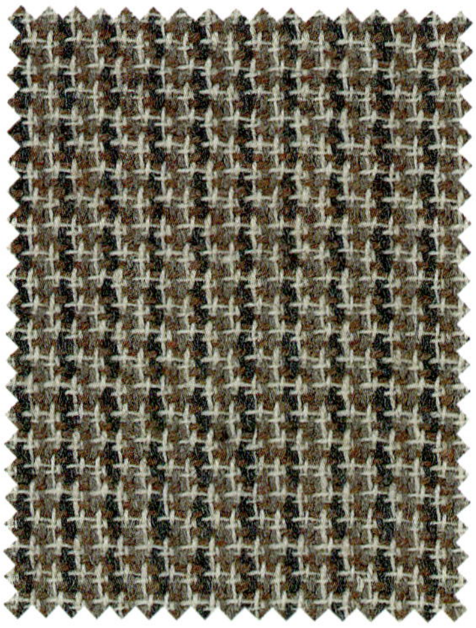
彩图 374
毛腈麻涤花呢

彩图 375
毛麻粘骑士粗花呢

彩图 376
毛麻涤腈富士粗花呢

彩图 377
毛麻粘混纺粗花呢

彩图 378
毛麻涤粗花呢

彩图 379
麻涤粗花呢

彩图 380
毛麻粘粗花呢〔1〕

彩图 381
毛麻粘粗花呢〔2〕

彩图 382
毛麻粘粗花呢〔3〕

彩图 383
毛麻粗花呢〔1〕

彩图 384
毛麻粗花呢〔2〕

彩图 385
毛麻粗花呢〔3〕

彩图 386
麻腈粗花呢

彩图 387
毛麻腈涤幻影粗花呢

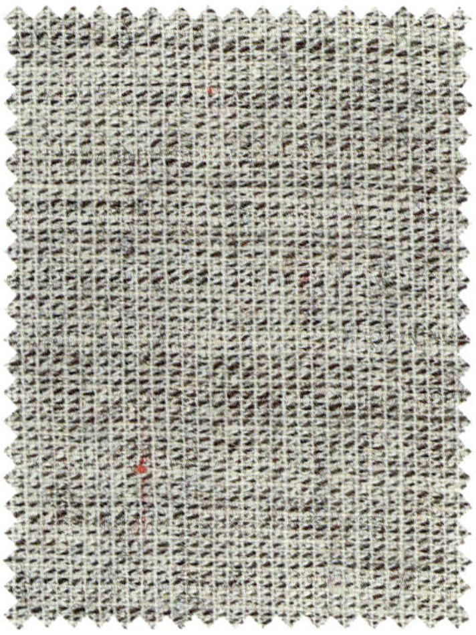
彩图 388
毛麻粘花呢〔1〕

彩图 389
毛麻粘花呢〔2〕

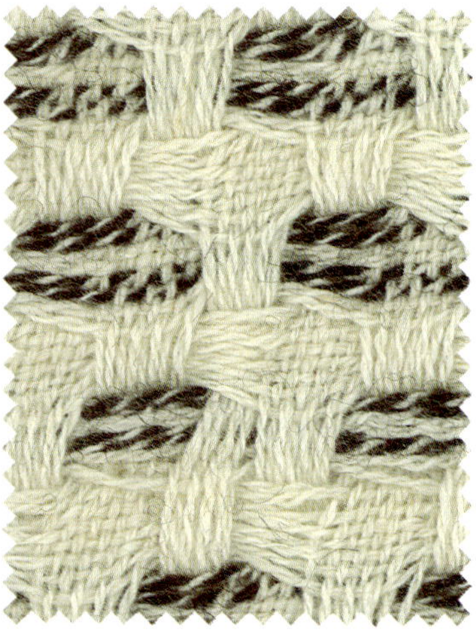
彩图 390
毛麻粘花呢〔3〕

彩图 391
毛麻粘花呢〔4〕

彩图 392
毛麻粘花呢〔5〕

彩图 393
毛麻粘花呢〔6〕

彩图 394
毛麻粘花呢〔7〕

彩图 395
毛涤麻花呢〔1〕

彩图 396
毛涤麻花呢〔2〕

彩图 397
毛涤麻花呢〔3〕

彩图 398
毛涤麻花呢〔4〕

彩图 399
毛涤麻花呢〔5〕

彩图 400
毛涤麻花呢〔6〕

彩图 401
毛麻花呢〔1〕

彩图 402
毛麻花呢〔2〕

彩图 403
毛麻花呢〔3〕

彩图 404
涤麻花呢

彩图 405
毛麻涤粘顺毛提花呢

彩图 406
麻涤提花呢

彩图 407
毛麻粘提花呢

彩图 408
麻腈棉花呢

彩图 409
毛麻腈花呢〔1〕

彩图 410
毛麻腈花呢〔2〕

彩图 411
毛麻腈花呢〔3〕

彩图 412
麻腈花呢〔1〕

彩图 413
麻腈花呢〔2〕

彩图 414
麻腈花呢〔3〕

彩图 415
麻棉影花呢

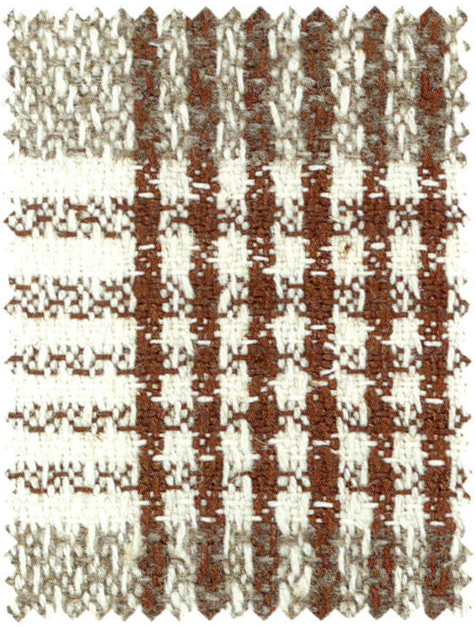
彩图 416
麻棉涤燕花呢

彩图 417
麻棉燕花呢〔1〕

彩图 418
麻棉燕花呢〔2〕

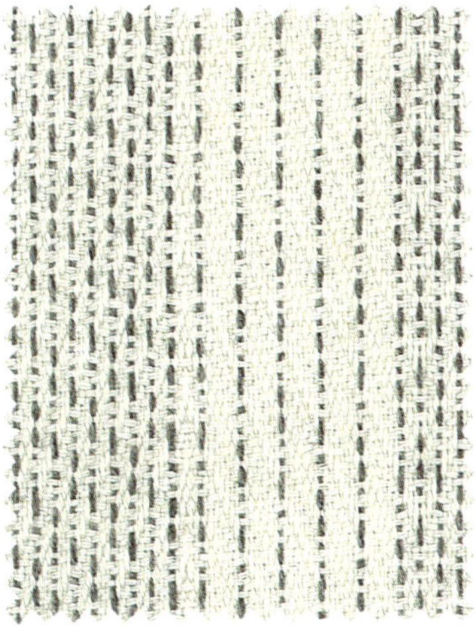
彩图 419
麻腈燕花呢〔1〕

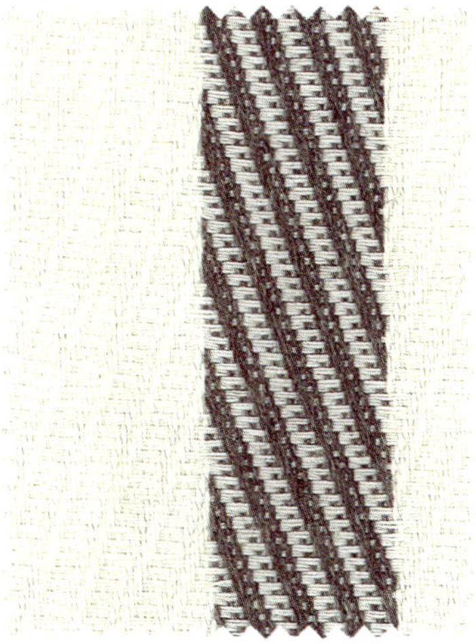
彩图 420
麻腈燕花呢〔2〕

彩图 421
毛麻涤薄花呢〔1〕

彩图 422
毛麻涤薄花呢〔2〕

彩图 423
毛麻涤薄花呢〔3〕

彩图 424
毛麻涤薄花呢〔4〕

彩图 425
毛麻涤薄花呢〔5〕

彩图 426
毛麻腈薄花呢

彩图 427
毛麻粘涤浮雕花呢

彩图 428
麻棉交织坚固呢

彩图 429
涤麻棉三合一西服呢

彩图 430
毛麻粘克罗兰西服呢

彩图 431
麻棉色织西服呢〔1〕

彩图 432
麻棉色织西服呢〔2〕

彩图 433
麻涤西服呢〔1〕

彩图 434
麻涤西服呢〔2〕

彩图 435
毛麻涤粘西服呢

彩图 436
毛麻粘西服呢

彩图 437
纯麻西服呢〔1〕

彩图 438
纯麻西服呢〔2〕

彩图 439
麻腈毛交织呢

彩图 440
毛麻粘交织呢

彩图 441
涤腈麻粘交织呢

彩图 442
毛麻涤粘菠萝呢

彩图 443
毛麻涤 T 恤呢

彩图 444
毛麻粘星点呢

彩图 445
麻涤腈星点呢

彩图 446
麻毛彩点呢

彩图 447
毛麻粘彩点呢

彩图 448
毛麻彩点呢

彩图 449
纯麻彩点呢

彩图 450
麻涤棉彩点呢〔1〕

彩图 451
麻涤棉彩点呢〔2〕

彩图 452
毛麻春秋彩呢

彩图 453
麻涤春秋彩结呢

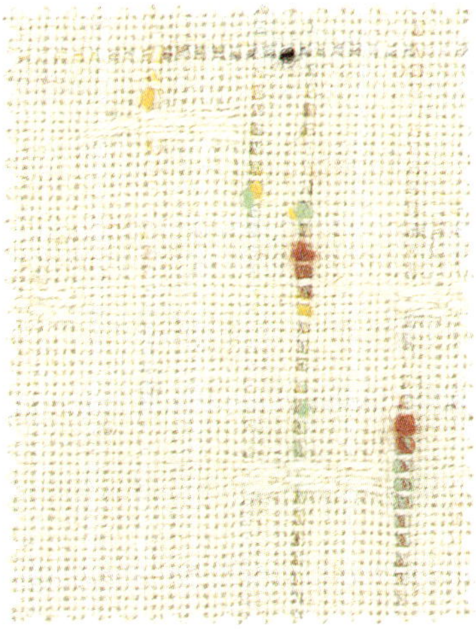
彩图 454
麻混纺色织彩结呢

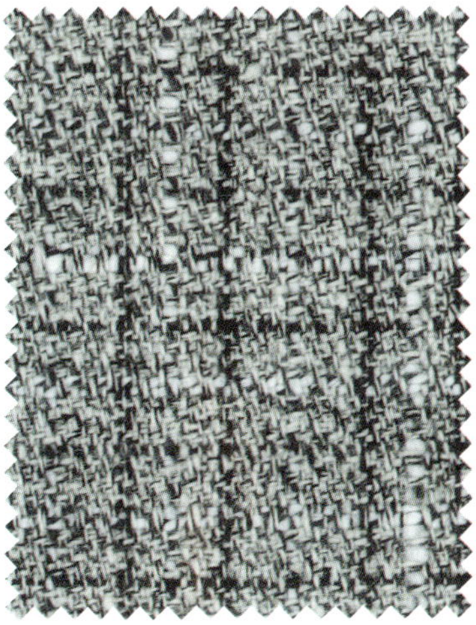
彩图 455
涤麻棉波美呢

彩图 456
麻棉舒美呢

彩图 457
毛麻粘腈双面双色朦胧呢

彩图 458
麻毛粘腈混纺格呢

彩图 459
毛麻涤粘轻松格呢

彩图 460
纯麻色织格呢

彩图 461
毛麻涤格呢

彩图 462
毛麻涤粘多彩格呢

彩图 463
麻毛粘格呢

彩图 464
麻棉涤粘格呢

彩图 465
毛麻粘格呢〔1〕

彩图 466
毛麻粘格呢〔2〕

彩图 467
毛麻格呢

彩图 468
麻棉格呢

彩图 469
麻棉舒格呢

彩图 470
毛麻粘涤新潮格呢

彩图 471
短麻涤呢〔1〕

彩图 472
短麻涤呢〔2〕

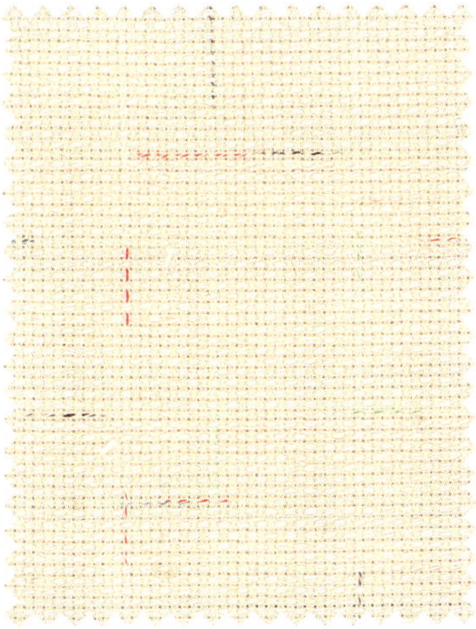

彩图 473
麻涤、麻棉迷彩呢

彩图 474
涤麻双爽呢

彩图 475
粘麻柔爽呢

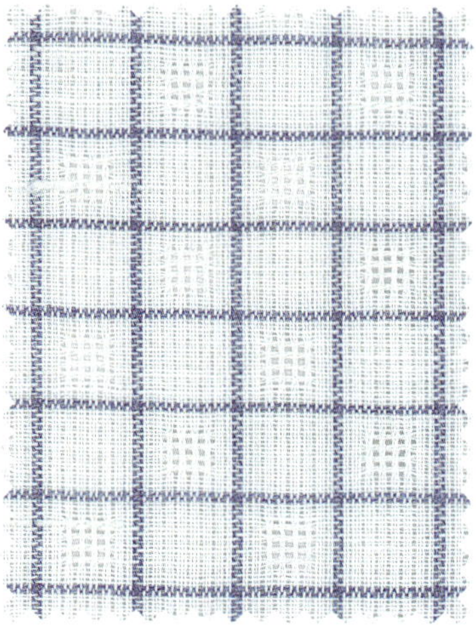

彩图 476
涤麻棉小格凉爽呢

彩图 477
毛麻涤凉爽呢

彩图 478
毛麻凉爽呢

彩图 479
毛涤麻凉爽呢

彩图 480
纯麻凉爽呢

彩图 481
涤麻凉爽呢

彩图 482
麻棉涤新潮舒爽呢

彩图 483
丝麻呢

彩图 484
纯麻呢

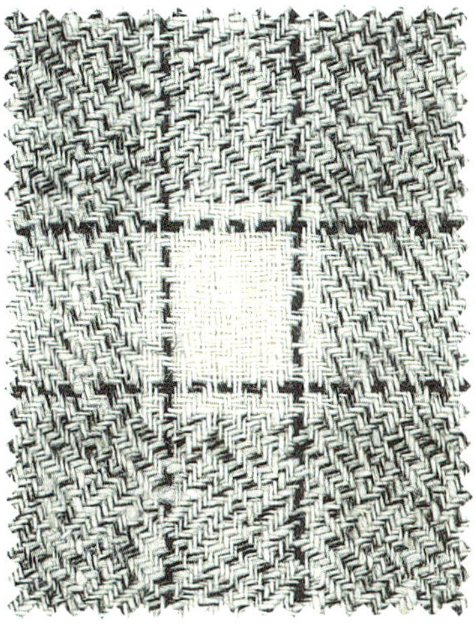

彩图 485
涤棉粘苎威呢

彩图 486
麻棉新麻呢

彩图 487
麻腈毛维斯呢

彩图 488
毛麻摩登呢

彩图 489
时装呢

彩图 490
毛麻涤马裤呢

彩图 491
麻棉素雅呢

彩图 492
涤麻素雅呢

彩图 493
麻棉涤云雾呢

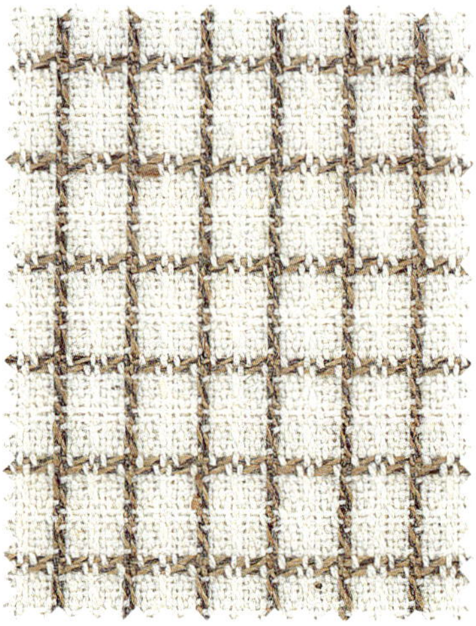
彩图 494
麻棉新潮呢

彩图 495
涤麻印花树皮绉

彩图 496
毛涤麻树皮绉

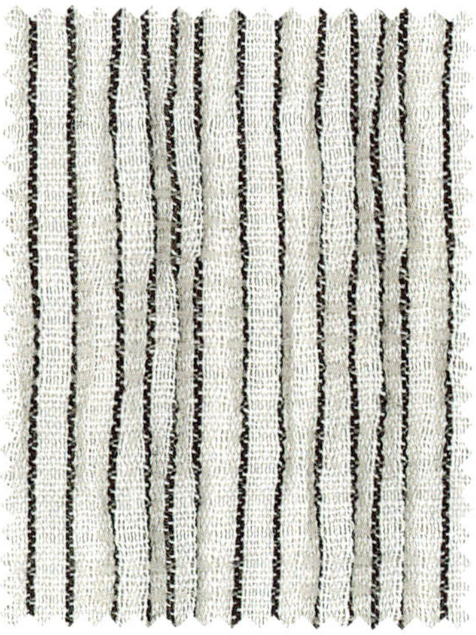
彩图 497
棉麻涤法伊绉

彩图 498
麻涤棉特丽绉

彩图 499
丝麻交织绉

彩图 500
纯麻香香绉

彩图 501
棉麻强捻绉

彩图 502
麻涤棉绉

彩图 503
涤麻影帘绸

彩图 504
涤麻透孔绸

彩图 505
丝麻棉凸花绸

彩图 506
麻涤交织绸

彩图 507
丝麻交织绸〔1〕

彩图 508
丝麻交织绸〔2〕

彩图 509
丝麻交织绸〔3〕

彩图 510
丝麻天宫绸

彩图 511
粘麻舒美绸

彩图 512
涤麻棉凉爽绸

彩图 513
丝麻印花绸

彩图 514
丝麻绸

彩图 515
丝麻棉绸

彩图 516
涤麻清新绸

彩图 517
丝麻棉疙瘩绸

彩图 518
丝麻棉四季缎

彩图 519
丝麻四季缎〔1〕

彩图 520
丝麻四季缎〔2〕

彩图 521
纯麻扎染布〔1〕

彩图 522
纯麻扎染布〔2〕

彩图 523
麻棉印花府绸

彩图 524
棉麻高支交织府绸

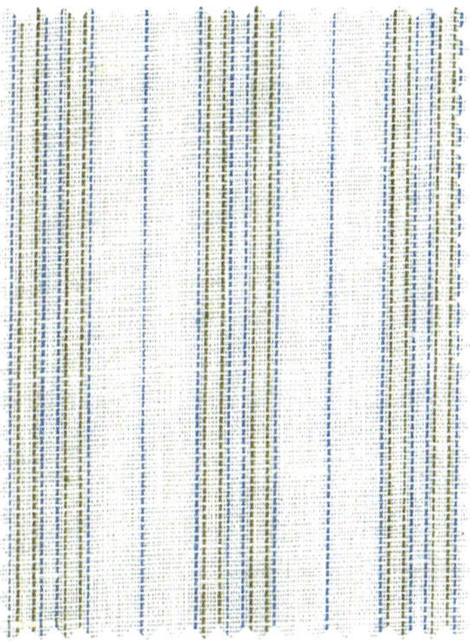

彩图 525
涤麻棉色织交织府绸〔1〕

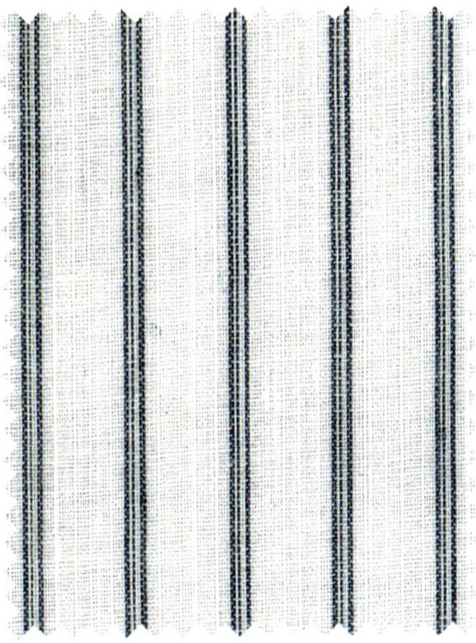

彩图 526
涤麻棉色织交织府绸〔2〕

彩图 527
涤麻色织府绸

彩图 528
麻涤粘三合一派力司

彩图 529
毛麻涤派力司

彩图 530
涤麻派力司

彩图 531
毛麻哔叽

彩图 532
麻棉印花结子布

彩图 533
纯麻结子布

彩图 534
麻棉结子布(日本)

彩图 535
纯麻双层提花漂白布

彩图 536
纯麻漂白布(日本)

彩图 537
纯麻竹节布

彩图 538
纯麻印花油光布(瑞士)

彩图 539
麻棉泡泡珠光布

彩图 540
麻棉交织提花青年布

彩图 541
麻棉花式布

彩图 542
涤棉麻柳条布

彩图 543
涤棉麻麻纱布

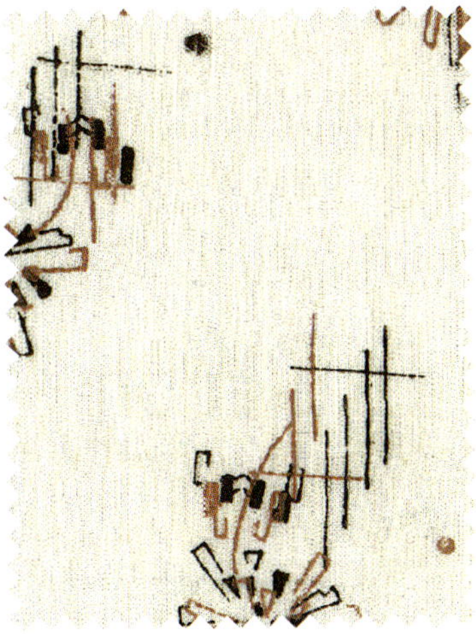

彩图 544
麻棉印花绉纹布

彩图 545
纯麻斜纹布

彩图 546
涤麻烂花布

彩图 547
棉麻防缩布

彩图 548
麻棉防缩布

彩图 549
毛麻粘火姆斯本

彩图 550
纯麻高支织物〔1〕

彩图 551
纯麻高支织物〔2〕

彩图 552
涤麻墨竹叶织物

彩图 553
麻粘丝织物(意大利)

彩图 554
涤麻舒爽乐织物〔1〕

彩图 555
涤麻舒爽乐织物〔2〕

彩图 556
涤麻舒爽乐织物〔3〕

彩图 557
麻粘棉喃咪司织物

彩图 558
纯麻丽蓓尔织物

彩图 559
麻腈毛考特尔织物

彩图 560
纯麻蓓蓓尔织物

彩图 561
麻棉交捻方平织物

彩图 562
纯麻花色织物(韩国)

彩图 563
涤麻、涤棉摩力克织物

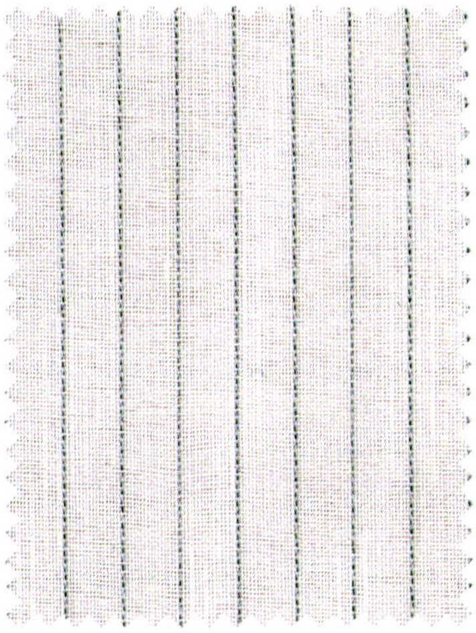

彩图 564
涤麻条织物

彩图 565
涤麻电脑绣花织物

彩图 566
涤麻棉美司林织物

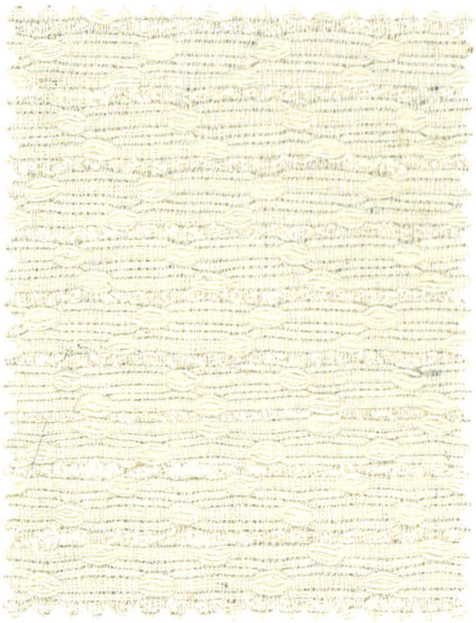

彩图 567
涤麻棉水帘波织物

彩图 568
麻棉粗纺双经织物

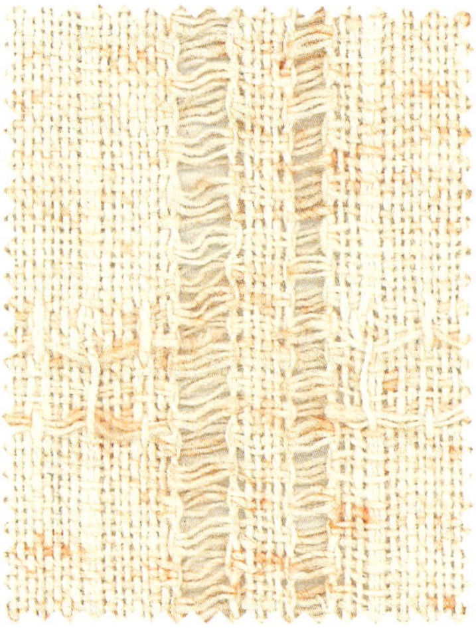

彩图 569
麻棉提花彩罗织物

彩图 570
麻棉爱尔姿织物〔1〕

彩图 571
麻棉爱尔姿织物〔2〕

彩图 572
涤麻棉柔姿织物

彩图 573
麻棉玲兰绒织物

彩图 574
涤麻可立特织物

彩图 575
麻涤棉色织哈斯特织物

彩图 576
棉麻美雅莎织物

彩图 577
麻涤麻丽爽织物

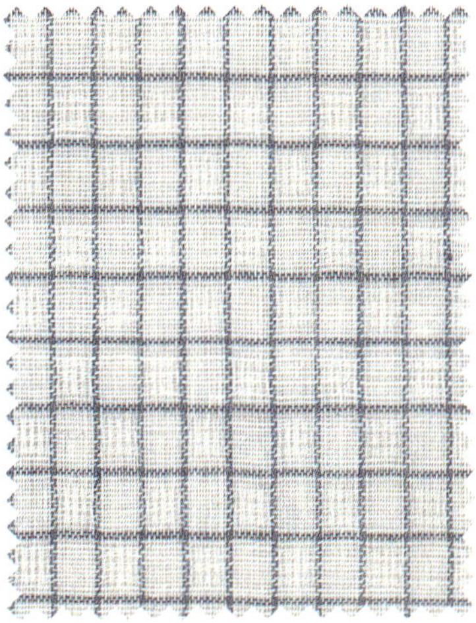
彩图 578
麻涤棉麻丽爽织物

彩图 579
麻涤波尔斯织物

彩图 580
毛麻粘巴罗斯织物

彩图 581
麻棉骆美登织物

彩图 582
麻棉蓓斯蕾织物

彩图 583
毛麻涤雪克斯金

彩图 584
毛麻粘法兰绒

彩图 585
毛麻粘海力斯

彩图 586
毛麻海力斯

彩图 587
亚麻帆布〔1〕

彩图 588
亚麻帆布〔2〕

彩图 589
涤麻与涤毛交织布

彩图 590
葛、亚麻纱交织布

彩图 591
亚麻原色纱与亚麻半漂纱交织布

彩图 592
麻粘与粘交织布

彩图 593
粘亚麻与麻交织布

彩图 594
苎麻亚麻交织布

彩图 595
粘麻与亚麻交织布

彩图 596
涤粘与涤麻交织布

彩图 597
涤棉与涤麻交织布

彩图 598
棉麻交织布〔1〕

彩图 599
棉麻交织布〔2〕

彩图 600
棉麻交织布〔3〕

彩图 601
涤麻与涤棉交织布

彩图 602
麻棉交织布〔1〕

彩图 603
麻棉交织布〔2〕

彩图 604
麻棉交织布〔3〕

彩图 605
蚕丝亚麻交织布〔1〕

彩图 606
蚕丝亚麻交织布〔2〕

彩图 607
蚕丝亚麻交织布〔3〕

彩图 608
粘胶亚麻混纺布

彩图 609
亚麻、苎麻混纺布

彩图 610
涤麻混纺布〔1〕

彩图 611
涤麻混纺布〔2〕

彩图 612
涤麻混纺布〔3〕

彩图 613
涤麻混纺布〔4〕

彩图 614
涤麻混纺布〔5〕

彩图 615
涤麻混纺布〔6〕

彩图 616
亚麻平布

彩图 617
亚麻原色布(雨露麻)〔1〕

彩图 618
亚麻原色布(雨露麻)〔2〕

彩图 619
亚麻原色布(雨露麻)〔3〕

彩图 620
亚麻原色布(雨露麻)〔4〕

彩图 621
亚麻原色布(雨露麻)〔5〕

彩图 622
亚麻细布〔1〕

彩图 623
亚麻细布〔2〕

彩图 624
亚麻细布〔3〕

彩图 625
亚麻细布〔4〕

彩图 626
亚麻细布〔5〕

彩图 627
亚麻细布〔6〕

彩图 628
亚麻细布〔7〕

彩图 629
亚麻色平布〔1〕

彩图 630
亚麻色平布〔2〕

彩图 631
亚麻色平布〔3〕

彩图 632
亚麻色平布〔4〕

彩图 633
亚麻色平布〔5〕

彩图 634
亚麻色平布〔6〕

彩图 635
亚麻色平布〔7〕

彩图 636
亚麻色平布〔8〕

彩图 637
亚麻色平布〔9〕

彩图 638
亚麻色平布〔10〕

彩图 639
亚麻色平布〔11〕

彩图 640
亚麻色平布〔12〕

彩图 641
涤麻混纺印花布

彩图 642
亚麻印花布

彩图 643
亚麻转移印花布〔1〕

彩图 644
亚麻转移印花布〔2〕

彩图 645
亚麻转移印花布〔3〕

彩图 646
亚麻转移印花布〔4〕

彩图 647
亚麻转移印花布〔5〕

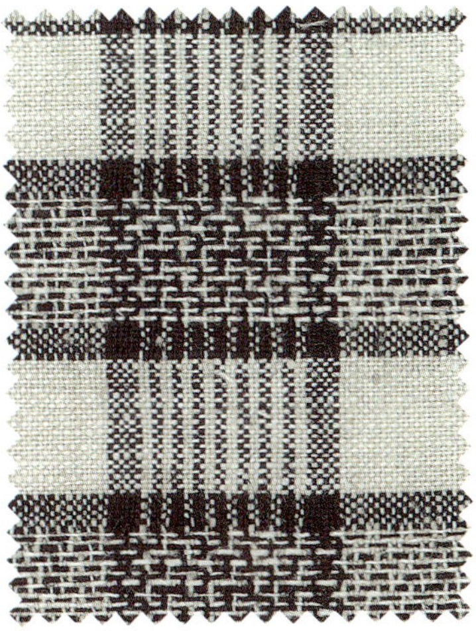

彩图 648
亚麻提花色织布

彩图 649
亚麻色织布〔1〕

彩图 650
亚麻色织布〔2〕

彩图 651
亚麻色织布〔3〕

彩图 652
亚麻色织布〔4〕

彩图 653
亚麻色织布〔5〕

彩图 654
亚麻色织布〔6〕

彩图 655
亚麻色织布〔7〕

彩图 656
亚麻色织布〔8〕

彩图 657
亚麻色织布〔9〕

彩图 658
亚麻色织布〔10〕

彩图 659
亚麻色织布〔11〕

彩图 660
亚麻色织布〔12〕

彩图 661
亚麻色织布〔13〕

彩图 662
亚麻色织布〔14〕

彩图 663
亚麻色织布〔15〕

彩图 664
亚麻色织布〔16〕

彩图 665
亚麻色织布〔17〕

彩图 666
亚麻色织布〔18〕

彩图 667
亚麻色织布〔19〕

彩图 668
亚麻色织布〔20〕

彩图 669
亚麻色织布〔21〕

彩图 670
亚麻色织布〔22〕

彩图 671
麻粘色织布

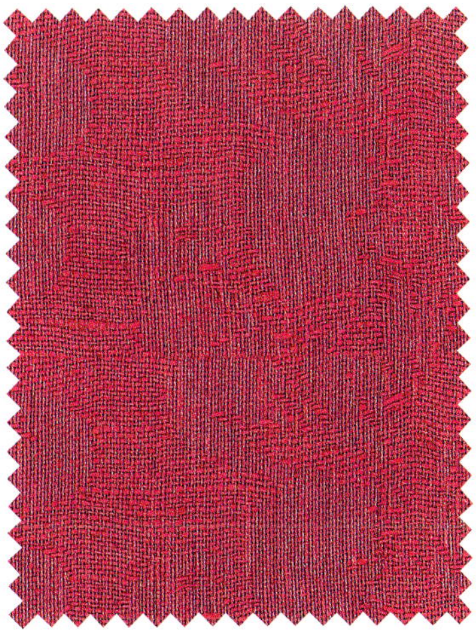

彩图 672
粘胶纤维与亚麻混纺提花布

彩图 673
涤麻混纺提花布〔1〕

彩图 674
涤麻混纺提花布〔2〕

彩图 675
粘麻与亚麻交织提花布〔1〕

彩图 676
粘麻与亚麻交织提花布〔2〕

彩图 677
粘麻与亚麻交织提花布〔3〕

彩图 678
粘麻与亚麻交织提花布〔4〕

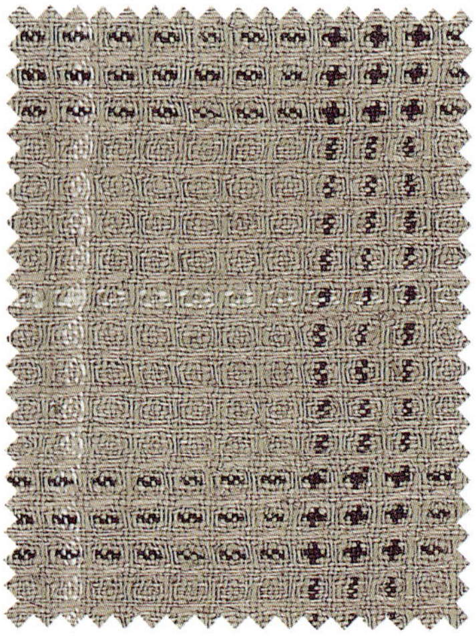

彩图 679
粘胶纤维亚麻交织提花布〔1〕

彩图 680
粘胶纤维亚麻交织提花布〔2〕

彩图 681
粘胶纤维亚麻交织提花布〔3〕

彩图 682
粘胶纤维亚麻交织提花布〔4〕

彩图 683
亚麻、苎麻与粘胶纤维交织提花布

彩图 684
粘胶纤维与涤麻交织提花布

彩图 685
粘麻交织提花布〔1〕

彩图 686
粘麻交织提花布〔2〕

彩图 687
亚麻色织提花布〔1〕

彩图 688
亚麻色织提花布〔2〕

彩图 689
亚麻提花布〔1〕

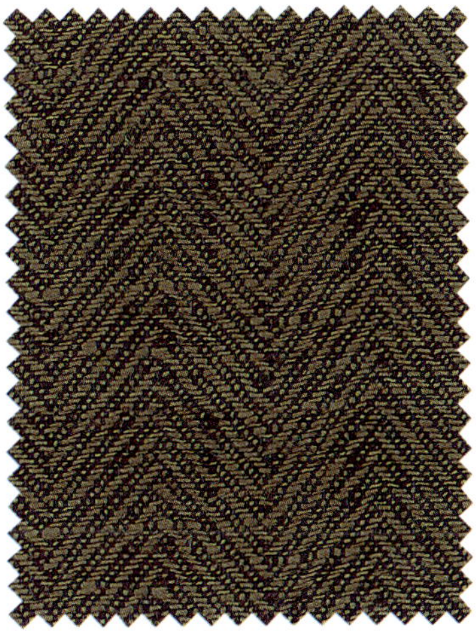

彩图 690
亚麻提花布〔2〕

彩图 691
亚麻提花布〔3〕

彩图 692
亚麻提花布〔4〕

彩图 693
亚麻哔叽

彩图 694
亚麻圆机针织布

彩图 695
蚕丝亚麻混纺针织布(湿纺纱)

彩图 696
涤麻混纺针织布

彩图 697
湿纺毛麻针织布

彩图 698
亚麻提花装饰布〔1〕

彩图 699
亚麻提花装饰布〔2〕

彩图 700
亚麻提花装饰布〔3〕

彩图 701
亚麻提花装饰布〔4〕

彩图 702
亚麻提花装饰布〔5〕

彩图 703
粘麻交织提花装饰布〔1〕

彩图 704
粘麻交织提花装饰布〔2〕

彩图 705
棉麻交织提花装饰布〔1〕

彩图 706
棉麻交织提花装饰布〔2〕

彩图 707
亚麻扎染布〔1〕

彩图 708
亚麻扎染布〔2〕

彩图 709
大麻染色牛仔布

彩图 710
大麻棉染色牛仔布

彩图 711
大麻靛蓝牛仔布

彩图 712
大麻棉靛蓝牛仔布

彩图 713
大麻长纤染色帆布

彩图 714
大麻棉混纺帆布

彩图 715
大麻长纤染色布

彩图 716
大麻短纺染色布

彩图 717
大麻、棉混纺布

彩图 718
大麻涤纶混纺布〔1〕

彩图 719
大麻涤纶混纺布〔2〕

彩图 720
大麻牦牛绒混纺布

彩图 721
三成分大麻混纺布〔1〕

彩图 722
三成分大麻混纺布〔2〕

彩图 723
三成分大麻混纺布〔3〕

彩图 724
三成分大麻混纺布〔4〕

彩图 725
三成分大麻混纺布〔5〕

彩图 726
三成分大麻混纺布〔6〕

彩图 727
三成分大麻混纺布〔7〕

彩图 728
四成分大麻混纺布〔1〕

彩图 729
四成分大麻混纺布〔2〕

彩图 730
大麻棉混纺布〔1〕

彩图 731
大麻棉混纺布〔2〕

彩图 732
大麻短纺印花布〔1〕

彩图 733
大麻短纺印花布〔2〕

彩图 734
大麻丝交织布

彩图 735
绢丝大麻交织布〔1〕

彩图 736
绢丝大麻交织布〔2〕

彩图 737
粘胶大麻交织布

彩图 738
大麻莫代尔混纺色织布

彩图 739
大麻混纺色织布

彩图 740
大麻棉混纺色织布〔1〕

彩图 741
大麻棉混纺色织布〔2〕

彩图 742
大麻棉混纺色织布〔3〕

彩图 743
大麻棉混纺色织布〔4〕

彩图 744
大麻棉混纺色织布〔5〕

彩图 745
大麻棉混纺色织布〔6〕

彩图 746
大麻色织布〔1〕

彩图 747
大麻色织布〔2〕

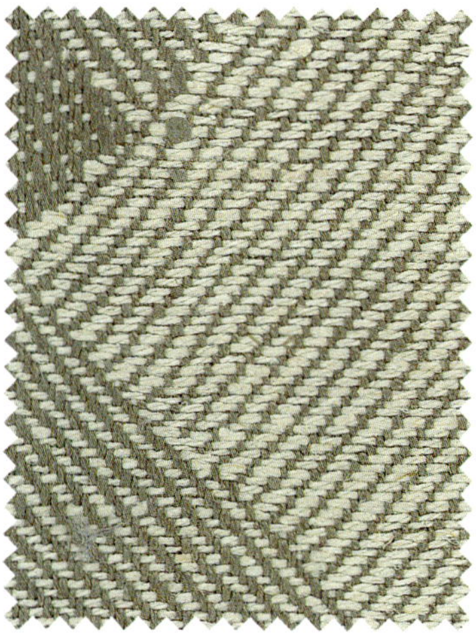

彩图 748
大麻色织布〔3〕

彩图 749
精梳大麻色织布〔1〕

彩图 750
精梳大麻色织布〔2〕

彩图 751
大麻涂层布

彩图 752
大麻棉涂层布

彩图 753
大麻棉混纺斜纹布

彩图 754
精梳大麻湿纺平布〔1〕

彩图 755
精梳大麻湿纺平布〔2〕

彩图 756
精梳大麻湿纺平布〔3〕

彩图 757
提花麻丝

彩图 758
大麻涤纶弹力布

彩图 759
大麻弹力布

彩图 760
麻丝纺

彩图 761
麻丝缎

彩图 762
黄麻产品〔1〕

彩图 763
黄麻产品〔2〕

彩图 764
黄麻产品〔3〕

彩图 765
黄麻产品〔4〕

彩图 766
黄麻产品〔5〕

彩图 767
黄麻产品〔6〕

彩图 768
黄麻产品〔7〕

彩图 769
黄麻产品〔8〕

彩图 770
黄麻产品〔9〕

彩图 771
黄麻产品〔10〕

彩图 772
黄麻产品〔11〕

彩图 773
黄麻产品〔12〕

彩图 774
黄麻产品〔13〕

彩图 775
黄麻产品〔14〕

彩图 776
黄麻产品〔15〕

彩图 777
黄麻产品〔16〕

彩图 778
黄麻产品〔17〕

彩图 779
黄麻产品〔18〕

彩图 780
黄麻产品〔19〕

彩图 781
黄麻产品〔20〕

彩图 782
黄麻产品〔21〕

彩图 783
黄麻产品〔22〕

彩图 784
黄麻产品〔23〕

彩图 785
黄麻产品〔24〕

彩图 786
黄麻产品〔25〕

彩图 787
黄麻产品〔26〕

彩图 788
黄麻产品〔27〕

彩图 789
黄麻产品〔28〕

彩图 790
黄麻产品〔29〕

彩图 791
黄麻产品〔30〕

彩图 792
黄麻产品〔31〕

彩图 793
黄麻产品〔32〕

	书　名	作　者	定价(元)
工具书	**【现代纺织工程】**		
	聚酯纤维科学与工程	郭大生等	100.00
	化学助剂分析与应用手册(上、中、下)	黄茂福	550.00
	丝绸实用小百科	钱小萍	90.00
	毛纺织品手册	陈琦等	100.00
	【其它】		
	英汉纺织工业词汇(合订本)	本书编写组	50.00
	日汉纺织工业词汇	本书编写组	60.00
	德汉纺织工业词汇	本书编写组	8.50
	俄汉纺织工业词汇	本书编写组	9.90
	商检英汉3000词	本书编写组	20.00
	汉英纺织词汇	曹瑞	80.00
	跨世纪的中国纺织工业 ——纺织行业名录大全	本书编写组	350.00
	中国纺织工业年鉴(2000)	本书编委会	180.00
	中国纺织工业发展报告(2000/2001)	中国纺织工业协会	150.00
	现代纺织词典	安瑞凤	35.00
	织物词典	本书编写组	65.00
	纺织品大全(合订本)	上海纺织工业局	60.00
	纺织物资大全(上)	本书编写组	85.00
	纺织物资大全(下)	本书编写组	80.00
	纺织企业管理手册(第二版)	本书编写组	36.00
	纺织工业实用手册	吴雪刚等	35.00
	纺织原料手册(棉分册)	本书编写组	50.00
	中国纺织机械选用指南	孔庆福	52.00
理论著作	**【纺织业工商管理系列丛书】**		
	纺织企业入世规则与对策	顾强	22.00
	中国纺织经济	谭劲松	18.00
	纺织企业与ISO 9000质量认证	吴卫刚	25.00
	【其它】		
	中国近代纺织史(上)	本书编委会	100.00
	中国近代纺织史(下)	本书编委会	140.00
	中国丝绸史(通论)	朱新予	25.00
	中国丝绸史(专论)	朱新予	50.00
	民国丝绸史	王庄穆	50.00
	中国纺织文化概论	孟宪文等	23.00
	第六届陈维稷优秀论文奖论文汇编	中国纺织工程学会	40.00
	纤维应用物理学	高绪珊等	40.00
	中国环境问题院士谈	沈国舫	35.00
	WTO与中国纺织业	施禹之	18.00

书目:纺织类·综合

	书名	作者	定价(元)
高校教材	纺织材料学	姚穆等	28.00
	纺织材料实验教程	赵书经	22.00
	简明纺织材料学	李亚滨等	18.00
	纺织材料学(第二版)(大专)	姜怀等	24.00
	纺材实验(大专)	沈建明等	15.00
	纺织企业现代管理	林子务	20.00
	纺织商品学	刘建华	25.00
	实用纺织商品学(大专)	朱进忠	20.00
	纺织英语	黄故	25.00
中专教材	纺织材料	徐亚美	25.00
	纺织材料学实验	朱进忠	20.00
	纺织企业管理基础(第二版)	李长遂	20.00
	纺织染专业英语(第二版)	罗巨涛	22.00

纺织类·纺织

	书名	作者	定价(元)
工具书	纺织纤维鉴别手册	李青山	15.00
	棉纺手册(第二版)(合订本)	本书编写组	80.00
	棉织手册(第二版)(上)	本书编写组	30.00
	棉织手册(第二版)(下)	本书编写组	35.00
	毛纺织染整手册(第二版)(上)	上海毛麻公司	85.00
	毛纺织染整手册(第二版)(下)	上海毛麻公司	75.00
	毛纺织染整工艺简明手册	本书编写组	25.00
	制丝手册(第二版)(合订本)	本书编写组	70.00
	丝织手册(第二版)(上、下)	王进岑	148.00
	丝绸染整手册(第二版)	陆锦昌等	80.00
	威灵顿产业用纺织品手册	[美]S·阿达纳	100.00
高校教材	**【全国纺织高职高专教材】**		
	新编制丝工艺学	王小英	38.00
	新编丝织工艺学	杨懿乐	42.00
	非织造工艺学	言宏远	20.00
	【纺织机械系列教材】		
	纺纱机械	周炳荣	30.00
	织造机械	夏金国等	30.00
	【其它】		
	纺织工艺学概论(上)	于新安等	18.00

类别	书名	作者	定价(元)
高校教材	纺织工艺学概论(下)	于新安等	17.00
	棉纺工艺原理	陆再生	32.00
	棉织原理	黄故	30.00
	棉织设备	黄故	28.00
	现代棉纺技术基础	刘国涛	28.00
	织造学(上)	朱苏康等	25.00
	织造学(下)	朱苏康等	25.00
	现代织造工艺与设备	高卫东等	25.00
	织物结构与设计(第二版)	蔡陛霞	18.00
	棉纺织工厂设计	钱鸿彬	35.00
中专教材	棉纺概论(第二版)	唐俊武	16.00
	机织概论(第二版)	吕百熙	18.00
	棉纺工艺学(第二版)(上)	顾菊英	25.00
	棉纺工艺学(第二版)(下)	顾菊英	25.00
	机织学(第二版)(上)	戴继光	30.00
	机织学(下)	包玫	28.00
	机织物结构与设计	郑秀芝	20.00
	毛纺工艺学(上)	江兰玉	24.00
	毛纺工艺学(中)	江兰玉	15.00
	毛纺工艺学(下)	江兰玉	24.00
	丝织工艺学(上)	成都纺校	15.00
	丝织工艺学(下)	成都纺校	16.00
生产技术书	**【纺织产品开发丛书】**		
	纺织产品开发学	滑钧凯	23.00
	新型面料开发	吴震世	20.00
	产业用纺织品	杨彩云	15.00
	【FA 系列棉纺设备值车操作指导】		
	清梳联操作	无锡纺机实验中心	8.00
	精梳、并条、粗纱操作	无锡纺机实验中心	8.00
	细纱、并纱、倍捻操作	无锡纺机实验中心	8.00
	【纺织新技术书库】		
	纹织 CAD 应用手册	陈纯等	38.00
	织物组织 CAD 应用手册	夏尚淳	35.00
	纺织空压技术	李宗耀	42.00
	【其它】		
	电容式条干仪波谱分析实用手册	肖国兰	65.00
	新型纺纱产品开发	狄剑锋	20.00

书目：纺织类·纺　织

类别	书　名	作　者	定价(元)
生产技术书	新型织造设备与工艺	毛新华	18.00
	祖克浆纱机原理及使用	萧汉滨	28.00
	新型纺织产品设计与生产	沈兰萍	25.00
	电子提花技术与产品开发	李志祥	32.00
	转杯纺纱机的使用与维修	马克永	15.00
	织物检验与整理	张振等	15.00
	纱疵分析与防治	胡树衡等	14.00
	织疵分析(第二版)	过念薪等	20.00
	特种动物纤维产品与加工	薛纪莹	20.00
	非织造布的性能与测试	郭秉臣	18.00
	毛纺织工业质量管理手册	国际羊毛局等	26.00
	现代纺织复合材料	黄故	18.00
	羽绒及其制品的质量与检验	王华雄等	18.00
	家用纺织品	陈荣生	20.00
	精梳毛纺织引进设备值车工作法	李景云	15.00
科普读物	**【纺织工业知识丛书】**		
	棉纺(第三版)	刘樾身等	16.00
	棉织(第二版)	刘樾身等	12.00
	毛纺	王树惠等	14.00
	【纺织高新技术科普丛书】		
	新型纺织原料	陈运能等	12.00
	新型纺纱	刘国涛等	12.00
	新型织造	高卫东	9.00
	新型非织造布技术	沈志明等	12.00
	现代企业管理	戴昌钧等	12.00
	【其它】		
	棉纺试验(第二版)	刘荣清等	20.00
	缫丝(第二版)	范顺高	16.00
	复摇整理和生丝检验(第二版)	高振生	19.50
	丝织	詹启芳	10.00
	室内装饰织物(第二版)	李加林等	20.00

注：若本书目中的价格与成书价格不同，则以成书价格为准。

中国纺织出版社发行函购部电话：(010)64158225—3016

发行门市部电话：(010)64168231